レアメタルフリー二次電池の最新技術動向
The Latest Technological Trend of Rare Metal- Free Secondary Batteries
《普及版／Popular Edition》

監修 境　哲男

シーエムシー出版

巻頭言

　高性能二次電池の利用分野は，携帯機器用途から，自動車用へ，そして大型蓄電システム用へと広がっており，10兆円以上の産業に成長することが期待されている。中でも，携帯電話やスマートフォン，ノート型パソコンなど情報通信端末の普及は，世界的規模で進展しており，毎日100万台のモバイル端末が製造されているといわれている。これに用いられるリチウムイオン電池の年間生産量は約20 GWh（販売金額1兆円以上）と推定され，正極材料に利用されるコバルトは約2万トンが消費され，これはその世界生産量の約20％に達する。これに加えて，2020年頃には電気自動車やプラグインハイブリッド自動車の世界販売量も300万台以上に拡大することが予想され，電池生産量（60 GWh以上）も現行の携帯機器用途の3倍以上の規模となる。さらに，家庭用の蓄電システムの普及や，風力発電や太陽光発電の負荷変動吸収用や電力貯蔵用などでの利用も拡大するため，現状の5倍以上の電池生産が見込まれる。

　このように，高性能二次電池は，省エネルギー技術や新エネルギー技術の導入においても不可欠であり，各国政府のエネルギー戦略や産業戦略とも深く係わっている。最近，国際情勢の流動化に伴い，希少資源や特定の国に偏在する資源については，価格の大幅な変動や，入手が困難となるリスクが顕著となっている。そこで，世界的に豊富に存在する資源を利用して高性能な二次電池を開発することが，安全保障上でも急務となっている。

　第1章では，南米などに偏在するリチウム資源に代替して，海水中から豊富に採取できるナトリウムを利用した，ナトリウムイオン二次電池の開発状況を紹介する。エネルギー密度的には，現行のリチウムイオン電池の70％以下となるが，Li系材料よりも高温安定性に優れ，電力貯蔵用途などでは実用化が期待できる。

　第2章では，資源的に豊富（わが国も世界6位の産出国）で，かつ，最高の理論容量を有するイオウについて，電極化技術の歴史と最近の開発状況を紹介する。最近開発されたイオウ系複合正極においては，寿命特性や高温安定性，安全性などに優れ，EV用や電力貯蔵用などでの実用化が期待される。

　第3章では，世界的に豊富に産出し，低コストで，かつ，最高の理論容量を有するシリコンについて，電極化技術の現状と課題などを紹介する。金属シリコンと高性能バインダ，高強度集電体などの開発を同時に行うことで，従来の黒鉛系負極の5倍以上の高容量化を実現しながら，寿命特性や熱安定性，安全性などに優れた次世代負極が開発されつつある。また，理論容量が，従来のリン酸鉄材料の2倍近く，かつ，高温での酸素の安定性に優れたシリケート系正極についても，新材料開発と性能向上が進められている。

　第4章では，金属を使用しない各種の有機系正極材料について，反応機構や開発状況，実用化

の課題などについて紹介する。有機材料では，体積エネルギー密度が低下する傾向があるが，電池の完全メタルフリー化も可能であり，新しい応用展開も期待される。

第5章では，ガラス溶融プロセスを用いたリン酸鉄材料について紹介する。安価な酸化鉄を出発材料に用いることができ，かつ，磁性不純物が少ない利点がある。

第6章では，マグネシウム二次電池の研究開発状況と課題を解説する。まだ基礎研究の段階であるが，2電子反応であるので，高容量化の可能性を秘めている。

第7章では，産業用大型電池やハイブリッド自動車で広く利用されているニッケル水素電池について，正極および負極材料からレアメタルであるコバルトを除外する新材料開発について紹介する。コバルトフリー化は，低コスト化とともに，電池の出力特性や自己放電特性，過放電特性を大幅に向上させるなど，大きなメリットが見出されている。

このように資源戦略上からレアメタルフリー化を目指した新材料開発が行われてきているが，従来の電池材料の「常識」を大きく超えて，飛躍的な「高性能化」と「高安全性」を実現できつつある。電気自動車や大型蓄電システムの本格普及においては，低コスト化とともに，高安全性と10年以上の寿命が求められ，レアメタルフリー二次電池の実用化に大きな期待が寄せられている。新材料技術を結集した次世代二次電池の実用化は，わが国の国際競争力の向上と電池利用分野の拡大に不可欠であり，本書がその一助となれば幸いである。

2013年3月

企画監修
�独産業技術総合研究所　ユビキタスエネルギー研究部門
上席研究員㈱神戸大学大学院　併任教授
境　哲男

普及版の刊行にあたって

　本書は2013年に『レアメタルフリー二次電池の最新技術動向』として刊行されました。普及版の刊行にあたり，内容は当時のままであり加筆・訂正などの手は加えておりませんので，ご了承ください。

2019年12月

シーエムシー出版　編集部

執筆者一覧 （執筆順）

境　　哲　男　�産業技術総合研究所　ユビキタスエネルギー研究部門
　　　　　　　上席研究員㈱電池システム研究グループ　グループ長㈱
　　　　　　　エネルギー材料標準化グループ　グループ長；神戸大学大学院
　　　　　　　併任教授；㈳日本粉体工業技術協会　電池製造技術分科会
　　　　　　　コーディネーター

岡　田　重　人　九州大学　先導物質化学研究所　准教授

智　原　久仁子　九州大学　先導物質化学研究所　テクニカルスタッフ

中　根　堅　次　住友化学㈱　筑波開発研究所　上席研究員

久　世　　智　住友化学㈱　筑波開発研究所　主任研究員

藪　内　直　明　東京理科大学　総合研究機構　講師

片　岡　理　樹　�独産業技術総合研究所　ユビキタスエネルギー研究部門
　　　　　　　電池システム研究グループ

向　井　孝　志　�独産業技術総合研究所　ユビキタスエネルギー研究部門
　　　　　　　電池システム研究グループ

稲　澤　信　二　住友電気工業㈱　エレクトロニクス・材料研究所
　　　　　　　シニアスペシャリスト，グループ長

沼　田　昂　真　住友電気工業㈱　エレクトロニクス・材料研究所

井　谷　瑛　子　住友電気工業㈱　エレクトロニクス・材料研究所

福　永　篤　史　住友電気工業㈱　エレクトロニクス・材料研究所

酒　井　将一郎　住友電気工業㈱　エレクトロニクス・材料研究所　主査

新　田　耕　司　住友電気工業㈱　エレクトロニクス・材料研究所　主査

野　平　俊　之　京都大学大学院　エネルギー科学研究科
　　　　　　　エネルギー基礎科学専攻　准教授

萩　原　理　加　京都大学大学院　エネルギー科学研究科
　　　　　　　エネルギー基礎科学専攻　教授

小　山　　昇　エンネット㈱　代表取締役

幸　　琢　寛　�独産業技術総合研究所　ユビキタスエネルギー研究部門
　　　　　　　電池システム研究グループ　博士研究員

小 島 敏 勝	㈱産業技術総合研究所　ユビキタスエネルギー研究部門 イオニクス材料研究グループ　主任研究員	
上 町 裕 史	㈱ポリチオン　代表取締役	
辰巳砂 昌 弘	大阪府立大学　大学院工学研究科　物質・化学系専攻　教授	
長 尾 元 寛	大阪府立大学　大学院工学研究科　物質・化学系専攻	
林　　晃 敏	大阪府立大学　大学院工学研究科　物質・化学系専攻　助教	
森 下 正 典	㈱産業技術総合研究所　ユビキタスエネルギー研究部門 電池システム研究グループ	
江 田 祐 介	㈱産業技術総合研究所　ユビキタスエネルギー研究部門 電池システム研究グループ	
坂 本 太 地	㈱産業技術総合研究所　ユビキタスエネルギー研究部門 電池システム研究グループ	
小 島　　晶	神戸大学大学院　工学研究科　応用化学専攻	
岩 佐 繁 之	日本電気㈱　スマートエネルギー研究所　主任研究員	
佐 藤 正 春	㈱村田製作所	
目 代 英 久	㈱本田技術研究所　四輪R&Dセンター	
鋤 柄　　宜	㈱本田技術研究所　四輪R&Dセンター　主任研究員	
本 間　　格	東北大学　多元物質科学研究所　教授	
八 尾　　勝	㈱産業技術総合研究所　ユビキタスエネルギー研究部門 新エネルギー媒体研究グループ　研究員	
山 縣 雅 紀	関西大学　化学生命工学部　助教	
石 川 正 司	関西大学　化学生命工学部　教授	
永 金 知 浩	日本電気硝子㈱　開発部　主管研究員	
森 田 昌 行	山口大学　大学院理工学研究科　教授	
吉 本 信 子	山口大学　大学院理工学研究科　准教授	
高 﨑 智 昭	川崎重工業㈱　車両カンパニー　ギガセル電池センター　電池技術課 主事	
西 村 和 也	川崎重工業㈱　車両カンパニー　ギガセル電池センター　電池技術課 課長	

執筆者の所属表記は，2013 年当時のものを使用しております。

目　　　次

第1章　ナトリウムイオン電池用材料の研究開発

1　材料開発1 ……………… **岡田重人,**
　　智原久仁子，中根堅次，久世　智 … 1
　1.1　ポストリチウムイオン二次電池の
　　　　背景 ……………………………… 1
　1.2　ナトリウムイオン電池用正極候補
　　　　……………………………………… 2
　1.3　ナトリウムイオン電池用負極候補
　　　　……………………………………… 7
　1.4　ナトリウムイオン二次電池 ……… 12
　1.5　まとめ ………………………………… 13
2　材料開発2 ……………… **藪内直明** … 17
　2.1　はじめに ……………………………… 17
　2.2　材料設計における基本指針 ……… 17
　2.3　層状酸化物 ………………………… 18
　2.4　オキソ酸塩系材料 ………………… 22
　2.5　まとめ ………………………………… 24
3　材料開発と電池化 ……… **片岡理樹,**
　　　　　　　　向井孝志，境　哲男 … 26
　3.1　諸言 …………………………………… 26
　3.2　正極材料 ……………………………… 26
　3.3　負極材料 ……………………………… 30
　3.4　$Na_{0.95}Li_{0.15}(Ni_{0.15}Mn_{0.55}Co_{0.1})O_2$/Sn-Sb
　　　　硫化物系ナトリウムイオン電池の
　　　　充放電特性と安全性評価 ……… 34
　3.5　まとめ ………………………………… 36
4　FSA系溶融塩電解質電池
　　… **稲澤信二，沼田昂真，井谷瑛子,**
　　福永篤史，酒井将一郎，新田耕司,
　　　　　　野平俊之，萩原理加 … 38
　4.1　はじめに ……………………………… 38
　4.2　MSBの現状 ………………………… 39
　4.3　電池の安全性に関する検討 ……… 48
　4.4　まとめ ………………………………… 51

第2章　イオウ系材料の研究開発

1　イオウ系正極の開発状況
　　………………………… **小山　昇** … 53
　1.1　はじめに ……………………………… 53
　1.2　結合およびレドックス活性 ……… 53
　1.3　単体硫黄のレドックス特性 ……… 56
　1.4　硫黄化合物のレドックス電位によ
　　　　る分類 ……………………………… 58
　1.5　おわりに ……………………………… 77
2　有機硫黄系正極の研究開発
　　… **幸　琢寛，小島敏勝，境　哲男** … 81
　2.1　はじめに ……………………………… 81
　2.2　硫黄系正極について ……………… 81
　2.3　硫黄系正極の課題 ………………… 82
　2.4　硫黄変性ポリアクリロニトリル正

極材料の合成と電極・電池を用い
た評価の概要 ……………… 83

2.5 硫黄変性ポリアクリロニトリル材
料の合成 ………………… 83

2.6 硫黄変性ポリアクリロニトリルの
材料特性 ………………… 86

2.7 電極およびセルの作製と充放電試
験条件 …………………… 87

2.8 電極性能 ………………… 88

2.9 SPAN/SiO系フルセルの電池性能
……………………………… 90

2.10 SPAN正極を用いたその他の電池
……………………………… 93

2.11 SPAN/SiO系電池の安全性試験
……………………………… 98

2.12 まとめと展望 …………… 99

3 硫黄導電性高分子「ポリチオン」
……………………… 上町裕史 … 102

3.1 はじめに ………………… 102

3.2 硫黄系材料および有機系正極材の

開発動向 ………………… 103

3.3 ㈱ポリチオンの有機硫黄ポリマー
……………………………… 105

3.4 合成ならびに製造法の検討 … 106

3.5 電池特性 ………………… 108

3.6 化学構造と電子構造の評価 …… 109

3.7 実用化製造検討 ………… 112

3.8 まとめと今後 …………… 113

4 硫化物無機固体電解質を用いた全固体
硫黄系電池の開発 …… 辰巳砂昌弘,
長尾元寛, 林 晃敏 … 115

4.1 はじめに ………………… 115

4.2 硫化物ガラス系固体電解質を用い
たバルク型全固体リチウム電池 … 115

4.3 硫黄系正極─銅複合体の全固体リ
チウム電池への応用 ……… 116

4.4 硫黄系正極─ナノカーボン複合体
の作製と全固体リチウム電池への
応用 ……………………… 119

4.5 おわりに ………………… 123

第3章　シリコン系材料の研究開発

1 シリコン系負極材料 …… 森下正典,
向井孝志, 江田祐介,
坂本太地, 境 哲男 … 125

1.1 はじめに ………………… 125

1.2 Si負極を用いたセルの作製と評価
……………………………… 126

1.3 Si粉末の製造法について … 127

1.4 各種Si負極の特性 ……… 128

1.5 Si負極の体積変化 ……… 130

1.6 LiFePO$_4$正極／Si負極セル ……… 131

1.7 高エネルギー密度形Li過剰正極／
Si負極セル ……………… 132

1.8 おわりに ………………… 134

2 ケイ酸塩系正極材料の合成と電極特性
小島敏勝, 小島 晶, 境 哲男 … 136

2.1 はじめに ………………… 136

2.2 リチウムシリケート系材料の開発
経緯 ……………………… 137

2.3 シリケート系正極材料の特性 ····· 146 2.5 まとめ ·········· 160
2.4 シリケート系正極材料の今後 ····· 158

第4章　有機系材料の研究開発

1 有機ラジカル正極 ········ **岩佐繁之** ···· 165
1.1 まえがき ········· 165
1.2 ラジカルポリマー正極 ············· 166
1.3 PTMA有機ラジカル電池の特性 ··· 169
1.4 エネルギー密度の向上（n型ラジカル材料） ·········· 172
1.5 むすび ············ 173
2 多電子系有機二次電池 ··· **佐藤正春,**
　　　　　　　目代英久, 鋤柄　宜 ···· 174
2.1 はじめに ········· 174
2.2 高エネルギー密度有機二次電池の開発戦略 ·········· 175
2.3 有機二次電池と多電子反応 ········ 175
2.4 ルベアン酸を活物質とする多電子系有機二次電池 ············· 178
2.5 ルベアン酸誘導体 ··········· 182
2.6 多電子系有機二次電池の可能性 ·· 184
3 有機全固体電池 ·········· **本間　格** ···· 186
3.1 はじめに ········· 186
3.2 有機活物質の多電子反応容量 ····· 186
3.3 有機活物質の高エネルギー密度特

性 ···················· 188
3.4 準固体電解質 ·········· 188
3.5 有機分子の電極特性 ············· 189
3.6 全固体電池デバイス ············· 190
3.7 全固体電池のサイクル特性 ········ 190
3.8 まとめ ·············· 191
4 キノン系有機正極 ········ **八尾　勝** ···· 192
4.1 レアメタルフリー正極としての有機正極 ·············· 192
4.2 結晶性低分子有機正極 ············ 194
4.3 ナトリウム電池やマグネシウム電池への適用 ·········· 199
4.4 課題と今後の展開 ············· 201
5 天然高分子を用いた蓄電デバイス用材料の研究開発 ··· **山縣雅紀, 石川正司** ···· 204
5.1 はじめに ········· 204
5.2 天然高分子を用いたゲル電解質の開発 ·············· 204
5.3 天然高分子を用いた複合電極の開発 ·················· 211
5.4 おわりに ········· 216

第5章　ガラス結晶化法によるリン酸鉄正極材料の開発　　**永金知浩**

1 はじめに ·············· 220
2 LFP結晶化ガラスの製造プロセス ····· 221
3 LFP結晶化ガラスの構造 ············ 223
4 LFP結晶化ガラスの電池特性 ········· 225

5 まとめ ……………………… 227

第6章 マグネシウム二次電池材料の研究開発 ～現状と課題　森田昌行，吉本信子

1 はじめに ……………………… 229
2 負極材料のための電解質設計 ………… 230
　2.1 マグネシウムイオン電池用負極材料の電解質設計 ……………… 230
　2.2 マグネシウム金属負極の電解質設計 ……………………………… 231
　2.3 電解質の固体化 ……………… 238
3 正極材料のための電解質設計 ………… 240
4 おわりに ……………………… 241

第7章 ニッケル水素化物電池のレアメタルフリー化
高﨑智昭，西村和也，境　哲男

1 諸言 ……………………………… 244
2 産業用大型Ni-MH電池 …………… 245
3 合金負極のコバルトフリー化 ………… 247
4 ニッケル正極のコバルトフリー化 …… 251
5 電極のファイバー化によるコバルトフリー化 ……………………… 255
6 おわりに ……………………… 258

第1章　ナトリウムイオン電池用材料の研究開発

1　材料開発1

岡田重人[*1]，智原久仁子[*2]，中根堅次[*3]，久世　智[*4]

1.1　ポストリチウムイオン二次電池の背景

　レベル7の福島原発事故以降，我が国の電力需給の逼迫状況を緩和する切り札としてピークシフト，ピークカットに使用可能なMWh超級大型蓄電池に大きな期待が集まっている。また，高騰する電力料金低減のため，夜間電力を利用する10～20kWh級中型蓄電池という新たな家電製品市場がにわかに登場し注目を集めている。エネルギー密度が最優先される10kWh以下の小型蓄電池領域では，携帯情報端末用途を中心にリチウムイオン電池の独壇場となってきたが，材料費のウエイトが大きくなる大型蓄電池では，エネルギー密度に代わり，環境負荷とコストパフォーマンスが最優先される。そこで問題になるのは，電池内で電荷の運び手となるリチウムと充放電過程を通じ正極の電荷中性を維持する機能を担うレドックス対としてのコバルトなど遷移金属の埋蔵量，年産量の制約で，負極ではリチウムの代わりにナトリウムを，正極ではコバルトの代わりに鉄やチタンなどの遷移金属を用いることができれば埋蔵量の制約が共に約3桁緩和し，環境負荷を大幅に低減できる。その半面，表1に示すようにナトリウムはリチウムに対し，標準電極電位が0.3V以上高くなるうえ，イオン体積にして2倍以上，原子量にして3倍以上かさばるため，リチウムイオン電池用正極活物質の探索指針をそのまま流用できず，エネルギー密度上のハンデ

表1　リチウムとナトリウムの比較

特性	リチウム	ナトリウム
資源量比	1	1,000
コスト（炭酸塩）[1]	\$5,000/t	\$150/t
原子量	6.9 g/mol	23 g/mol
イオン体積	1.84 Å^3	4.44 Å^3
理論容量	3,829 mAh/g	1,165 mAh/g
標準電極電位 vs. SHE	-3.045 V	-2.714 V

＊1　Shigeto Okada　九州大学　先導物質化学研究所　准教授

＊2　Kuniko Chihara　九州大学　先導物質化学研究所　テクニカルスタッフ

＊3　Kenji Nakane　住友化学㈱　筑波開発研究所　上席研究員

＊4　Satoru Kuze　住友化学㈱　筑波開発研究所　主任研究員

ィキャップ打開のため，新たな発想の材料設計が求められる。次項では，ナトリウムイオン電池用正極活物質として，これまで筆者らが元素戦略プロジェクトの中で検討してきた層状岩塩酸化物 $NaFeO_2$, 層状硫化物 TiS_2, パイライト型硫化物 FeS_2, ペロブスカイト型フッ化物 FeF_3, フッ素化ポリアニオン $Na_3V_2(PO_4)_2F_3$, 有機系ロジゾン酸二ナトリウム $Na_2C_6O_6$ について紹介する。

1.2 ナトリウムイオン電池用正極候補
1.2.1 層状岩塩酸化物 $NaFeO_2$

層状構造を持つナトリウムイオン電池用酸化物正極活物質候補として $NaFeO_2$ がある。図1は AMO_2 型岩塩構造の Structure Field マップを示したものであるが，A^+ と M^{3+} 両カチオン半径が近いとお互いが混じり合って不規則岩塩構造が安定相になり[2]，正極としての活性度を示さなくなる。そのため，安価な $LiFeO_2$ や $LiTiO_2$ の層状岩塩相を安定相として得ることは困難である。ところが，ナトリウム含有系に目を転じると，$NaFeO_2$ を含め全ての3d遷移金属が層状岩塩型 $NaMO_2$ を安定相に持つため，これらの電気化学活性な層状岩塩相を容易に得ることができる。図2は，通常の固相合成法によって得られた $NaFeO_2$ およびその類縁層状岩塩型酸化物正極活物質の対ナトリウム充放電プロファイルの例で，$LiCoO_2$ 類似の充放電プロファイルが得られている。充電に伴い，ハイスピン状態の鉄3価から鉄4価に酸化されることが，メスバウア測定により検出され，この3.3V充放電プロファイルが Fe^{3+}/Fe^{4+} レドックスに起因することが確認された（図3）。この結果は，リチウム対極セルにて $NaFeO_2$ を充電した相から鉄4価メスバウアシグナルを検出した武田らの結果[3]と矛盾しない。この対ナトリウム3.3V放電電圧は，対リチウムで換算すると $LiCoO_2$ 同様，約4Vに相当する。

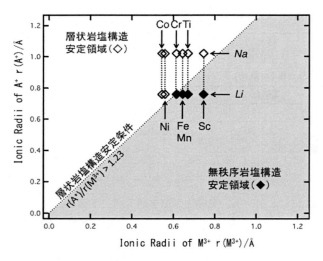

図1　岩塩型 AMO_2 の Structure Field マップ

第1章　ナトリウムイオン電池用材料の研究開発

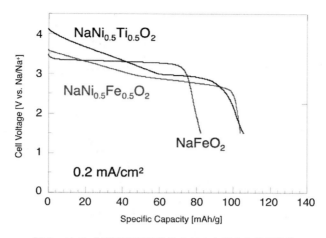

図2　NaFeO₂類縁層状酸化物の対ナトリウム放電曲線

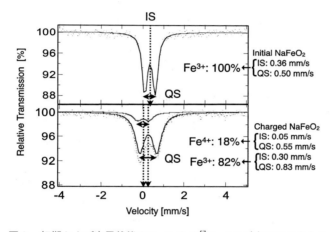

図3　初期および充電状態のNa$_x$FeO$_2$の^{57}Feメスバウアスペクトル

1.2.2　層状硫化物TiS₂

　TiS₂はリチウム二次電池において一番最初に市販化された歴史的正極活物質であるが，ナトリウムイオン電池の正極としても，極めて良好な可逆放電プロファイルを示す（図4）。リチウム金属負極に対する充放電プロファイルは平坦性がよく，その平均放電電圧は約2.2Vなのに対し，ナトリウム金属負極に対する充放電プロファイルは二段のステップが存在し，その平均放電電圧は1.8Vと約0.4V程度低い値となる。この電位の差はリチウムとナトリウムの標準電極電位の差を反映したものである。リチウム電池の場合，Li$_x$TiS₂におけるリチウムの挿入サイトは$0<x<1$の全インサーション組成域を通じ，ファンデルワールスギャップ内のTrigonal Antiprismサイトと呼ばれる六配位八面体サイト（Ⅰb相）である[4]。一方，ナトリウム電池の場合には，高電位側第

3

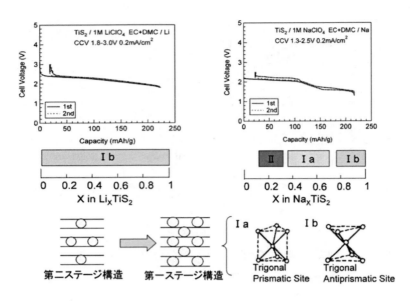

図4　TiS$_2$の対リチウムおよび対ナトリウム充放電特性

一放電平坦部はファンデルワールスギャップ1層おきにナトリウムが挿入した第二ステージ構造（Ⅱ相）で，低電位側第二放電平坦部は全ての層間にナトリウムが挿入した第一ステージ構造に対応している。また，第二放電平坦部でもS-Na-Sの積層構造がA-b-AパターンのTrigonal Prismサイト（Ⅰa相）から，A-b-C積層パターンのTrigonal AntiprismサイトにⅠb相）へと挿入サイトの移行が観測されている[5]。ここで注目されるのは，リチウムと比較してもほとんど遜色のない対ナトリウム充放電プロファイルで，1電子反応を仮定したTiS$_2$の理論容量240 mAh/gに肉薄する可逆容量を示している。

1.2.3　パイライト型硫化物FeS$_2$

三次元頂点共有のパイライト型FeS$_2$は，リチウム[6]だけでなくナトリウムに関しても大容量可逆コンバージョン反応を示す興味深い系である。当初Kimら[7]は，FeS$_2$が(1)式で記述される対リチウムコンバージョン反応同様，対ナトリウムに対して(2)式のようなコンバージョン反応を提案していた。

$$FeS_2 + 4Li^+ + 4e^- \rightleftarrows Fe + 2Li_2S \tag{1}$$
$$FeS_2 + 2Na^+ + 2e^- \rightleftarrows Fe + Na_2S_2 \tag{2}$$

しかし，最近我々のグループで，S K-edge XANES測定により，充放電過程を追跡したところ，最初の2Naまでの反応では，(3)式に示すように鉄の価数は初期状態から2価のまま変化せずS＝Sの二重結合が解離することで電荷中性を保っていることを確認した[8]。さらに2Na以上放電反応を続けるとようやくXPSの鉄の2p$_{2/3}$結合エネルギーが710 eVから707 eVへ低下しはじめ，鉄

第1章　ナトリウムイオン電池用材料の研究開発

2価から0価への還元が認められた。XRDでもNa$_2$S$_2$ではなくNa$_2$Sが検出されたことから，その全充放電反応式は(4)と確定された[9]。

$$Fe^{2+}(S-S)^{2-} + 2Na \rightleftarrows Na_2Fe^{2+}(S^{2-})_2 \tag{3}$$

$$Fe^{2+}(S-S)^{2-} + 4Na \rightleftarrows Fe + 2Na_2S \tag{4}$$

ここで興味深いのは，鉄が2価／3価の酸化還元反応のレドックス対として機能していない点，裏を返せば中心金属はことさら遷移金属でなくても構わないという点である。しかし，コンバージョン系電極最大の問題はその可逆性にあり，インサーション反応系TiS$_2$と比べると，その差は歴然である（図5）。通常，コンバージョン系電極活物質は合金負極同様，充放電に伴う電極体積変化の大きさが問題視され，イミド系のような強固なバインダーに期待が集まる。ただ，硫化物系の場合にはさらにもう1点，放電生成物である硫化ナトリウムの電解液への溶出も懸念材料で，硫化物を溶かしにくい電解液系の探索がコンバージョン系硫化物正極の成否を握るキーポイントと考えられる。そのヒントと思われるのが，反応式(4)と類似の可逆充放電反応をする300℃高温作動のNAS電池の反応(5)式である。この系では正負極とも液体状態で動作させ，固体電解質で仕切られていることで，正負極の体積変化や反応生成物の電解液への溶出の問題を解決し，市販二次電池ではトップクラスの可逆性を実現している。

$$5S + 2Na \rightleftarrows Na_2S_5 \tag{5}$$

ちなみに(5)式の正負極双方の重量で割った理論容量が260 mAh/gに対し，(4)式の理論容量はその倍近い506 mAh/gもあり，しかも室温駆動が可能なため，その可逆性解決への期待は大きい。

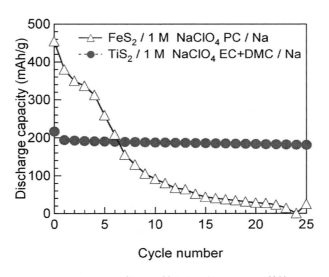

図5　FeS$_2$およびTiS$_2$の対ナトリウムサイクル特性

1.2.4　フッ素化ポリアニオン系 Na$_3$V$_2$(PO$_4$)$_2$F$_3$

ハードカーボンのようなナトリウムを持たない負極とイオン電池を組む場合，正極はナトリウム源としての機能も果たす必要があり，さらにイオンサイズの大きなナトリウムに対して，大きな拡散のボトルネックを確保したインサーションホストを設計しようとするとどうしても二次元層状構造か，さもなければ三次元頂点共有骨格主体の嵩高いマトリックスを組む必要がある。となると，頂点共有の連結子として機能する Na 含有 PO$_4$ リン酸ポリアニオン系が有力候補となる。ナシコン型 Na$_3$V$_2$(PO$_4$)$_3$[10] や Na$_2$FePO$_4$F[11,12] など，この条件を満たす候補は複数あるが，その中でも現在最も良好な充放電特性を示しているのが，Na$_3$V$_2$(PO$_4$)$_2$F$_3$ である。この系はもともと Barker[13] らにより，対リチウム電池用正極として最初に報告された系で，ナトリウムに対し充放電できるかどうかは不明であった。しかし，一連の Na$_3$M$_2$(PO$_4$)$_2$F$_3$ (M＝V, Ti, Fe) は図6のような対ナトリウム可逆充放電プロファイルを示すことが本プロジェクトで明らかとなった。中でも特筆されるのは，電気陰性度の高いフッ素が含まれている効果もあって，4V級の高電圧放電平坦部が Na$_3$V$_2$(PO$_4$)$_2$F$_3$ で見出され，リチウム系正極と電圧互換性のあるナトリウムイオン電池実現の可能性が確認された点にある[14]。

1.2.5　有機系ロジゾン酸二ナトリウム Na$_2$C$_6$O$_6$

上述1.2.4項のポリアニオン系のように嵩高いマトリックスがナトリウム向けホストとして有望だとするならば，嵩高すぎて比容積エネルギー密度が稼げないとリチウム系では不評だった有機系正極がナトリウム系では俄然有望株として再脚光を浴びる可能性が出てくる。しかも，ただ単に嵩高いだけでなく，大きなナトリウムがインサーションすることで，分子系全体のマクロな結晶性が損なわれても，個々の有機分子単体自体が壊れない限り，可逆なホストゲスト機能が維持できる期待がある。そこで我々が着目したのが，無水ロジゾン酸二リチウム Li$_2$C$_6$O$_6$ である。この系はリチウム電池用正極として C/40 の低レート充放電ながら 500 mAh/g を超える大容量が Tarascon グループ[15] から発表されており，この系の基本的なホストゲスト機能は実証済である。

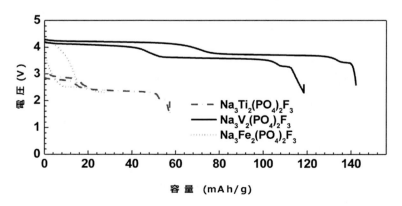

図6　Na$_3$M$_2$(PO$_4$)$_2$F$_3$(M＝V, Ti, Fe)の対ナトリウム充放電プロファイル

第1章　ナトリウムイオン電池用材料の研究開発

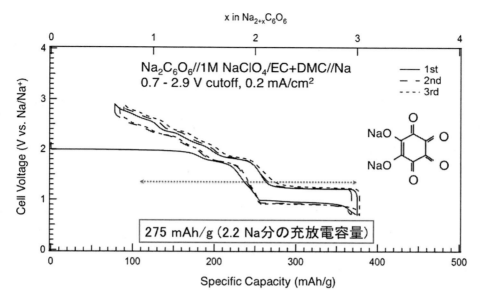

図7　Na$_2$C$_6$O$_6$の対ナトリウム充放電プロファイル

硫黄や水素を含まない有機分子系のため，リチウムとの置換反応など，可逆性を損なう副反応のリスクが小さく，また，リチウムをナトリウムに置き換えた無水ロジゾン酸二ナトリウムNa$_2$C$_6$O$_6$を使えば，ナトリウム源としても機能できる可能性があると期待した。得られた対ナトリウム充放電プロファイルは図7の通りである[16]。ここで特筆すべきは，従来の有機系正極と違い，Na$_2$C$_6$O$_6$は過剰な導電剤の添加を必要としない点である。図7は，この系は重量比でNa$_2$C$_6$O$_6$：AB：PTFE＝70：25：5の正極ペレットの試験結果であるが，導電剤や結着剤なしの圧着ペレットでも100 mAh/g程度の2 V放電が可能であることがわかっている。

1.3　ナトリウムイオン電池用負極候補
1.3.1　ナトリウム金属

　ナトリウム二次電池の負極の発展も，リチウム二次電池の場合と似たような歴史を辿っている。1980年初頭より初期のナトリウム二次電池の検討において，Delmasらは負極にナトリウム金属を用い，層状酸化物のナトリウム電池用正極としての評価を開始している[17]。以来，ナトリウム金属はナトリウム二次電池用部材の評価において最も一般的に用いられる対極となっている。しかしナトリウム金属は融点が約98℃と低い上に活性が高く，とくに水と爆発的に反応するために，電池の安全性の観点から室温作動型のナトリウム二次電池の実用，市販化においてナトリウム金属を用いることは，現在に至ってもなお困難であると思われる。βアルミナの固体電解質を用い，高温作動させることでナトリウム金属を負極に用いることに成功した実用電池であるNAS電池は唯一の例外といえる。

1.3.2 金属系負極

ナトリウム金属に替わり，安全でNa^+の吸蔵放出量が多く，安価な負極材料が求められてきた。ナトリウム合金としては，1980年代末に昭和電工のグループから，負極としてナトリウムと鉛の合金を用いたナトリウム二次電池が検討，開示されている[18]。しかし重金属である鉛添加によるエネルギー密度の低下と毒性，環境負荷のため，以後ナトリウム鉛合金の検討例は見られない。その他の合金系負極としては，リチウム二次電池においても様々な検討がなされている錫やゲルマニウム，ビスマスといった金属薄膜を負極に用いたナトリウム二次電池が，2000年代半ばに三洋電機のグループによって検討されている[19]。最近，駒場らのグループによって錫のナノ粉末を用いた負極で，約500 mAh/gの大容量かつ良好なサイクル特性が得られることが見出されている[20]。合金化反応に伴う体積変化，砂状化の問題は，リチウム同様，ナトリウムでも共通の課題となるが，逆にいうとリチウム電池で進んでいるバインダーの改良による合金負極実用化の動きはナトリウム電池にも転用が効く可能性がある。

1.3.3 炭素

リチウムイオン二次電池において一般的に用いられる層状構造の発達した黒鉛は，ナトリウムを電気化学的に吸蔵，放出できないことは経験的に広く知られている。これはリチウムに比ベナトリウムのイオン半径が大きいために黒鉛の層間に入りにくいこと，また炭素の六角網目構造面上でリチウムやカリウムは安定な位置を取りうるが，ナトリウムには安定位置が見出せない（コメンシュレート構造が形成できない）こと[21,22]などから裏付けられている。

図8に，バインダーとしてPVdFを用いて銅箔に塗布した黒鉛電極を作用極とし，対極にナトリウム金属を，電解液に1M $NaClO_4$/EC：DMC ＝ 1：1（体積比）を用いたコインセルをAr雰囲気のグローブボックス中で作製し，充放電実験を行った結果を示す。

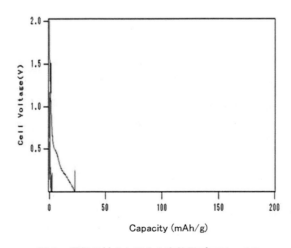

図8　黒鉛の対ナトリウム充放電プロファイル

第1章　ナトリウムイオン電池用材料の研究開発

　初回の放電（Na$^+$を吸蔵する方向：以下，負極炭素材評価用ハーフセルについては同様に表記）時にわずかな容量が観測されたが，充電（Na$^+$を放出する方向）容量が全く得られず，黒鉛はナトリウム二次電池用負極活物質に相応しくないことが確認できた。

　一方で2000年代初頭，乱れた構造を持つハードカーボン系の炭素材が電気化学的にナトリウムを吸蔵，放出可能なことが見出されはじめた。Dahnらのグループはグルコース由来のハードカーボンについてナトリウム金属を対極に用いた評価を行い，初期の可逆容量として約300 mAh/gが得られたと報告している[23]。しかし二次電池として実用的なサイクル特性を達成するといった課題はなお残されていた。2000年代半ばより，水酸基を伴った芳香環を持つ樹脂由来のハードカーボンがナトリウムイオン二次電池用に好適であることがわかりはじめた[24]。筆者らの検討からは，とくにカリックスアレーン由来のハードカーボンにおいて図9に示すような約320 mAh/gの大きな放電容量と良好なサイクル特性が得られることがわかった[25,26]。

　これらのハードカーボンは合成時の炭化工程の後，改めて1500℃から2000℃で不活性ガスを流しながら高温処理することで容量が増大する。ナトリウムの吸蔵放出反応のポテンシャルを間接的に見るため，高温処理温度の異なるハードカーボンについて様々なナトリウム吸蔵状態での開回路電位（OCV）を擬似的に測定した。擬似OCV測定は，各種ハードカーボンを用いて対極がナトリウム金属のコインセルを作製し，完全放電させた後に，0.05Cで充電させ，40分の充電毎に4時間の休止を与え，4時間後の電位を擬似開回路電位として記録するといった一連の操作（図10(a)）を30回繰り返すことで実施した。擬似OCVのプロットにおいて，ナトリウム吸蔵量が多い（電位が低い）状態における開回路電位（図10(b)，破線で囲んだ部分）は，ハードカーボンの高温処理温度に依らず一定であったことから，低電位でのナトリウム吸蔵機構は共通であると考えられる。

　さらにハードカーボン中でのナトリウムの吸蔵状態について核磁気共鳴（NMR）を用いて解析

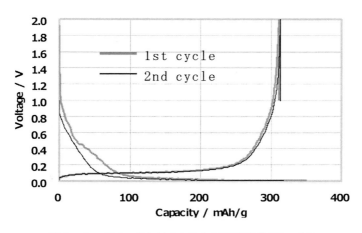

図9　ハードカーボン対ナトリウム充放電プロファイル

するため，対極を金属ナトリウムとしたハーフセルを作製して充電する手法を用いて，ナトリウムイオンの吸蔵量の異なる炭素負極材料を準備し[23]Na-NMR測定を行った。準備したナトリウム吸蔵ハードカーボンは，図11に示す①約20 mAh/g（＝0.6 V），②約50 mAh/g（＝0.3 V），③約100 mAh/g（＝0.1 V），④200 mAh/gおよび⑤300 mAh/gの5点であり，測定装置としてBruker Avance300 WB (7T) を用いて，試料回転数4 kHzの条件で[23]Na-NMR測定を行った。ナトリウムイオンの標準試料（0 ppm）としてはNaCl水溶液とブランクも測定し，測定結果の処理に用いた。

図12に示す[23]Na-NMR測定結果からは1000 ppm付近にピークは見られず，ナトリウムはイオン状態で炭素中に存在していることが確認できた。またナトリウム吸蔵量の違いによるピークのシフトは観測されず，擬似OCV測定の結果と同様にナトリウム吸蔵機構が単一であると考えられた。

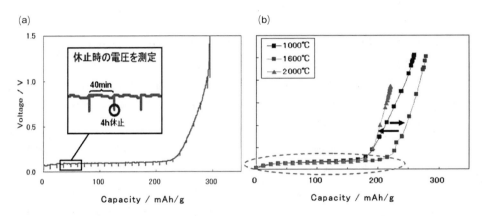

図10　擬似OCV測定(a)と，高温処理温度の異なるハードカーボンの擬似OCVプロット(b)

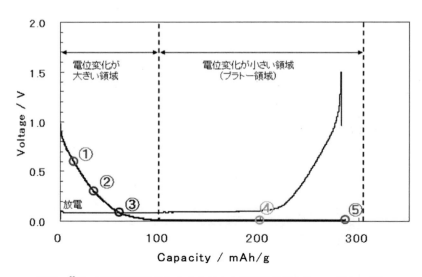

図11　^{23}Na-NMR測定に供したナトリウム吸蔵量の異なるハードカーボン

第1章　ナトリウムイオン電池用材料の研究開発

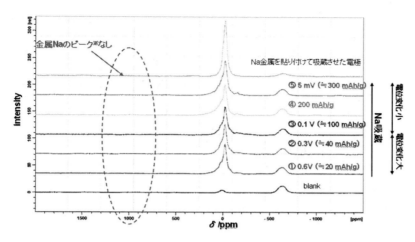

図12　ナトリウム吸蔵量の異なるハードカーボンの^{23}Na-NMR測定結果

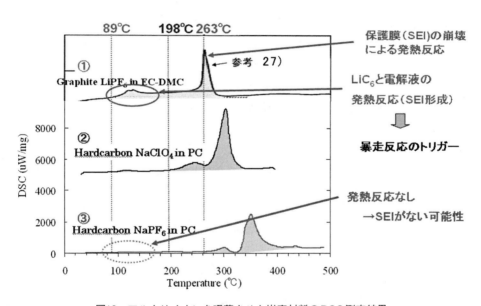

図13　アルカリイオンを吸蔵させた炭素材料のDSC測定結果

　ナトリウムを吸蔵させた状態のハードカーボンの熱安定性，反応性を明らかにすべくDSC評価を行った。ハードカーボンとナトリウム金属を用いたコインセルを作製して放電を行い，ハードカーボンにナトリウムイオンを吸蔵させた。これらのコインセルを分解して，ナトリウムイオンが吸蔵されたハードカーボン電極から電極合材を回収し，DSC測定を行って発熱挙動の観察を行った。その結果と，リチウムをドープした黒鉛のDSC測定についての文献の記載[27]を併せ，図13に示す。

DSCの結果より，リチウムを吸蔵した黒鉛と比較して，ナトリウムを吸蔵したハードカーボンの発熱開始温度の方が高いことがわかる。このためナトリウムを吸蔵したハードカーボンは熱安定性に優れており，ナトリウムイオン電池は充電状態においても安全性が高いと考えられる。また同じ溶媒を用いた場合に，過塩素酸塩の$NaClO_4$よりも$NaPF_6$を用いた場合の方が発熱開始温度が高い傾向が見られた。

1.4 ナトリウムイオン二次電池

これまで対極にナトリウム金属やナトリウム合金を用いたナトリウム二次電池に関する記述は少なからず見られたが，2000年代半ばになるまで二次電池としてのサイクル安定性に優れ，かつ充分な可逆容量を持つ負極材が見出せなかったことから，ナトリウム金属やナトリウム合金を用いずに構成されたナトリウムイオン二次電池に関する実測データを目にすることは困難だった。

筆者らは，上記のハードカーボンを負極に用い，層状型の結晶構造を持つ酸化物正極を用いた構成のナトリウムイオン二次電池について，2007年末頃よりコインセルでの充放電実験を開始し，二次電池として有望な充放電特性が得られることを確認している[28,29]。また最近では駒場らのグループから層状酸化物正極とハードカーボン負極から構成されるナトリウムイオン二次電池の報告がなされている[30]。

筆者らの検討において，鉄，マンガン，ニッケルを用いた三元系正極活物質$NaFe_{0.4}Mn_{0.3}Ni_{0.3}O_2$とハードカーボン負極，1M $NaPF_6$/PC電解液から構成されるコインセルを作製して評価したところ，図14に示すように電圧範囲1.5～4.0V，0.1Cレート（電流密度としては約$0.1mA/cm^2$）での定電流定電圧充電，定電流放電において，正極活物質の重量に対し約120mAh/gの放電容量が得られた[31]。このナトリウムイオン二次電池について10倍の電流密度での加速試験を行った結

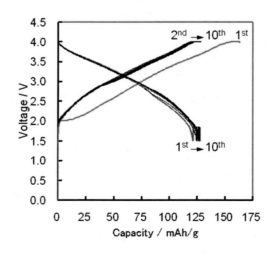

図14 ナトリウムイオン二次電池の充放電挙動

第1章 ナトリウムイオン電池用材料の研究開発

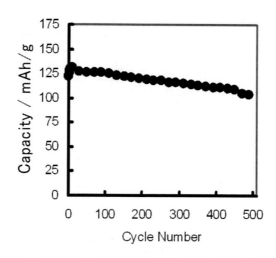

図15 ナトリウムイオン二次電池のサイクル特性

果，480サイクルでの放電容量維持率は88％であった（加速試験は初期10サイクルを0.1Cレートでの充放電の後に10倍の電流密度に加速し，20サイクル毎に0.1Cレートで充放電して容量を確認した）。図15に0.1Cレートでの放電時の放電容量のプロットを示す。

また，放電時の電流速度を大きくした時の容量変化を測定したところ，2Cレートでの放電容量は0.1Cに対して76％を維持しており，一般的なリチウムイオン二次電池と遜色無いレート特性であった。さらに，−40℃における0.1Cレートでの放電容量は，25℃における0.1Cに対して52％を維持しており，むしろ，一般的なリチウムイオン二次電池よりも優れた結果であると思われる。

1.5 まとめ

本稿の冒頭で紹介したリチウムに対する数々のナトリウムの欠点は，必ずしも克服不可能なことばかりではなく，場合によっては利点にもなりうる痛快などんでん返しの事例がいくつか見つかってきている。本稿で紹介しきれなかったこれらナトリウムの明るいトピックスを表2に列記し，まとめにかえる。

なによりナトリウムイオン電池をやるうえで最も勇気付けられるのは，我々の生体系自身がそのエネルギー代謝，神経伝達にリチウムではなくナトリウムやカルシウム，カリウムを電荷担体に選択している点にある。自然界の摂理と同じ電荷イオンやレドックスの選択には一分の理があるに違いないという信仰に近い信念が，ナトリウムイオン電池にかかわるうえでの拠り所の1つである。

レアメタルフリー二次電池の最新技術動向

表2 リチウムイオン電池に対するナトリウムイオン電池開発上のメリット

項目	ナトリウムイオン電池開発上のメリット
正極	リチウム正極系$LiNiO_2$ではLi^+のイオン半径が小さく，イオン半径の近いNi^{2+}とカチオンミキシングして電気化学的に不活性な不規則岩塩相や岩塩ドメイン[32]を作りやすいが，ナトリウム正極系$NaFeO_2$ではNa^+のイオン半径が遷移金属より大きいことが幸いして，電気化学活性な層状岩塩構造が安定相として容易に合成可能で，充放電過程を通じ岩塩ドメインを作りにくい。
	$LiMnO_2$やLi_2MnO_3など層状酸化物では，充放電過程でLi^+が四面体サイトに入り，スピネル化の進行と共に正極特性が劣化する現象が知られているが，イオン半径が1.16Å（6配位）と嵩高いNa^+では四面体サイトにNa^+が入ることがないため，このような劣化モードが起こりにくい[33]。
	ナトリウムはリチウムより反応性が高いため，$LiFeF_3$はメカノケミカルに合成できないが，$NaFeF_3$はメカニカルミリングで容易に室温合成可能。
	ポストオリビン正極候補であるLi_2FePO_4Fは固相焼成での合成成功例がまだないが，Na_2FePO_4Fは容易に固相焼成で合成可能。
	正極内の固相拡散において，Na^+の方がホスト酸素との結合が弱いことに起因して，たとえば層状岩塩型$LiCoO_2$よりも$NaCoO_2$の方がインターカラントの拡散障壁が低くなるという計算結果が報告されている[34]。
負極	ナトリウムでは合金を作る元素が錫や鉛などに限られ，アルミニウムなどと合金化しないため，リチウムでは銅基板を選択せざるを得なかったのが，ナトリウムでは安価なアルミニウムを安心して使えるメリットがある。
	ナトリウム系はSEI皮膜を作りにくい可能性があり，人為的な表面皮膜の設計制御が期待できる。
	Na^+のイオン半径がLi^+より大きい分，クーロン引力が小さく，脱溶媒和エネルギーが小さいはずで，脱溶媒和過程が拡散律速[35]ならば，リチウム電池系よりも高速な充放電がナトリウム電池系で実現できる可能性がある。
電解液	ナシコン型固体電解質ではリチウム系$Li_{1.5}Al_{0.5}Ge_{1.5}(PO_4)_3[\sigma=2.4\times10^{-4}Scm^{-1}]$[36]より高いイオン伝導度がナトリウム系$Na_3Zr_2(SiO_4)_2PO_4[\sigma=1.06\times10^{-3}Scm^{-1}]$[37]にて報告されている。
	Li^+よりイオン半径の大きなNa^+ではイオン解離しやすく，イオン液体が設計しやすい。
	ナトリウムはリチウムより標準電極電位が高い分，リチウム金属負極では電位的に使えないイオン液体などを使える可能性がある。事実NASICONの固体電解質は通常リチウム金属と接するだけで反応し変色するが，ナトリウム金属とは反応しないためナトリウム負極を使える可能性がある。

文　献

1) M. D. Slater, D. Kim, E. Lee and C. S. Johnson, *Adv. Funct. Mater.*, **1**（2012）

2) 武田保雄，第4版実験化学講座16無機化合物，第4章金属元素の化合物Ⅱ，p.328，丸善（1993）

3) Y. Takeda, K. Nakahara, M. Nishijima, N. Imanishi, O. Yamamoto, M. Takano and R. Kanno, *Mat. Res. Bull.*, **29**, 659（1994）

4) W. B. Johnson and W. L. Worrell, *Synthetic Metals*, **4**, 225（1982）

第1章　ナトリウムイオン電池用材料の研究開発

5) J. Rouxel, M. Danot and J. Bichon, *Bull. Soc. Chim. Fr.*, **11**, 3930 (1971)

6) E. Strauss, D. Golodnitsky, K. Freedman, A. Milner and E. Peled, *J. Power Sources*, **115**, 323 (2006)

7) T. B. Kim, J. W. Choi, H. S. Ryu, G. B. Cho, K. W. Kim, J. H. Ahn, K. K. Cho and H. J. Ahn, *J. Power Sources*, **174**, 1275 (2007)

8) 喜多條, 山口, *Novel Carbon Resource Sciences NEWSLETTER*, **6**, 21 (2011)

9) 山口, 喜多條, 小林, 岡田, 山木, 電気化学会第79回大会, 3D25 (2012)

10) 岡田, 土井, 山木, 電池技術, **22**, 81 (2011)

11) N. Recham, J.-N. Chotard, L. Dupont, K. Djellab, M. Armand and J.-M. Tarascon, *J. Electrochem. Soc.*, **156**(12), A993 (2009)

12) Y. Kawabe, N. Yabuuchi, M. Kajiyama, N. Fukuhara, T. Inamasu, R. Okuyama, I. Nakai and S. Komaba, *Electrochem. Commun.*, **13**, 1225 (2011)

13) R. K. B. Gover, A. Bryan, P. Burns and J. Barker, *Solid State Ionics*, **177**, 1495 (2006)

14) 智原, 中本, I. D. Gocheva, 岡田, 山木, 第52回電池討論会 (2011)

15) H. Chen, M. Armand, G. Demailly, F. Dolhem, P. Poizit and J.-M. Tarascon, *ChemSusChem.*, **1**, 348 (2008)

16) 中條, 喜多條, 小林, 智原, 岡田, 山木, 電気化学会第79回大会, 3D27 (2012)

17) J. Braconnier, C. Delmas, C. Fouassier and P. Hagenmuller, *Mater. Res. Bull.*, **15**(12), 1797 (1980)

18) 竹内, 獅子倉, 小沼, 公開特許公報(A), 平1-134854 (1989)

19) 井上, 金井, 板谷, 藤本, 公開特許公報(A), 特開2006-244976 (2006)

20) S. Komaba, Y. Matsuura, T. Ishikawa, N. Yabuuchi, W. Murata and S. Kuze, *Electrochem. Commun.*, **21**, 65 (2012)

21) E. Zhecheva, R. Stoyanova, J. M. Jiménez-Mateos, R. Alcántara, P. Lavela and J. L. Tirado, *Carbon*, **40**, 2301 (2002)

22) M. S. Dresselhausa and G. Dresselhausa, *Adv. Phys.*, **30**(2), 139 (1981)

23) D. A. Stevens and J. R. Dahn, *J. Electrochem. Soc.*, **147**(4), 1271 (2000)

24) R. Alcántara, P. Lavela, G. F. Ortiz and J. L. Tirado, *Electrochem. Solid-State Lett.*, **8**(4), A222 (2005)

25) 菊池, 倉金, 山本, 服部, 牧寺, 公開特許公報(A), 特開2009-135074 (2009)

26) 松本, 久世, 中根, 電気化学会第79回大会, 3D29 (2012)

27) J. Yamaki, *Netsu Sokutei*, **30**(1), 3 (2003)

28) 久世, 牧寺, 山本, 公開特許公報(A), 特開2009-244320 (2009)

29) 黒田, 岡田, 小林, 山木, 山本, 久世, 牧寺, 第51回電池討論会, 3G12 (2010)

30) S. Komaba, W. Murata, T. Ishikawa, N. Yabuuchi, T. Ozeki, T. Nakayama, A. Ogata, K. Gotoh and K. Fujiwara, *Adv. Funct. Mater.*, **21**(20), 3859 (2011)

31) 久世, 松本, 中根, 電気化学会第79回大会, 3D33 (2012)

32) T. Ozuku, A. Ueda, M. Nagayama, Y. Iwakoshi and M. Komori, *Electrochim. Acta*, **38**(9), 1159 (1993)

33) X. Ma, H. Chen and G. Ceder, *J. Electrochem. Soc.*, **158**(12), A1307 (2011)

34) S. P. Ong, V. L. Chevrier, G. Hautier, A. Jain, C. Moore, S. Kim, X. Ma and G. Ceder,

Energy Environ. Sci., **4**, 3680 (2011)

35) N. Nakayama, T. Nozawa, Y. Iriyama, T. Abe, Z. Ogumi and K. Kikuchi, *J. Power Sources*, **174**, 695 (2007)

36) H. Aono, E. Sugimoto, Y. Sadaoka, N. Imanaka and G. Adachi, *Bull. Chem. Jpn.*, **65**, 2200 (1992)

37) H. Khireddine, P. Fabry, A. Caneiro and B. Bochu, *Sensors and Actuators B*, **40**, 223 (1997)

2　材料開発2

藪内直明*

2.1　はじめに

　Liイオンと比較してNaイオンはそのサイズが大きくなることは不可避であり，これはエネルギーデバイスとしての弱点となる。一方，Naイオンは3d遷移金属イオンよりもサイズが大きいという特徴は，層状酸化物，オキソ酸塩系材料ともにLi系と比較して結晶構造の多様性が向上するという利点に繋がる。本節ではNa系特有の結晶構造の解説と材料設計指針，さらに具体的な種々の遷移金属酸化物，各種オキソ酸塩などのNaイオン電池用正極材料の結晶構造と電極特性について紹介する。

2.2　材料設計における基本指針

　基本となる電極反応機構についてはLi系とNa系電極材料で大きな差異は無いことから基本的な材料設計指針は共通している。充電時に電気化学的酸化反応が起こり，その電荷補償のために正電荷のNaイオンを電解液に放出する機能，さらに放電時には還元とNaイオンを可逆的に取り込む機能（ホスト構造）が求められる。優れた正極特性を持つ材料に求められるのが，(1)Na金属基準で3～4.5V程度の電位範囲にレドックス準位（通常は遷移金属イオンのd軌道から構成される）を有する，(2)固体中にNaイオンを吸蔵するサイトを有する，(3)固体中にNaイオンが拡散する経路を有する，といった特徴である。また，Naの挿入脱離の反応が構造破壊などを引き起こすことなく，構造化学的な視点からも可逆的に進行する必要がある。ここまでで述べた内容はLi系と共通する部分であるが，NaイオンをLiイオンの代わりに使うことの最大の利点である"資源埋蔵量"を蓄電デバイスとして活用するためには，正極材料設計においてもやはり資源という点を考慮する必要がある。図1に地球の地殻中に存在する元素[1]，特に陽イオンになりやすいものに関して多いものから順に示している。資源の埋蔵量としてはもちろんSiやAlが普遍的に存在しているが，遷移金属イオンのd軌道電子のように酸化還元可能な準位を持たないために，正極材料のホスト元素として利用することができない。図1に示すように遷移金属イオンの中で地殻中に100 ppm以上存在するとされている元素は多いものから，Fe, Ti, Mn, Cr, Vの5種類に限られる。地殻中の元素の存在量が必ずしも材料コストに直結するとは限らず複合的な要因を考慮する必要があるが，少なくともLiイオン電池で正極に広く用いられているNiとCo，また，負極集電体として用いられているCuは資源埋蔵量100 ppm以下に限られており，実際にNi, Co, Cu金属の市場での取引価格は炭酸リチウムと比較して高い。結果としてこのような"レアメタル"を必要とする電極材料ではLi電池に対する差別化が難しくなると考えられることから，実際の蓄電デバイスへの応用を考えた場合，利用可能な元素の種類はLi系と比較して限られてしまうことになる。しかし，その欠点を補って余りある魅力が，後述するようなNa系材料における結晶構造の多様性である。

　＊　Naoaki Yabuuchi　東京理科大学　総合研究機構　講師

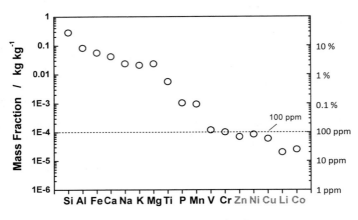

図1　各種元素の地殻中の存在量

2.3　層状酸化物

　ホスト・ゲスト化学の分野において代表的な物質の一つが層間化合物である。層間化合物のメリットとして層内のホスト構造は非常に安定である一方，層間の構造に関しては自由度が高いことが挙げられる。ゲスト種としてのNaイオンもLiイオンと比較して"かさ高い"ことから，二次元層状材料は有利であると考えられる。事実，1980年にはNaイオンが代表的な層状硫化物であるTiS$_2$の層間に可逆的に脱挿入可能であることが報告されている[2]。しかしながら，過去30年の間，Li系に関しては蓄エネルギーデバイス用途の研究が徹底的に行われてきたが，Na系に関する研究例は限られたものであった。Na脱挿入時の相変化機構の調査[3]，Co系層状酸化物における超

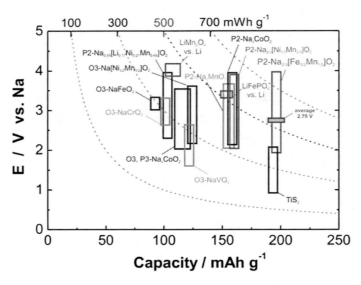

図2　各種Na含有層状酸化物の可逆容量と電圧変化の比較

第1章　ナトリウムイオン電池用材料の研究開発

伝導材料[4]や熱電材料[5]への応用などは研究例が比較的多いが，蓄エネルギーデバイス分野の研究においての主役の座は疑うことなく絶えずLiイオンであった。その大きな要因が図2に示すように，Na系層状材料のエネルギー密度の低さである[6]。現在，Liイオン電池は電気自動車用途としても用いられているがLiMn$_2$O$_4$やLiFePO$_4$といった材料が用いられている。これらの材料はLi金属基準で500 mWh/g程度のエネルギー密度を有するが，NaCoO$_2$など多くのNa系層状材料は300〜400 mWh/g程度とLi系と比較して60〜80％程度である。Na金属の標準酸化還元電位はLi金属と比較して0.33 V低いが，実際の電圧の低下はその差よりも顕著である。図3に示すようにNaCoO$_2$の作動電圧は充電初期の領域ではLiCoO$_2$と比較して約1.5 Vも低い。少なくとも近年になるまではNaイオンの資源という最大の利点は，エネルギー密度の低さを克服するには十分な動機とはなり得なかったといえる。TiS$_2$の研究以来このような状況が続いていたが，1999年には負極材料としてStevensとDahnによって難黒鉛化炭素中へのNaイオンの電気化学的な挿入脱離反応が[7]，さらに，2004年には岡田らにより鉄の層状酸化物であるα-NaFeO$_2$が正極材料として可逆的に動作することが報告された[8]。LiFeO$_2$は電気化学的に不活性であることが知られており[9]，NaFeO$_2$が電極材料として活性であることは驚くべき結果である。炭素材料を負極，NaFeO$_2$を正極材料として組み合わせることで我々の生活において身近な元素のみから構成可能なレアメタルフリー電池としてのNaイオン蓄電池の可能性が示されたことは特筆すべき事である。現在，日本においては東日本大震災以降の大きな課題となっている電力問題，また，アメリカにおいては電力の送電／配電網が不安定であり停電などが社会問題となっており[10]，スマートグリッドシステムなどに用

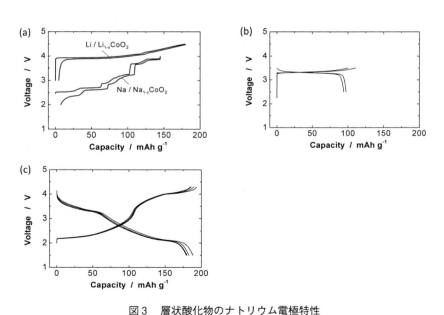

図3　層状酸化物のナトリウム電極特性
(a)Na/NaCoO$_2$電池，(b)Na/NaFeO$_2$電池，(c)Na/Na$_{2/3}$[Fe$_{1/2}$Mn$_{1/2}$]O$_2$電池の定電流充放電曲線(a)にLi/LiCoO$_2$電池の結果を比較として示す。

いる電力貯蔵用大型蓄電池への期待が急速に高まっている。Liイオン蓄電池の研究の片隅に埋もれていたNaイオン蓄電池という研究のシーズが，劇的な社会状況の変化と同調する形で脚光を浴びつつある[11~13]。

　Naイオン電池用正極材料として岡田らによって報告されたα-NaFeO$_2$は酸化物として良く知られた層状材料である。NaFeO$_2$はαとβ相の2種類の結晶多形が知られており，α相は760℃以下で熱力学的に安定な低温相である。その結晶構造は図4に示すように酸素の充填様式は最密充填構造である面心立方格子（酸素の配列がABCABCの順番で繰り返す構造）となっている。酸化物イオンの格子における六配位隙間（八面体サイト）を3価のFeとNaイオンが占有しており，面心立方格子における[111]方向にそれぞれのイオンが交互に積層した構造となっている。図4に示すように単位格子中には八面体（**O**ctahedral）サイトに存在するイオンがAB，CA，BCという3種類の酸素配列を持つMeO$_2$層間に存在することから，Delmasらが提案した表記に従えば"O3型"の層状構造として分類可能である[14]。Liイオンは遷移金属イオンとサイズが非常に近く，熱力学的な平衡条件でα-NaFeO$_2$類似のO3型層状構造LiMe^{3+}O$_2$として直接合成できるのはCr，V，Ni，Coに限られる。一方，Naイオンの場合にはTi，Fe，Mnでも合成可能であることから，レアメタルフリーという観点からは材料設計の選択肢が増えるため大きな利点となる。

　図3(b)にはα-NaFeO$_2$の充放電特性を示している。Naの脱離量を0.5以下（Na$_x$FeO$_2$において$x>0.5$）程度に制限することで約100 mAh/gの可逆容量を得ることができる。しかし，Naの脱離量を増やすことにより不可逆な構造変化を起こし，可逆性は大きく低下する。図3(a)にはO3型の層状構造であるNaCoO$_2$の充放電曲線を示しているが，Naの脱離量を0.5以上とした場合でも可逆性は良好であり，NaFeO$_2$と比較して充放電曲線に複数の電位平坦部が観察される。図3(a)に示すようにLiCoO$_2$とも明確に異なる充放電挙動を示しているが，これは，Naイオンの固体中の相互作用はLiと比較して大きくNaイオンと空孔の規則配列（もしくは電荷秩序）に由来する相変化が起こりやすいことに起因する。このような相変化として代表的に起こるのがO3型構造からP3型構造への相変化である。図4に示すようにそれぞれのMeO$_2$層が（1/3, 2/3, 0）だけずれることによりNaイオンの配位環境は六配位八面体サイトから六配位三角柱サイトへ変化する。全てのサイトが三角柱サイトとなった場合には単位格子中にはAB，BC，CAとO3型と同じく3種類のMeO$_2$層が存在し，Naの配位環境が三角柱（**P**rismatic）サイトとなるため，P3型層状構造として分類される。このような三角柱サイトはNaイオンのように遷移金属イオンよりもサイズが大きい場合に安定であり，小さなLiイオンでは観察されないNa系に特徴的な積層様式である。Na$_x$CoO$_2$においてはO3型，P3型，さらには層の歪みによる単斜晶系への相転移など[15]，複雑な相変化を繰り返しながらNaイオンの挿入脱離が進行する。

　近年，研究が活発に行われているのがP2型に分類可能な層状材料である[6,16~18]。図4にはP2型の結晶構造を示しているが，単位格子中にはAB，BAの2種類のMeO$_2$層が存在し，Naイオンは三角柱サイトを占有する構造となっている。P2型の層は経験的にNaイオンの遷移金属イオンの比が2/3程度となるときに安定となることが知られている。P2型の層状材料を合成するためには

第1章　ナトリウムイオン電池用材料の研究開発

遷移金属イオンは三価と四価の混合状態で合成する必要があるため，平衡条件下ではP2型鉄系層状材料Na$_{2/3}$FeO$_2$を合成することは不可能である。一方，V，Mn，Coは三価と四価，両者の酸化状態が安定であることからP2型層状構造を合成できることが知られている。近年，P2型の層状構造としてFeとMnを固溶させたNa$_{2/3}$[Fe$_{1/2}$Mn$_{1/2}$]O$_2$が高容量電極材料となることが報告された[6]。図3(c)にはNa$_{2/3}$[Fe$_{1/2}$Mn$_{1/2}$]O$_2$の充放電曲線を示しているが，180 mAh/gを超える可逆容量が得られることがわかる。Na金属基準での平均作動電圧は3V以下となるが，エネルギー密度として

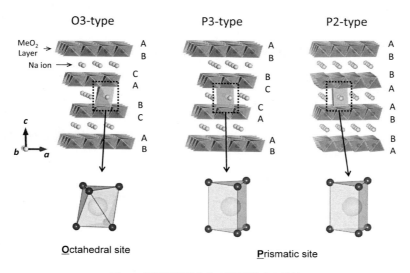

図4　各種層状酸化物の積層様式の比較

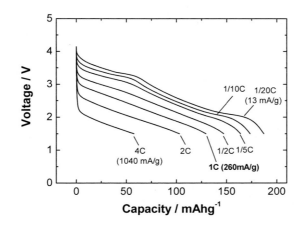

図5　Na/Na$_{2/3}$[Fe$_{1/2}$Mn$_{1/2}$]O$_2$電池のレート特性
充電は1/20 C (13 mA/g) で行なっている。1Cレートは260 mA/gとした。電極のローディングは8.4 mg/cm^2。

は500 mWh/gを超え，Li系電極材料と同程度である。また，レート特性にも優れ図5に示すように一時間率（1Cレート）程度でも70％程度の容量が維持可能である。一方で，$Na_{2/3}[Fe_{1/2}Mn_{1/2}]O_2$を含めP2型層状材料ではナトリウム含有量は遷移金属イオンに対して少ないことから，ナトリウム金属を用いないナトリウムイオン電池構成とする場合には，そのままでは十分なエネルギー密度を得ることができない。Naイオンのプレドープなど，不足するNaの量を補償する手法の確立が期待される。図3に示すようにP2型はO3型やP3型とはMeO_2層の酸素配列が本質的に異なる。結果としてP2型からO3型，もしくはP3型への相変化は遷移金属イオンと酸化物イオンとの結合の切断と再結合無しには不可能である。一方，P2型構造からMeO_2層がずれることによりO2型へと相変化することが$Na_x[Ni_{1/3}Mn_{2/3}]O_2$で報告されており[19]，$Na_x[Fe_{1/2}Mn_{1/2}]O_2$の場合には八面体サイトと三角柱サイトが交互に配列するOP4型積層様式が確認されている[6]。

2.4　オキソ酸塩系材料

　1997年にGoodenoughらによって発表されて以来[20]，オキソ酸塩系のLiイオン電池用正極材料としてもっとも多く研究された材料が$LiFePO_4$である。Li_xFePO_4はLi金属基準で4V以下の作動電圧を示すことから有機電解液の分解に起因する特性劣化を避けることができる。さらに，Liイオン電池においては安全性が重視されるが，Li_xFePO_4は充電状態でも酸化物系と比較して熱安定性に優れた材料である。$LiFePO_4$は長寿命で高い安全性という特徴を生かして一部実用化もされている。Li系と比較してNa系酸化物の熱安定性に関してはこれまでは多くの知見はなかったが，近年，O3型の層状酸化物$NaCrO_2$は優れた電気化学活性を示すだけでなく[21]，充電状態においても酸化物でありながら，Li_xFePO_4以上の熱安定性を持つことも報告されている[22]。

　$LiFePO_4$の結晶構造は図6に示すように酸素の充填様式は最密充填構造である六方最密格子（酸素の配列がABABABと繰り返す構造）となっている。$LiFePO_4$はトリフィライトとして天然にも産出する鉱物である。Feイオンは六配位八面体サイト（FeO_6）にPイオンが四配位サイト（PO_4）に位置しており，FeO_6八面体は頂点共有により結合している。MeO_6八面体が稜共有で接合されている層状酸化物とは異なりFeのd軌道の重なりは少なく電子伝導性は低いことから，電極特性を引き出すためには粒子のナノサイズ化，炭素被覆などが必要不可欠である。Liイオンはb軸方向に一次元の拡散経路を有し，二次元の拡散経路を持つ層状構造と比較して固相内拡散は不利であるが，よく作りこまれた試料は非常に優れた電極特性を示す。

　LiをNaに置き換えた$NaFePO_4$も合成可能であるが，熱力学的な安定相はトリフィライトとは異なりマリサイト型構造（図6(b)）となる。マリサイト型構造においてはトリフィライトにおけるLiのサイトをFeが占有した構造となっている。つまり，FeO_6八面体が稜共有によりb軸方向に一次元に繋がった構造となる。一方でNaイオンサイトはかなり離れて位置しており，そのままでは固相拡散には不利な構造となっている。事実，マリサイト型$NaFePO_4$の電気化学活性は$LiFePO_4$と比較して低い[23]。トリフィライト型の$NaFePO_4$の直接合成は不可能であるが，$LiFePO_4$を用いLiとNaをイオン交換することは可能である[24]。イオン交換により調製された$NaFePO_4$はマリサ

第1章　ナトリウムイオン電池用材料の研究開発

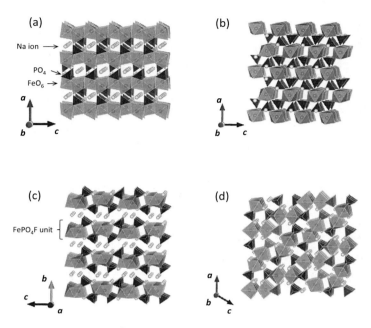

図6　各種オキソ酸塩の結晶構造の比較
(a)LiFePO$_4$（トリフィライト型），(b)NaFePO$_4$（マリサイト型），(c)Na$_2$FePO$_4$F，(d)Na$_2$MnPO$_4$F

イト型と比較して優れた電極特性を示すが，トリフィライトの構造中においてLiイオンと比較してNaイオンの固相拡散の活性化エネルギーは高いという計算結果も報告されている[25]。LiとNaにおける電圧の差は約0.4Vであり，その値は標準電極電位の差に非常に近い。オキソ酸塩の場合は層状酸化物と比較すると電圧の低下は抑えられている。

Na系オキソ酸塩は多種多様の材料が知られており，その中には二次元層状構造を有するものも存在する。図6(c)に示すようにNa$_2$FePO$_4$Fがその一例であり[26]，FeO$_4$F$_2$八面体とPO$_4$四面体から構成されたFePO$_4$F層間にNaイオンが位置した構造となる。FePO$_4$F層間において二次元のNaの拡散経路を有しており，図7に示すように電極の活性も高い[27]。Fe^{2+}/Fe^{3+}の反応を基本として3.0V付近で可逆的に充放電を行うことが可能である。FeをMnで置換したNa$_2$MnPO$_4$Fも合成可能であるが，図6(d)に示すように結晶構造はNa$_2$FePO$_4$Fとは異なりMnO$_4$F$_2$八面体とMnO$_4$四面体は三次元の構造を構成している。マリサイト型ほどではないがNaイオンのサイト間距離は比較的離れている。MnとFeの固溶体も合成可能であるが，Mnの置換量が20%を越すとNa$_2$MnPO$_4$F型構造が安定相となる[28]。Na$_2$MnPO$_4$F構造を有するNa$_2$[Fe$_{1/2}$Mn$_{1/2}$]PO$_4$Fの充放電曲線を図7(b)に示す。Na$_2$FePO$_4$Fと比較して炭素の添加量や粒子サイズの低減が必要となるが[27]，Na$_2$FePO$_4$Fと同程度の可逆容量を示し，さらにMn^{2+}/Mn^{3+}のレドックス反応を用いることで動作電圧が向上する。

自然界ではLiよりもNaの方がより一般的なアルカリ金属であり，実際にNaイオンを構造中に含有するオキソ酸塩として非常に多くの種類の天然鉱物が知られている。しかし，Naイオン電池

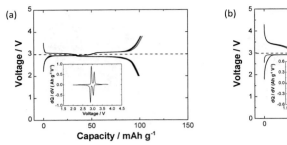 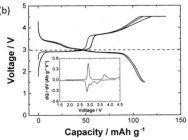

図7 フッ素化リン酸塩の充放電極特性の比較
(a)Na/Na$_2$FePO$_4$F, (b)Na/Na$_2$[Fe$_{1/2}$Mn$_{1/2}$]PO$_4$F電池

用の電極特性は評価されていないことが多く，また，無数の未知の材料が存在していると考えられる。今後，多くのNa系材料が見つかると予想され，それはNaイオン電池の高エネルギー密度化のみならず，Liイオン電池用材料を含めたホスト・ゲスト化学分野における将来的な革新に繋がることが期待される。

2.5 まとめ

近年の大型蓄電池への期待の高まりとともにNaイオン電池の実用化へと向けた期待も高まっている。歴史を遡ればLiとNaイオンの蓄電デバイスへの利用は同時期から検討が始まっている。しかし，その知見の蓄積に関してはNaイオンはLiと比較すればほとんど無いといっても言い過ぎではない。Naイオン電池の実用化には，本節で述べた電極材料だけではなく，電解液や添加剤など周辺技術の進化も必要不可欠であり，まだまだ基礎研究が不足しているのが現状である。Li系材料と同じような現象が起こることもあれば，Li系材料の経験からはまったく予想できない結果もしばしば得られ，Naイオン電池の研究成果は将来的にはLiイオン電池にも還元されることが期待できる。"ポスト"Liイオン電池ではなく，Liイオンと"共生"するレアメタルフリー蓄電池としてNaイオン電池の活躍する場所が将来的に与えられることを期待している。

文　献

1) R. S. Carmichael, Practrial Handbook of Physical Properties of Rocks and Minerals, CRC press, Boston (1989)
2) G. H. Newman and L. P. Klemann, *J. Electrochem. Soc.*, **127**, 2097 (1980)
3) C. Delmas, J.-J. Braconnier, C. Fouassier and P. Hagenmuller, *Solid State Ionics*, **3-4**, 165 (1981)

第1章　ナトリウムイオン電池用材料の研究開発

4) K. Takada, H. Sakurai, E. Takayama-Muromachi, F. Izumi, R. A. Dilanian and T. Sasaki, *Nature*, **422**, 53 (2003)

5) I. Terasaki, Y. Sasago and K. Uchinokura, *Phys. Rev. B*, **56**, 12685 (1997)

6) N. Yabuuchi, M. Kajiyama, J. Iwatate, H. Nishikawa, S. Hitomi, R. Okuyama, R. Usui, Y. Yamada and S. Komaba, *Nat. Mater.*, **11**, 512 (2012)

7) D. A. Stevens and J. R. Dahn, *J. Electrochem. Soc.*, **147**, 1271 (2000)

8) 高橋祐典，木藪敏康，岡田重人，山木準一，中根堅次，第45回電池討論会，3B23，京都 (2004)

9) K. Ado, M. Tabuchi, H. Kobayashi, H. Kageyama, O. Nakamura, Y. Inaba, R. Kanno, M. Takagi and Y. Takeda, *J. Electrochem. Soc.*, **144**, L177 (1997)

10) B. Dunn, H. Kamath and J.-M. Tarascon, *Science*, **334**, 928 (2011)

11) S. Komaba, W. Murata, T. Ishikawa, N. Yabuuchi, T. Ozeki, T. Nakayama, A. Ogata, K. Gotoh and K. Fujiwara, *Adv. Funct. Mater.*, **21**, 3859 (2011)

12) S. W. Kim, D. H. Seo, X. H. Ma, G. Ceder and K. Kang, *Adv. Energy Mater.*, **2**, 710 (2012)

13) M. D. Slater, D. Kim, E. Lee and C. S. Johnson, *Adv. Funct. Mater.*, in-press (2012)

14) C. Delmas, C. Fouassier and P. Hagenmuller, *Physica B & C*, **99**, 81 (1980)

15) S. Komaba, N. Yabuuchi, T. Nakayama, A. Ogata, T. Ishikawa and I. Nakai, *Inorg. Chem.*, **51**, 6211 (2012)

16) R. Berthelot, D. Carlier and C. Delmas, *Nat. Mater.*, **10**, 74 (2011)

17) D. Kim, S. H. Kang, M. Slater, S. Rood, J. T. Vaughey, N. Karan, M. Balasubramanian and C. S. Johnson, *Adv. Energy Mater.*, **1**, 333 (2011)

18) D. Hamani, M. Ati, J.-M. Tarascon and P. Rozier, *Electrochem. Commun.*, **13**, 938 (2011)

19) Z. Lu and J. R. Dahn, *J. Electrochem. Soc.*, **148**, A1225 (2001)

20) A. K. Padhi, K. S. Nanjundaswamy and J. B. Goodenough, *J. Electrochem. Soc.*, **144**, 1188 (1997)

21) S. Komaba, C. Takei, T. Nakayama, A. Ogata and N. Yabuuchi, *Electrochem. Commun.*, **12**, 355 (2010)

22) X. Xia and J. R. Dahn, *Electrochem. Solid-State Lett.*, **15**, A1 (2012)

23) K. Zaghib, J. Trottier, P. Hovington, F. Brochu, A. Guerfi, A. Mauger and C. M. Julien, *J. Power Sources*, **196**, 9612 (2011)

24) M. Casas-Cabanas, V. V. Roddatis, D. Saurel, P. Kubiak, J. Carretero-Gonzalez, V. Palomares, P. Serras and T. Rojo, *J. Mater. Chem.*, **22**, 17421 (2012)

25) S. P. Ong, V. L. Chevrier, G. Hautier, A. Jain, C. Moore, S. Kim, X. Ma and G. Ceder, *Energy & Environmental Science*, **4**, 3680 (2011)

26) B. L. Ellis, W. R. M. Makahnouk, Y. Makimura, K. Toghill and L. F. Nazar, *Nat. Mater.*, **6**, 749 (2007)

27) Y. Kawabe, N. Yabuuchi, M. Kajiyama, N. Fukuhara, T. Inamasu, R. Okuyama, I. Nakai and S. Komaba, *Electrochemistry*, **80**, 80 (2012)

28) N. Recham, J.-N. Chotard, L. Dupont, K. Djellab, M. Armand and J.-M. Tarascon, *J. Electrochem. Soc.*, **156**, A993 (2009)

3　材料開発と電池化

片岡理樹[*1]，向井孝志[*2]，境　哲男[*3]

3.1　諸言

近年，ナトリウムイオン電池が，ポストリチウムイオン電池として注目されている。ナトリウムは海水中に豊富に含まれ，地殻中においては6番目に存在する元素であり，安価で入手しやすく，産出地が偏在しているリチウムを使用しないため，調達リスクが低減し，電池の低コスト化が期待される。ナトリウムは，レアメタルフリーの流れからも非常に魅力的な元素といえるが，リチウムと比べて酸化還元電位が0.3V以上と高く，原子量も3倍以上と嵩高いため，十分な容量とサイクル寿命が得られにくい。このように，ナトリウムイオン電池が抱える問題点を克服するためには，ナトリウムイオン電池に適した新規材料の設計が求められる。

ここでは，高容量型ナトリウムイオン電池の開発を目指して，新規な正負極材料を組み合わせたナトリウムイオン電池の特性について紹介する。

3.2　正極材料

ナトリウムイオン電池用正極材料に関する研究は古くから取り組まれており，1980年に層状構造を有するTiS_2[1)]やNa_xCoO_2[2)]がNaを可逆的に挿入脱離することが報告されている。その他にも，$NaFeO_2$[3)]，$NaNiO_2$[4)]，$Na_{2/3}(Ni_{1/3}Mn_{2/3})O_2$[5)]，$Na(Ni_{1/3}Fe_{1/3}Mn_{1/3})O_2$[6)]および$Na_{2/3}(Fe_{1/2}Mn_{1/2})O_2$[7)]など，数多くの層状化合物の電気化学特性が報告されている。しかし，$Na_{2/3}(Fe_{1/2}Mn_{1/2})O_2$が190 mAh/gを示すことを除けば，報告されている正極活物質の容量は殆どが100～120 mAh/g程度にとどまっている。図1に示す通り，従来のナトリウムイオン電池用正極材料のエネルギー密度は，リチウムイオン電池用正極材料と比べてエネルギー密度が低くなる。

我々は，さらなる正極の高容量材料を目指し，リチウムイオン電池用材料として注目されているLi_2MnO_3-$LiMO_2$固溶体系（Li過剰系）の結晶構造に着目した。この系統の材料は，リチウムイオン電池用正極として280 mAh/g以上の可逆容量を示す[8)]ことから，ナトリウム系に適用できれば，高容量正極となることが期待できる。しかし，Na_2MnO_3は直接合成が困難であるため，Na_2MnO_3-$NaMO_2$固溶体系の報告はなく，直接合成は困難であると考えられる。

＊1　Riki Kataoka　㈱産業技術総合研究所　ユビキタスエネルギー研究部門　電池システム研究グループ

＊2　Takashi Mukai　㈱産業技術総合研究所　ユビキタスエネルギー研究部門　電池システム研究グループ

＊3　Tetsuo Sakai　㈱産業技術総合研究所　ユビキタスエネルギー研究部門　上席研究員㈱電池システム研究グループ　グループ長㈱エネルギー材料標準化グループ　グループ長；神戸大学大学院　併任教授；㈳日本粉体工業技術協会　電池製造技術分科会　コーディネーター

第1章　ナトリウムイオン電池用材料の研究開発

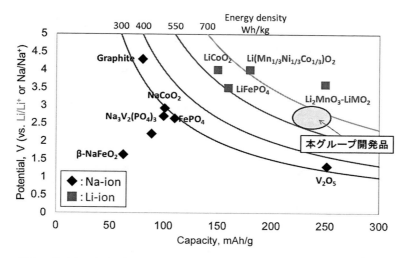

図1　リチウムおよびナトリウムイオン電池用正極材料のエネルギー密度比較

　このような理由から，直接合成法ではなく，Li過剰系のLiとNaを電気化学的にイオン交換し，Na過剰系正極を作製した。その結果，図1に示すような高いエネルギー密度を有することが分かった[9,10]）。

　$Li_{1.2}(Ni_{0.15}Mn_{0.55}Co_{0.1})O_2$中のLiとNaのイオン交換手順を以下に示す。最初に$Li_{1.2}(Ni_{0.15}Mn_{0.55}Co_{0.1})O_2$を4.6 V（$Li/Li^+$）まで充電し，Liを脱離した。続いて，この電極とNa対極を用いた半電池を作製し，1.0 V（Na/Na^+）まで放電することにより，Naを挿入した。Na挿入後の電極のICP分析を行った結果，$Na_{0.95}Li_{0.15}(Ni_{0.15}Mn_{0.55}Co_{0.1})O_2$の化学式となることが判明した。ICPの結果に基づくと，アルカリイオン（A）と遷移金属イオン（M）の比A/Mが約1.4となり，このことからNa過剰正極が得られたと示唆される。以下，充放電試験において示す活物質容量はこの化学式を基準に重量計算を行った。

　表1に，$Li_{1.2}(Ni_{0.15}Mn_{0.55}Co_{0.1})O_2$，Li脱離後の$Li_{0.10}(Ni_{0.15}Mn_{0.55}Co_{0.1})O_2$および$Na_{0.95}Li_{0.15}(Ni_{0.15}Mn_{0.55}Co_{0.1})O_2$の結晶構造を$NaFeO_2$型構造と仮定し，格子定数をまとめた。Liの脱離では殆ど格子の変化は見られなかったが，Naの挿入によりa軸，c軸がそれぞれ3％，11％変化することが分かった。イオン交換前後における構造変化のモデルを図2に示す。

　Na挿入後の$Na_{0.95}Li_{0.15}(Ni_{0.15}Mn_{0.55}Co_{0.1})O_2$の放射光XRDを用いたRietveld法による結晶構造

表1　イオン交換前後の試料の格子定数の変化

	Chemical Formula	a (Å)	c (Å)	V (Å³)
①	$Li_{1.2}(Ni_{0.15}Mn_{0.55}Co_{0.1})O_2$	2.8526(2)	14.234(1)	100.3
②	$Li_{0.10}(Ni_{0.15}Mn_{0.55}Co_{0.1})O_2$	2.8328(4)	14.343(2)	99.68
③	$Na_{0.95}Li_{0.15}(Ni_{0.15}Mn_{0.55}Co_{0.1})O_2$	2.9538(3)	16.119(1)	121.78

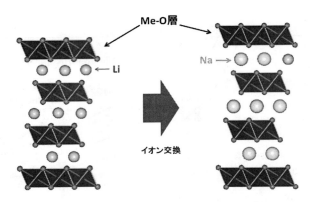

図2　イオン交換前後の試料の結晶構造モデル

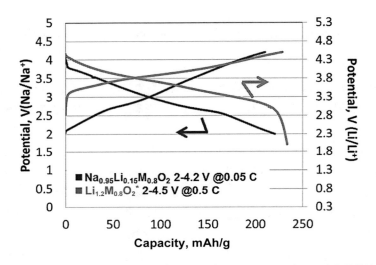

図3　Na$_{0.95}$Li$_{0.15}$(Ni$_{0.15}$Mn$_{0.55}$Co$_{0.1}$)O$_2$とLi$_{1.2}$(Ni$_{0.15}$Mn$_{0.55}$Co$_{0.1}$)O$_2$の充放電曲線

解析を行った。遷移金属サイト（6c）およびNaサイト（3a）の占有率は，0.434と0.923となり，Rietveld解析の結果から得られる化学式は，Na$_{0.92}$Li$_x$M$_{0.868}$O$_2$となり，ICPの結果と概ね一致した。また，解析の結果から，遷移金属サイトの占有率は1以下であることから，Mサイトに空隙もしくはLiが残存していると考えられる。Mサイトの空隙もしくはLiはXRDプロファイルにおいてその規則性を示すようなピークが見られなかったため，ランダムに存在しているものと考えられる。

Na$_{0.95}$Li$_{0.15}$(Ni$_{0.15}$Mn$_{0.55}$Co$_{0.1}$)O$_2$と初期活性後のLi$_{1.2}$(Ni$_{0.15}$Mn$_{0.55}$Co$_{0.1}$)O$_2$の充放電曲線を図3に示す。

Na$_{0.95}$Li$_{0.15}$(Ni$_{0.15}$Mn$_{0.55}$Co$_{0.1}$)O$_2$の初期放電容量は238 mAh/gの高容量を示し，Li$_{1.2}$(Ni$_{0.15}$Mn$_{0.55}$Co$_{0.1}$)O$_2$と同程度の容量を示すことが分かった。平均放電電位はリチウムと比べ0.5 V

第1章　ナトリウムイオン電池用材料の研究開発

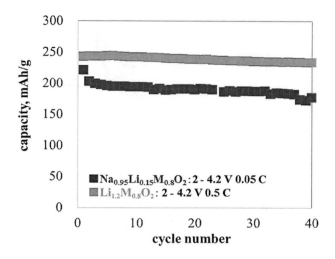

図4　Na$_{0.95}$Li$_{0.15}$(Ni$_{0.15}$Mn$_{0.55}$Co$_{0.1}$)O$_2$とLi$_{1.2}$(Ni$_{0.15}$Mn$_{0.55}$Co$_{0.1}$)O$_2$のサイクル特性

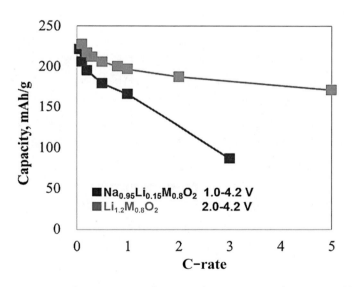

図5　Na$_{0.95}$Li$_{0.15}$(Ni$_{0.15}$Mn$_{0.55}$Co$_{0.1}$)O$_2$とLi$_{1.2}$(Ni$_{0.15}$Mn$_{0.55}$Co$_{0.1}$)O$_2$のレート特性

程度低かった。

　図4に，Na$_{0.95}$Li$_{0.15}$(Ni$_{0.15}$Mn$_{0.55}$Co$_{0.1}$)O$_2$とLi$_{1.2}$(Ni$_{0.15}$Mn$_{0.55}$Co$_{0.1}$)O$_2$のサイクル寿命特性を示す。Na$_{0.95}$Li$_{0.15}$(Ni$_{0.15}$Mn$_{0.55}$Co$_{0.1}$)O$_2$正極は，40サイクル後の放電容量が170 mAh/gを示し，85％もの容量維持率（2サイクル目の放電容量基準）を示した。

　図5に，Na$_{0.95}$Li$_{0.15}$(Ni$_{0.15}$Mn$_{0.55}$Co$_{0.1}$)O$_2$とLi$_{1.2}$(Ni$_{0.15}$Mn$_{0.55}$Co$_{0.1}$)O$_2$の高率放電特性を示す。

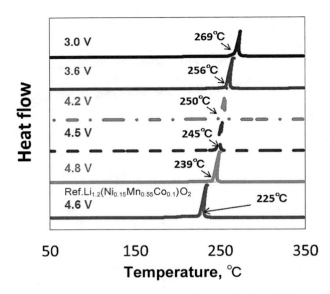

図6　各電位に充電したNa$_{0.95}$Li$_{0.15}$(Ni$_{0.15}$Mn$_{0.55}$Co$_{0.1}$)O$_2$の電解液共存状態におけるDSC曲線

1.0～4.2V（vs.Na/Na$^+$）の電位範囲でのレートと放電容量の関係を示すLi系の正極材料と比べると劣るが，1C率での放電においても167mAh/gと高い容量を示した。

これまで報告されてきた層状構造型の酸化物正極は，充放電過程において，その結晶構造が変化するが，Na$_{0.95}$Li$_{0.15}$(Ni$_{0.15}$Mn$_{0.55}$Co$_{0.1}$)O$_2$は，充放電による格子サイズの変化を生じても，O3型の層状構造を維持している。従って，充放電過程において，結晶構造に歪が生じにくく，高い容量を維持したものと推察される。

図6に，カットオフ電位を3.0～4.8V（vs.Na/Na$^+$）まで充電したNa$_{0.95}$Li$_{0.15}$(Ni$_{0.15}$Mn$_{0.55}$Co$_{0.1}$)O$_2$正極と4.6V（vs.Li/Li$^+$）まで充電したLi$_{1.2}$(Ni$_{0.15}$Mn$_{0.55}$Co$_{0.1}$)O$_2$正極のDSC曲線を示す。充電状態のLi$_{1.2}$(Ni$_{0.15}$Mn$_{0.55}$Co$_{0.1}$)O$_2$正極は，225℃から発熱の開始が確認された。一方，Na$_{0.95}$Li$_{0.15}$(Ni$_{0.15}$Mn$_{0.55}$Co$_{0.1}$)O$_2$正極はいずれの充電電位においてもLi正極より高温まで安定であることが分かった。

3.3　負極材料

ナトリウムイオン電池では，リチウムイオン電池の負極材料として用いられるグラファイトを用いることができない。

ナトリウム金属（Na）を負極材料とすれば，理論的には1165mAh/gと高い容量が得られることが予想されるが，リチウム金属（Li）負極と同様に，ナトリウム金属負極は，充放電を繰り返すことによって再析出したナトリウムデンドライトにより，内部短絡を生じやすいという大きな欠点がある。また，ナトリウム金属はリチウム金属よりも活性度が高く，水と接触することで激

第1章 ナトリウムイオン電池用材料の研究開発

しい反応を起こす。このような理由により，ナトリウム金属を負極に用いた電池は，安全性の面での不安が大きい。

このような背景から，ナトリウムイオン電池においても，ナトリウムイオンを吸蔵・放出することが可能で，かつ内部短絡が起こりにくい負極材料が望まれる。

そんな中，ハードカーボンを用いた負極は，安定にナトリウムイオンを吸蔵・放出できることが報告されている。ただ，用いる電解液によって，サイクル寿命などの電池特性が異なり，例えば，東京理科大学の駒場慎一氏らは，PCまたはEC：DECにNaPF$_6$などのナトリウム塩が適していることを見出している。このような電解液であれば，100サイクルを超えても，約250 mAh/gの安定した容量を示し，ナトリウムイオン電池の負極としては，最長のサイクル寿命特性を実証している[11]。

それでも，ハードカーボン負極は，リチウムイオン電池のグラファイト負極と同様に，高容量化に限界がある。

そこで，さらなる高容量化を目指し，各種の材料について検討した。図7に，各種材料の放電容量を示す。リチウムイオン電池で，高容量負極材料とされるSi系材料が，ナトリウムイオン電池負極材料としては機能せず，一方，Sn系材料であれば，Naと合金化するため，高容量を示す。しかし，純Snは，ナトリウムの吸蔵・放出に伴う体積変化が，リチウムイオン電池よりもさらに

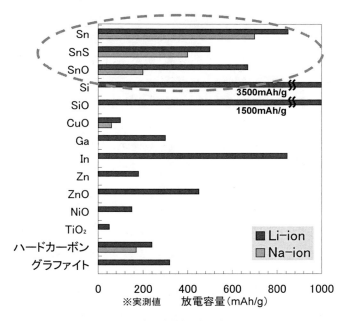

図7　各種材料の実測容量
ナトリウムイオン電池　30℃，0～1V，vs.Na/Na$^+$，電解液：1 mol/L NaPF$_6$（PC）
リチウムイオン電池　30℃，0～1V，vs.Li/Li$^+$，電解液：1 mol/L LiPF$_6$（EC：DEC）

大きいため，サイクル寿命特性が悪い。酸化物や硫化物などの初期充電（Na挿入時）で，Na_2OやNa$_2$Sのようなバッファ層を形成する材料であれば，純Snよりも，サイクル寿命特性が改善される。

　そこで，Sn系硫化物ガラスについて注目し，これをナトリウムイオン電池の負極材料として検討した。この材料は，主に車載用カメラやサーモビューアーなどに実用されている光学系材料であり，リチウムイオン電池でも機能することが知られている[12～14]。特徴としては，90℃以上の純水中および硝酸溶液中（pH 2.2）でも分解することなく，優れた耐水・耐酸性を有する硫化物である。この硫化物ガラス材料について単独，または，Snとの複合化を行い，高容量で長寿命な負極材料として検討を行った[15, 16]。

　Sn系硫化物ガラスは，各成分の原料を所定の組成となるように調合し，熱処理によりガラス溶融を行って合成した。これら粉末と，カーボンブラック，ポリイミド（PI）を，80：5：15の質量比率で混合してスラリー化したものを，アルミニウム箔上に塗布，真空乾燥することにより負極を作製した。これらの負極に，Na対極，1 mol/LのNaPF$_6$/EC：DEC（50：50 vol.%）電解液を用いて，2032型コインセルを作製した。定電流充放電試験は，電圧範囲を0～1 V（vs.Na/Na$^+$）で行った。

　硫化物ガラス負極は，初期Na挿入過程において700 mAh/g以上の不可逆容量を示し，その後200 mAh/g程度の可逆容量で安定した容量を示した。硫化物ガラスは，初期反応において還元分解されて，不可逆成分であるNa$_2$Sを生成するため，大きな不可逆容量を示した。しかし，このNa$_2$Sバッファ層により，電極の体積膨張収縮が緩和され，サイクル寿命特性が改善したと考えられる。

　硫化物ガラスを用いることにより，サイクル特性が大きく改善したが，容量が200 mAh/g程度とまだ低い。そこで，硫化物ガラスとSnとを複合化することにより，サイクル特性を維持しつつ高容量化を目指した。複合体は，硫化物ガラスとSnを所定の重量比（硫化物ガラス：Sn＝50：50 wt.%，70：30 wt.%）に秤量し，メカニカルミリングを行うことにより作製した。硫化物ガラス―Sn複合体（硫化物ガラス：Sn＝50：50 wt.%）負極は，約400 mAh/gの不可逆容量を示したが，500 mAh/g以上の放電容量を示した。硫化物ガラス―Sn複合体（硫化物ガラス：Sn＝70：30 wt.%）負極は，約800 mAh/gの不可逆容量を示したが，約350 mAh/gの放電容量を示した。

　図8に，Sn-Sb硫化物ガラス，硫化物ガラス―Sn複合体（硫化物ガラス：Sn＝50：50 wt.%，70：30 wt.%），ハードカーボン，SnおよびSbのサイクル試験結果を示す。硫化物ガラス負極の放電容量は，約195 mAh/gであり，SnやSbと比べて良好なサイクル特性を示した。硫化物ガラス―Sn複合体（硫化物ガラス：Sn＝50：50 wt.%）負極においては，初期放電容量を約500 mAh/g示したが，10サイクル以降の容量低下が激しく，安定したサイクル特性が得られなかった。硫化物ガラス―Sn複合体（硫化物ガラス：Sn＝70：30 wt.%）負極においては，放電容量が約350 mAh/gを示し，かつ100サイクル以上の安定なサイクル特性を示すことが分かった。同条件で試験を行ったハードカーボン負極と比較して1.7倍以上の高容量化ができ，かつ良好なサイクル

第1章 ナトリウムイオン電池用材料の研究開発

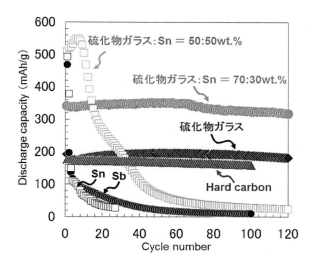

図8 Sn-Sb硫化物ガラス，硫化物ガラス—Sn複合体（50：50，70：30 wt.％），ハードカーボン，SnおよびSbのサイクル寿命特性

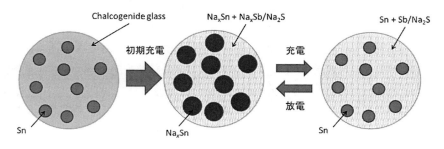

図9 硫化物ガラス—Sn複合体の充放電メカニズム

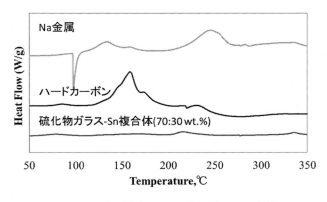

図10 Na充電状態における各材料のDSC曲線

33

特性を実現できた。

図9に充放電メカニズムのモデルを示す。硫化物ガラス―Sn複合体とすることで，Snの体積変化を硫化物ガラスが緩和し，電極の劣化を抑制したと考えられる。

図10に，Na挿入状態の負極の1 M NaPF$_6$/EC：DEC（＝50：50 vol.％）存在下におけるDSC曲線を示す。同条件にて測定した，ナトリウム金属やハードカーボン負極では昇温中に発熱が確認されたが，硫化物ガラス―Sn複合体（硫化物ガラス：Sn＝70：30 wt.％）では350℃まで大きな発熱反応は確認されなかった。

3.4　Na$_{0.95}$Li$_{0.15}$(Ni$_{0.15}$Mn$_{0.55}$Co$_{0.1}$)O$_2$/Sn-Sb硫化物系ナトリウムイオン電池の充放電特性と安全性評価

前項までで示した各正負極材料を組み合わせたナトリウムイオン電池を作製し電池特性の評価を行った[17,18]。負極は，初期Na挿入脱離過程において不可逆容量を有するため，予め，Na箔を対極に用いた半電池を作製し，満充電したものを用いた。また，正極においても，予め満充電したものを用いた。したがって，作製したナトリウムイオン電池は，組み立て時において，すでに充電状態となっている。

図11，12に全電池の充放電曲線およびサイクル寿命特性（カットオフ1～4.2 V）を示す。充放電電流は0.2 C率で充放電を行い，20サイクル毎に0.05 Cでの充放電を2サイクル行った。60サイクルの容量維持率は，約70％であった。また，この電池の平均放電電圧は，約2.3 Vを示し，正極および負極の半電池試験にて得られた平均放電電位と概ね一致していることを確認した。

また，800 mAh級の積層型ナトリウムイオン電池（Na$_{0.95}$Li$_{0.15}$(Ni$_{0.15}$Mn$_{0.55}$Co$_{0.1}$)O$_2$/Sn-Sb硫化

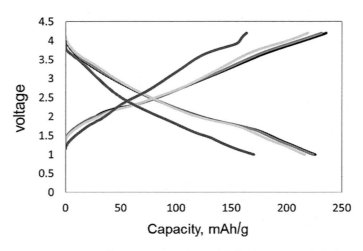

図11　Na$_{0.95}$Li$_{0.15}$(Ni$_{0.15}$Mn$_{0.55}$Co$_{0.1}$)O$_2$/硫化物ガラス―Sn複合体（70：30 wt.％）ナトリウムイオン電池の充放電特性

第1章　ナトリウムイオン電池用材料の研究開発

物スズ複合体系）を試作し充放電を行った。図13, 14に，試作した電池の外観および充放電曲線をそれぞれ示す。この電池を満充電状態で，釘刺し試験を行ったところ，電池からの発煙や発火は見られなかった。

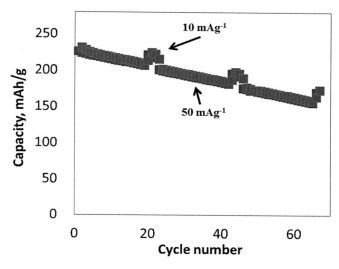

図12　Na$_{0.95}$Li$_{0.15}$(Ni$_{0.15}$Mn$_{0.55}$Co$_{0.1}$)O$_2$/硫化物ガラス—Sn複合体（70：30 wt.％）ナトリウムイオン電池のサイクル特性

図13　800 mAh級Na$_{0.95}$Li$_{0.15}$(Ni$_{0.15}$Mn$_{0.55}$Co$_{0.1}$)O$_2$/Sn-Sb硫化物系ナトリウムイオン電池の外観

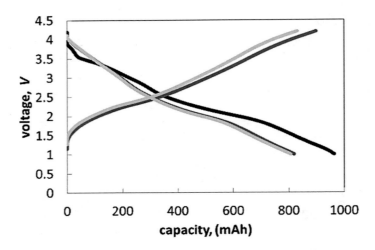

図14　800 mAh級 Na$_{0.95}$Li$_{0.15}$(Ni$_{0.15}$Mn$_{0.55}$Co$_{0.1}$)O$_2$/Sn-Sb硫化物系ナトリウムイオン電池の充放電曲線

3.5　まとめ

　正極材料は，出発材料としてLi化合物を用いることで，ナトリウム過剰系正極材料を作製した。また，負極材料では，高容量材料として知られるSnと硫化物ガラスを複合化することにより，従来のハードカーボン負極と比べて高容量で，優れたサイクル特性を示すことを見出した。これらの材料を組み合わせたナトリウムイオン電池は，高容量な二次電池として機能することが分かった。今後，開発した電極材料のさらなる特性向上と改善を行い，ナトリウムイオン電池の実用化を目指したい。

文　　　献

1) G. H. Newman, L. P. Klemann, *J. Electrochem. Soc.*, **127**, 2097-2099（1980）
2) J.-J. Braconnier, C. Delmas, C. Fouassier and P. Hagenmuller, *Mat. Res. Bull.*, **15**, 1797-1804（1980）
3) S. Okada. Y. Takahashi, T. Kiyabu, T. Doi, J. Yamaki and T. Nishida, *ECS Meeting Abstr.*, **602**, 201（2006）
4) P. Vassilaras, X. Ma, X. Li and G. Ceder, *J. Electrochem. Soc.*, **160**(2), A207-A211（2013）
5) Z. Lu, J. R. Dahn, *J. Electrochem. Soc.*, **148**, A1225-A1229（2001）
6) D. Kim, E. Lee, M. Slater, W. Lu, S. Rood, C. S. Johnson, *Electrochem. Comm.*, **18**, 66-69（2012）

第1章　ナトリウムイオン電池用材料の研究開発

7) N. Yabuuchi, M. Kajiyama, J. Iwatate, H. Nishikawa, S. Hitomi, R. Okuyama, R. Usui, Y. Yamada, and S. Komaba, *Nat. Mater.*, **11**, 512-517 (2012)

8) S. K. Martha, J. Nanda, G. M. Veith, N. J. Dudney, *J. Power Sources*, **199**, 220-226 (2012)

9) R. Kataoka, T. Mukai, A. Yoshizawa, T. Sakai, *Meet. Abstract*, **2012**, MA2012-02(15): 1841

10) R. Kataoka, T. Mukai, A. Yoshizawa, T. Sakai, *J. Electrochem. Soc.*, submitted.

11) 境哲男企画監修，粉体技術と次世代電池開発，第13章　ナトリムイオン二次電池，pp.274-283，シーエムシー出版（2011）

12) 山下直人，谷邦彦，池田幸一郎，向井孝志，坂本太地，境哲男，電気化学会大会講演要旨集，52th，p.181（2011）

13) 山下直人，向井孝志，坂本太地，池内勇太，池田幸一郎，境哲男，ガラスおよびフォトニクス材料討論会講演要旨集，53rd，pp.44-45（2012）

14) 山下直人，向井孝志，坂本太地，池内勇太，池田幸一郎，境哲男，電池討論会講演要旨集，53rd，p.227（2012）

15) 向井孝志，坂本太地，池内勇太，山下直人，池田幸一郎，境哲男，電気化学会大会講演要旨集，79th，p.138（2012）

16) 向井孝志，片岡理樹，中谷洸哉，吉澤章博，境哲男，電気化学会大会講演要旨集，79th，p.137（2012）

17) 片岡理樹，向井孝志，中谷洸哉，吉澤章博，境哲男，電気化学会大会講演要旨集，79th，p.134（2012）

18) 片岡理樹，向井孝志，吉澤章博，境哲男，電池討論会講演要旨集，53rd，p.312（2012）

4 FSA系溶融塩電解質電池

稲澤信二[*1]，沼田昂真[*2]，井谷瑛子[*3]，福永篤史[*4]，
酒井将一郎[*5]，新田耕司[*6]，野平俊之[*7]，萩原理加[*8]

4.1 はじめに

　太陽光や風力発電で得たエネルギーを，家庭，ビルのピークシフトやバックアップ電源や電気自動車など最終ユーザーで使用する際には，電力貯蔵用や電力供給用（自動車充電用）に蓄電池が必須である。蓄電池としては，高エネルギー密度でコンパクトなリチウムイオン電池が脚光を浴び，種々の用途へ展開されている。しかし，その用途の多様性と需要増のため資源問題もクローズアップされている。リチウムの2005年における世界全体での金属生産量は2万1400トンであった。そのうち主要生産国はチリが8000トン，オーストラリア4000トン，中国2700トンであり，実に68％を占める。埋蔵量に関しても，ボリビア，チリ，アルゼンチン，ブラジルの南米4ヶ国で，実に84％を占めている。年間生産量が少ないことに関しては，塩湖や海洋からの分離精製による生産の拡大に期待ができるが，資源の偏在性に関しては，原料入手を輸入に依存する日本においては重要な課題として認識されている。さらに，正極活物質として用いられるコバルトも希少金属であり，需要の急増に伴い，より事態が深刻になっている。ナトリウムは，資源量や偏在性については，海水中に食塩としてほぼ無尽蔵に存在するため全く問題はない。食塩電解により水酸化ナトリウムが得られ，そこから炭酸ナトリウムの生産も容易である。電池性能面でもナトリウムは，標準電極電位はリチウム$-3.045\,\mathrm{V}$ vs. SHE，ナトリウム$-2.714\,\mathrm{V}$ vs. SHEと幾分下回るが，比重に関して双方とも水よりも軽く軽量であり，重量エネルギー密度の観点からは遜色は無いと考えられる。

　昨今，ナトリウムを電池活物質に活用した電池は注目を集め，盛んに研究開発が実施されている。溶融ナトリウムと固体電解質を適応した電池に関しては既に実用が開始されており，大型の

---

* 1　Shinji Inazawa　住友電気工業㈱　エレクトロニクス・材料研究所
　　　　　　　　シニアスペシャリスト，グループ長

* 2　Koma Numata　住友電気工業㈱　エレクトロニクス・材料研究所

* 3　Eiko Itani　住友電気工業㈱　エレクトロニクス・材料研究所

* 4　Atsushi Fukunaga　住友電気工業㈱　エレクトロニクス・材料研究所

* 5　Shoichiro Sakai　住友電気工業㈱　エレクトロニクス・材料研究所　主査

* 6　Koji Nitta　住友電気工業㈱　エレクトロニクス・材料研究所　主査

* 7　Toshiyuki Nohira　京都大学大学院　エネルギー科学研究科　エネルギー基礎科学専攻
　　　　　　　　准教授

* 8　Rika Hagiwara　京都大学大学院　エネルギー科学研究科　エネルギー基礎科学専攻
　　　　　　　　教授

第1章　ナトリウムイオン電池用材料の研究開発

バックアップ電源や系統安定化用途に適用されている。溶融ナトリウム電池として，商業ベースで稼働している大容量蓄電池はNAS電池[1]しかなく，300〜350℃の高温にしなければならないなど使い勝手の悪さや安全性が問題視されており，種々の課題を抱えている。このような背景の下，新たに溶融塩を電解液とし，不燃性や不揮発性を特徴としたナトリウムビスフルオロスルフォニルアミド塩を使用した溶融塩電解液電池（以下MSBと呼称）の開発が進められている。この電池はこれまでの電池が抱える課題を克服し，CO_2の排出量を抑えるなど，環境に配慮して持続可能な成長を目指す動きを加速するものと期待される。

4.2　MSBの現状

4.2.1　アルカリ金属ビス（フルオロスルフォニル）アミド塩の電池電解液への適用

　MSBは，電解液に溶融塩を用いた蓄電池であり，現状で290 Wh/Lという高エネルギー密度を有するとともに，完全不燃性であり，組電池の小型軽量化を実現できる。溶融塩は，不揮発性や不燃性，高イオン濃度などの優れた特徴がある。一般的に溶融塩は溶融状態を保つために加温が必要であり，これまで373 K未満に融点を持つ溶融塩を電解液とした蓄電池は実現されていなかったが，我々は最近，電池電解液として使用可能なアルカリ金属アミド系の混合溶融塩の開発に成功した。

　表1にアルカリ金属の$(FSO_2)_2N$塩と$(CF_3SO_2)_2N$塩の熱的性質[2,3]を示す。なお，$(FSO_2)_2N$塩は，ビス（フルオロスルフォニル）アミドでありFSA塩，$(CF_3SO_2)_2N$塩はビス（トリフルオロメチルスルフォニル）アミドでありTFSA塩と表記する。FSA塩の方がTFSA塩よりも融点が低く，より低温での使用が可能となるが，同時に熱分解温度も低くなり，安定な液体温度領域はFSA塩の方がかなり狭くなる。たとえばNa塩の場合，融点から熱分解温度までの液相として安定な温度幅はTFSA塩が184 K（530〜714 K）であるのに対しFSA塩は34 K（379〜413 K）しかない。そのためさらに融点を下げ，液体温度領域を広げるために，NaFSA塩以外のアルカリ金属FSA塩を混合する。

　図1にNaFSA-KFSA二元系状態図を示す[2]。表1に示すFSA塩のうち，現在100℃前後で作動するナトリウム二次電池用としてもっとも有望な系であると考えられる。この系を含めて二元系アルカリ金属FSA混合塩は，すべて単純な二成分共晶系となり[2]，NaFSA-KFSA系では共晶温

表1　アルカリ金属アミド塩の熱的性質[2,3]

アニオン	温度	アルカリ金属カチオン				
		Li	Na	K	Rb	Cs
$(CF_3SO_2)_2N$	T_m/K	506	530	472	450	395
	T_d/K	657	714	733	740	745
$(FSO_2)_2N$	T_m/K	403	379	375	368	365
	T_d/K	343	413	423	435	443

T_m：融点，　T_d：熱分解温度

39

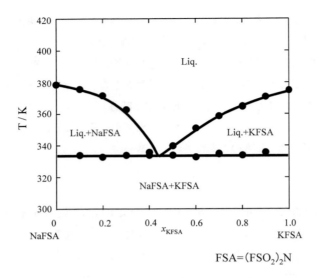

図1　NaFSA-KFSA二元系状態図[2]

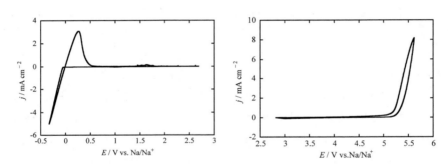

図2　NaFSA-KFSA共晶塩のサイクリックボルタモグラム[4～6]
カソード側（左図）ではニッケル電極，アノード側（右図）ではグラッシーカーボン電極を使用。温度：363 K。

度は334 K（61℃）である。NaFSA塩の熱分解温度はKFSA塩より低く413 K（140℃）であり，共晶組成（NaFSA：KFSA＝56：44（モル比））の塩はこの間の約80 K（334～413 K）の温度範囲で熱的に安定な電解質として使用可能である。

　図2にカソード側はニッケル電極，アノード側はグラッシーカーボン電極をそれぞれ作用極として測定したサイクリックボルタモグラムを示す[4～6]。カソード限界では，ナトリウム金属電極基準で0 Vにおいてナトリウムの析出と溶解に帰属されるピークが観測されている。アノード限界では約5 V付近から不可逆的なアニオンの酸化反応が始まる。従ってこの溶融塩の電気化学窓は約5 Vであり，この電位の範囲で二次電池の電解液に使用可能であることがわかる。

　また，もう一つの融点を下げるアプローチとしてカチオンに有機系の室温溶融塩（イオン液体）

第1章　ナトリウムイオン電池用材料の研究開発

を混合した例について紹介する。有機カチオンとしては，四級アンモニウムカチオンが考えられる。一例として，MPPyrFSA-NaFSA二元系イオン液体の熱特性を図3に示す[7]。MPPyrFSA単独の融点は，264 KであるがNaFSA塩との混合で融点は低下しMPPyrFSA：NaFSA＝9：1のモル比では248 Kとなる。さらにMPPyrFSAの比率が小さい混合塩では，明確な融点を持たず183 K付近にガラス転移点を有する。

図4にはMPPyrFSA-NaFSA二元系イオン液体の粘性とイオン伝導率を示す[7]。NaFSAのモル比が減少するにつれて導電率は高く，粘性率は低くなる傾向がみられる。以上の結果と，電池の作動にはナトリウムイオン濃度が高いことが好ましいことからMPPyrFSA：NaFSA＝9：1～8：2程度の組成が好ましいと考えられる。電気化学窓については，図5にカソード側はニッケル電極，アノード側はグラッシーカーボン電極をそれぞれ作用極として測定したサイクリックボルタモグ

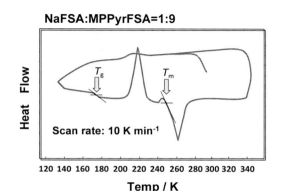

図3　MPPyrFSA-NaFSA二元系イオン液体の熱特性[7]

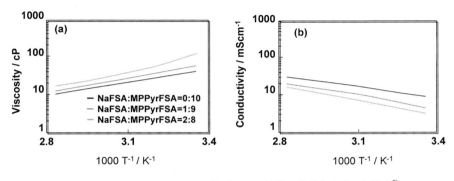

図4　MPPyrFSA-NaFSA二元系イオン液体の粘性とイオン伝導率[7]

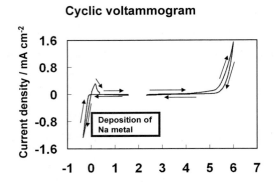

図5　MPPyrFSA-NaFSA二元系イオン液体のサイクリックボルタモグラム[7,8]
カソード側／ニッケル電極，アノード側／グラッシーカーボン電極。温度：353 K。

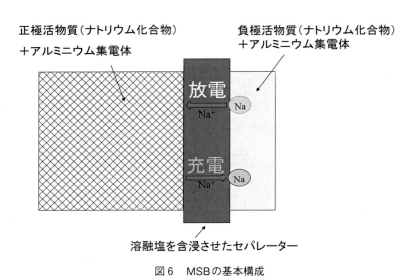

図6　MSBの基本構成

ラムを示す[7,8]。カソード限界では，ナトリウム金属電極基準で0 Vにおいてナトリウムの析出と溶解に帰属されるピークが観測された。アノード限界では約5.4 V付近から不可逆的なアニオンの酸化反応が始まる。従ってこの溶融塩の電気化学窓は約5.4 Vであり，ナトリウム二次電池の電解液に使用可能で中温からさらに低温側での動作[7]が可能であることが示唆される。

4.2.2　充放電特性

本電池の基本構成を図6に示す。基本要素としては，ナトリウム化合物からなる正極および負極の間に電解液を含浸したセパレーターを配置し，充電時は正極からナトリウムイオンが負極に移動しナトリウム合金を形成する。放電は，負極から正極にナトリウムイオンが移動する逆反応であり，平均電圧として3.0 Vの電圧を示す。

第1章 ナトリウムイオン電池用材料の研究開発

充放電特性評価については，図7に示すコインセルを用いて，表2に示す電池構成と条件で実施した。評価結果を図8と図9に示す[5,6]。充電時の上限電圧は3.5Vとし放電時の下限電圧は2.5Vとした。これは，充電電圧が3.7Vを越える付近から正極活物質であるNaCrO$_2$からナトリウムイ

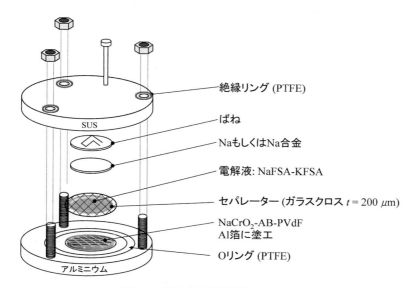

図7　二電極式充放電試験コインセル

表2　充放電試験の電池構成と条件

電池構成		条件	
電解液	NaFSA-KFSA	試験電池	コインセル
正極	NaCrO$_2$	温度	80℃
負極	Na	SOC	100%
セパレーター	200μmガラスクロス	充放電レート	0.2C

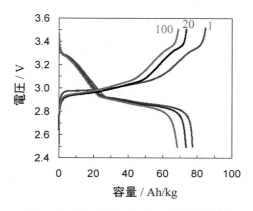

図8　サイクル試験における充放電曲線[5,6]

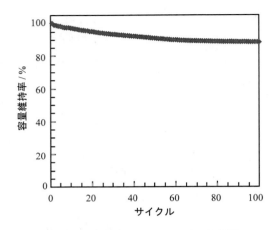

図9　初期容量を100%とした時の変化[5,6]

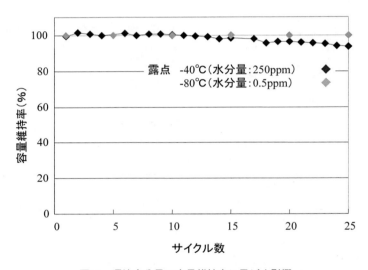

図10　環境水分量の容量維持率に及ぼす影響

オンが脱離し過ぎて結晶構造に不可逆的な変化が始まるためである[9]。評価の結果，充電容量は74.7 Ah/kg，放電容量は74.0 Ah/kgであり，クーロン効率は99.1%と良好な値を示した。なお，平均電圧が3Vであることからエネルギー密度は224 Wh/kgとなり，NAS電池の111 Wh/kgと比較しても十分大きな値であった。充放電サイクル特性も100サイクルまでのデータではあるが，SOC（充電深度）が100%と過酷な条件にもかかわらず良好な結果を示した。なお，1〜20サイクルのなだらかな容量低下は，電池ケース組立て時に内包された水分による活物質の分解が要因と考えられる。

　水分の影響については，表2の電池構成に対して検討した結果を図10に示す。MSBでも他の非水系電池と同様に，環境水分の影響を受け容量劣化が起こることを確認した。また，リチウムイ

第1章　ナトリウムイオン電池用材料の研究開発

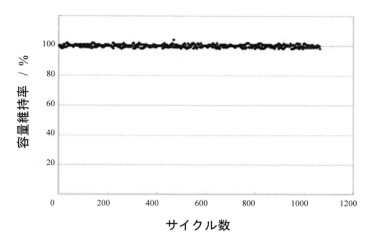

図11　90℃充放電でのサイクル特性
充放電レート0.2C，カットオフ：3.15Vおよび3.30V。

表3　ハイレート充放電試験の電池構成と条件

電池構成		条件	
電解液	NaFSA-KFSA	試験電池	コインセル
正極	NaCrO$_2$	温度	90℃
負極	Na	SOC	100%～20秒程度
セパレーター	200μmガラスクロス	充放電レート	0.2C～17C

オン電池の劣化機構として問題視されているデンドライトリチウムの生成に関しては，同様の機構がナトリウムイオン電池でも懸念される。しかしながら，MSBはナトリウムの融点直下で作動する電池であるため，ナトリウムがデンドライト成長することなく電極に平滑に電析するものと考えられ，デッドナトリウムの脱落による容量劣化は回避することができる。図11に電池作動温度を90℃とした充放電でのサイクル特性を示す。充放電レート0.2Cで作動電圧範囲が3.15～3.30Vと限定された条件ではあるが，1000サイクルの間全く容量劣化することなく充放電が可能であることを確認した。

ハイレートでの放電特性に関して，表3に示す試験条件での評価結果を図12に示す。ここでは，10秒程度の短時間でどの程度の電流密度で放電可能かを調べた。その結果，短時間であれば15C（50mA/cm^2）での放電が可能であることが示された。

4.2.3　フローティング充電特性

フローティング充電とは，バックアップ用電池に多用される充電形式であり，突発的な停電に備えて常時満充電状態に保持する様式である。この方法としては，図13に示すフローティング充電方式が多用される。フローティング充電は電池と負荷である無線機器とを常時並列に接続しておき，負荷に電力を供給しながら電池を充電する充電方法である。フローティング充電では，充

45

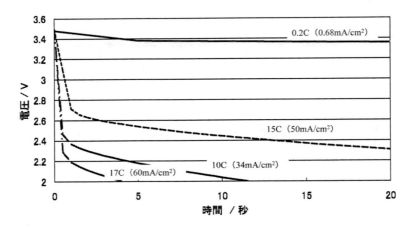

図12　ハイレートでの放電特性

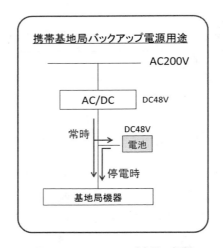

図13　フローティング充電の概要

電を連続的に行っているので過充電による劣化を最小限に抑えるため，自己放電を補う程度のわずかな電流しか流さないように充電電圧を設定する。正極活物質に$NaCrO_2$，電解液にNaFSA：KFSA＝56：44のモル比で混合した共晶塩，負極にZnを被覆したAl板を用いた電池のフローティング充電の初期状態を図14に示す。フローティング充電の開始は，0.2Cの定電流制御で充電を実施し3.2Vに到達したところで定電圧制御に切り替え実施されている。切り替え直後から約30分程度で電流値は4 mAとなり，その後，約半日経過した時点で0.01 mAまで漸減した。100時間経過後のフローティング充電時の電流は，同じく0.01 mAであった。この時点でさらに高精度の電流計で計測したところ0.008 mAであり，以後の変化は観測されず定常状態を保っていた。図15には2週間毎に計測した容量維持率を示す。MSBの評価を実施した3ヶ月間では，容量維持率は

第1章　ナトリウムイオン電池用材料の研究開発

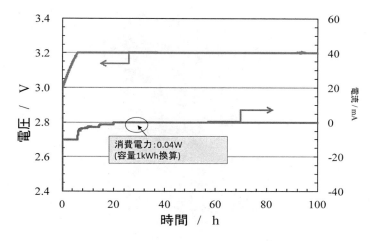

図14　フローティング試験状況

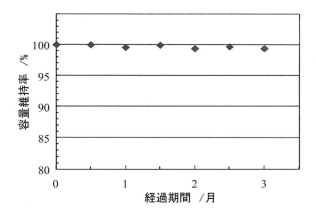

図15　フローティング試験結果（3ヶ月間までの容量維持率）

変化せず100％を維持し，フローティング充電でも良好な結果を示した。

4．2．4　組電池の試作

　小型電池の基本特性としては，既に実用段階にあるNAS電池と比べても十分な性能であったが，同様の特性がkWhクラスの大型電池でも実証可能であるかを検討した。2010年には，250 Wh-3 V素電池(外寸150×180×40 mm)を4個直列に接続した1 kWh-12 Vユニットを作製し，これを基礎単位とした電池構成での充放電試験を開始した。作製した電池のエネルギー密度は，重量エネルギー密度で167 Wh/kg，体積エネルギー密度で270 Wh/Lであった。1個の素電池は，各20枚の正負極をセパレーターを介し積層，アルミケースに収納し溶融塩を注入した後，蓋をレーザー溶接にて封着した。これらの電池組立作業は全て手作業で実施し，1 kWhユニットを36個組み合わせた構内試験電池を作製した。図16に構内試験を実施している合計容量36 kWhの組電池を示す。

47

レアメタルフリー二次電池の最新技術動向

図16　容量36kWh試験組電池

4.3　電池の安全性に関する検討

　安全性試験には，組電池としての試験と電池セル単体に対する試験があるが，前者としては素電池に対する振動および衝撃試験，後者としてはラミネート電池での釘刺し，水注入および水没試験を実施した。図17には定置用蓄電池の地震を想定した耐衝撃試験を示す。地震を想定した耐震試験は，「防災設備に関する指針（消防庁予防課監修）」に基づき，水平深度1G，垂直深度0.5Gで振動数を10Hzから55Hzに6分間で掃引する条件の下，温度を変えて塩が溶融している状態（作動中を想定）と，固化している状態で実施した。試験に供した電池は，図16で示したガス抜き用安全弁を具備した250 WhMSBを使用した。本試験では，内部短絡を含め電池の出力異常は一切観測されず，地震の揺れに対しては問題がないことを実証した。また，図18には車載品向けの衝突衝撃試験の概要を示す。車載用を想定した振動試験に供した電池は，耐震試験と同じ250 WhMSBを使用した。車載部材に関する耐震試験は種々の条件があるが，今回は「不整地走行車両にリジ

1G（震度6強）
防災設備に関する指針
（消防庁予防課監修）
水平深度1G，垂直深度0.5G
振動数を10Hz→55Hzに
6分間で掃引

図17　定置用途耐衝撃試験

48

第1章 ナトリウムイオン電池用材料の研究開発

ッドに取り付けられた製品」に関する規格JIS-C-60068-2-27に準拠し，低SOC状態の素電池に80℃で衝撃5Gを各方向印加することとした。試験の後，電池自身には概観上問題なく短絡も認められなかったため，解体調査を実施したが異常はなかった。

セル自身の安全性評価は，表4，図19に示すラミネートセルを使用し，自動車用リチウムイオン電池の試験法であるSAEJ2464釘刺し試験法に基づき，安全性試験用キュービックチャンバー

図18　車載用途耐衝撃試験

表4　安全性試験評価用電池の構成

電池構成		条件	
電解液	NaFSA-KFSA	試験電池	10 cm角単層電池
正極	NaCrO$_2$	温度	90℃
負極	ZnNa合金	SOC	100%
セパレーター	ポリオレフィン多孔膜50 μm		

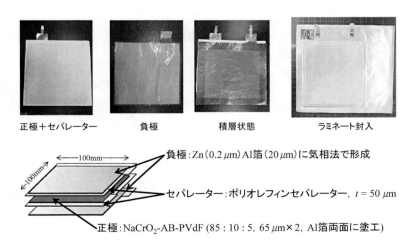

図19　試験ラミネートセル

内で実施した。概要を図20に示す。試験電池は満充電状態とし，中央にφ3mmのSUS釘を鉛直上方から80mm/secで刺した。計測項目は，電池電圧と温度（釘刺し部付近，タブ下外縁部，その反対の3ヶ所），容器内雰囲気温度，容器内ガス圧，ビデオ撮影などである。試験の結果，釘刺し直後～試験後60分後まで大きな温度変化やガス発生などは観測されなかった。リチウムイオン電池では釘刺し直後に無挙動でも徐々に電池電圧低下と温度上昇が観測され，30～60分程度で発火に至ることがあることから，60分放置したが変化がなかったため，10mm/5secの速度での釘抜き試験も併せて実施した。大気中での試験のため，釘を抜いたことで負極の金属Naと大気中水分との反応も懸念されたが，特に外観上の変化はなかった。図21に水没試験，図22，23に注水試験の概要を示す。試験に供した電池は表4に示すラミネートセルで，釘刺し試験同様安全性試験用ドームチャンバー内で実施した。水没試験については，試験電池を満充電状態とし，ラミネートの端部を切り開封した電池を加温し塩を溶融させた状態で浸水した。その結果，ラミネートセル内から時折気泡が発生するのみで2時間後も顕著な変化は見られなかった。浸水により塩が冷却されて固まることで，負極へ直接水が触れないため反応が極めて遅いものと考えられる。また，注水試験は常温，および加温状態それぞれの電池に注射針でラミネート内に注水し（20cc），挙動を確認した。注水後から徐々にラミネートセルが膨らみガスの発生が確認されたが，3時間経

図20　釘刺し試験

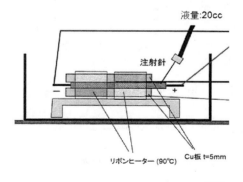
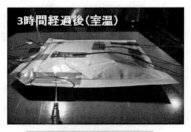

図21　水没試験

第1章　ナトリウムイオン電池用材料の研究開発

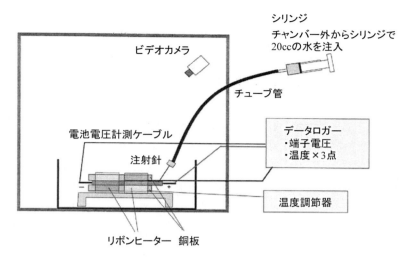

図22　注水試験

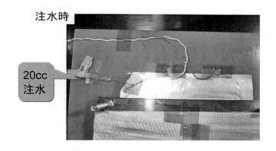

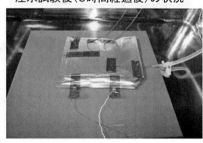
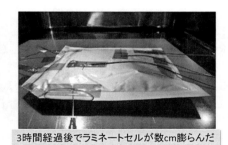

図23　注水試験

過後でラミネートセルが数cm膨らむものの，明確な温度上昇も確認されず，急激な反応も見られなかった。

4.4　まとめ

溶融塩を電解液とするMSBに適用可能なアルカリ金属ビス(フルオロスルフォニル)アミド

（FSA）塩および有機カチオンFSA塩について，また，現状での充放電特性，安全性に関する検討結果および組電池の試作についてまとめた。

- MSBは，電解液に溶融塩を用いた蓄電池であり，高エネルギー密度を有するとともに，完全不燃性であり，組電池の小型軽量化を実現する。
- 充電時の上限電圧は3.5V，放電時の下限電圧は2.5Vである。
- コインセルでのエネルギー密度は224Wh/kgであり，充放電サイクル特性もSOC（充電深度）が100％と過酷な条件にもかかわらず100サイクルまで良好な結果を示した。
- 電池作動温度を90℃とし，SOC10％，充放電レート1Cの限定された条件ではあるが，1000サイクルの間全く容量劣化することなく充放電が可能であることを確認した。
- バックアップ電源用の充電様式であるフロート充電試験を行い，良好な結果を得た。
- 電池システムに対する試験としては，振動および衝撃試験，電池セル単体に対する試験としては，釘刺し，水注入および水没試験を実施し，異常が発生しないことを確認した。
- 構内試験用電池として250Whの素電池を組み合わせ，合計容量36kWhの組電池を作製した。素電池のエネルギー密度は，270Wh/L，167Wh/kgであった。

　今後は，生産技術の確立を目指すとともにさらなる安全性試験を実施し，種々の環境下での安全性を確認していく予定である。

文　　献

1) 小泉孝行，電気評論，**91**, 13（2010）
2) K. Kubota, T. Nohira and R. Hagiwara, *J. Chem. Eng. Data*, **55**, 3142（2010）
3) R. Hagiwara, K. Tamaki, K. Kubota, T. Goto and T. Nohira, *J. Chem. Eng. Data*, **53**, 355（2008）
4) K. Kubota, T. Nohira, T. Goto and R. Hagiwara, *Electrochem. Commun.*, **10**, 1886（2008）
5) A. Fukunaga, T. Nohira, Y. Kozawa, R. Hagiwara, S. Sakai, K. Nitta and S. Inazawa, *J. Power Sources*, **209**, 52（2012）
6) R. Hagiwara, T. Nohira, A. Fukunaga, S. Sakai, K. Nitta and S. Inazawa, *Electrochemistry*, **80**, 98（2012）
7) 黒田圭佑，野平俊之，萩原理加，福永篤史，酒井将一郎，新田耕司，稲澤信二，第13回化学電池材料研究会ミーティング講演要旨集，p.93（2011）
8) 黒田圭佑，野平俊之，萩原理加，福永篤史，酒井将一郎，新田耕司，稲澤信二，第52回電池討論会講演要旨集，p.234（2011）
9) S. Komaba, C. Takei, T. Nakayama, A. Ogata and N. Yabuuchi, *Electrochem. Commun.*, **12**, 355（2010）

第2章　イオウ系材料の研究開発

1　イオウ系正極の開発状況

小山　昇*

1.1　はじめに

　無機硫黄および硫黄含有有機化合物の多くは，溶存および溶融状態でレドックス活性であり，電気化学の分野ではエネルギー関連材料として昔から注目されてきた。硫黄のアルカリ塩および金属イオン塩は，固体電解質や金属イオン選択性電極の感応材料として開発が行われてきた。また，硫黄有機化合物の一部は，半導体としての特性を持ち電子デバイスでの用途が期待されている。硫黄は，臭気性であることを除けば，天然資源としても豊富で，石油の脱硫残存物でもあり，農薬，タンパク質工学，エンプラ，硫酸などの産業用試薬以外の大きな市場での有効利用が待たれている。

　本稿では，主に二次電池，キャパシターなどエネルギー材料の候補となる硫黄化合物を取り上げる。特に，その反応性，およびレドックス挙動について，著者らのこれまでの研究[1~43]の中からいくつかの化合物を選び解説する。この際に，関連化合物についても取り上げ紹介する。いくつかの化合物をレドックス電位の違いにより3グループ化し，その電気化学特性を紹介し，電池用途への可能性について概要する。

1.2　結合およびレドックス活性

　硫黄原子は，周期律表第三周期の第16族に属し，同族の酸素と類似の電子配置を有している。硫黄は酸化数が-2（S^{2-}）から$+7$（S_2O_7）の値を取りうるため，その多電子移動反応を利用することができるが，その際に多くの化合物を形成するので酸化還元反応は複雑となる[44~46]。硫黄化合物の反応性は酸素化合物のそれとよく比較され論議される。しかし，硫黄と酸素原子の反応性は異なる点も多く，例えば，硫黄原子同士が結合した二配位化合物であるジスルフィド類（後述）は安定であるのに，酸素原子同士が結合したペルオキシド化合物は極めて不安定である。

　硫黄原子は，酸化状態の違いにより，カチオン，アニオン，およびラジカルとなることができる。また，硫黄原子含有物質は，酸化還元反応が活性なものが多く，高エネルギー密度で蓄積能力を持つ。これは，レドックス中心の硫黄原子の原子量は32でコバルト（59），ニッケル（59），マンガン（55）と比べ小さく，またその酸化数が-2から$+7$までの多数の値を取りうることによる。単体硫黄はそれ自身で結合し八量体などを形成する。また，有機物質の中では，Alkyl sulfide, Alkyl disulfide, Alkanethiol, Thioketone, Dithioleの結合部位がレドックス活性中心点になる。こ

　＊　Noboru Oyama　エンネット㈱　代表取締役

の硫黄原子近傍のα位やβ位に結合している元素の種類，その電気陰性度などの違いにより，硫黄活性部位のレドックス電位値，電子移動反応の速度，および酸化状態の安定性は変化する。まず，硫黄単体，および有機硫黄化合物について，その反応性の特徴をいくつかのスキームに分けて紹介する。

スキーム1　液状硫黄の反応性

反応温度で，反応性は著しく変化することを以下に記述する。

(1)120℃で，液状硫黄は8員環の分子形として存在する。

(2)159℃で，8員環は熱分解して長鎖状スルフェニルジラジカルになり，最終生成物はポリマーである。

$$S_8 \text{ (ring)} \underset{-1}{\overset{1}{\rightleftharpoons}} \cdot S{-}S_6{-}S\cdot$$

$$\cdot S{-}S_6{-}S\cdot \ + \ S_8 \ \underset{-2}{\overset{2}{\rightleftharpoons}} \ \cdot S{-}S_6{-}S{-}S_8\cdot \ \overset{\text{etc.}}{\rightleftharpoons} \ \cdot S{-}S_x{-}S\cdot$$

(3)186〜188℃で，ポリマー鎖の開裂が起こる。

スキーム2　硫黄の酸化還元状態

硫黄単体，および硫黄含有化合物の硫黄部位はレドックス活性であり，化学反応を伴い安定化する。

(1)サルファ，パーサルファイド，およびサルファイド間で電子移動反応が起こる。

$$2S^0 \overset{+2e^-}{\rightleftharpoons} S_2^{2-} \overset{+2e^-}{\rightleftharpoons} 2S^{2-}$$

(2)ジスルフィドおよびチオレート間の電子移動，および結合の解・生成反応が可逆的に起こる。

$$2RSSR \overset{+2e^-}{\rightleftharpoons} 2RS^- \quad \left({-}\overset{\cdot\cdot}{\underset{\cdot\cdot}{S}}{-} \right)$$

（S-S結合の可逆的な変化は，タンパク質でも起こる）

(3)1,2-ジチオリュームイオンのレドックス生成種は，いくつか存在し，その反応は可逆的である。

第2章　イオウ系材料の研究開発

（ジチアゾール系も同様）

スキーム3　有機スルフィド化合物の硫黄部位のカチオンラジカルの反応性

酸化反応により比較的安定なカチオンラジカルを生成し，また分子間，あるいは分子内で別の硫黄部位と反応し安定化する。

(1)チオエーテルの酸化反応により比較的安定なカチオンラジカルが生成する。

(2)チオエーテルカチオンラジカルは分子間でチオエーテルと反応し安定化する。

(3)チオエーテルカチオンラジカルは分子内でチオエーテルと反応し，錯体化する。

スキーム4　金属イオンと結合した硫黄

硫黄は，酸素と同様に配位能力を持っている。

(1)硫黄は酸素と置換し，チオ金属アニオンを生成する。その反応は可逆的に起こる。

$$[MO_4]^{2-} + nH_2S \rightleftharpoons [MO_{4-n}S_n]^{2-} + nH_2O$$

（M = Mo, W ）

(2)金属チオレート錯体を生成し，およびその硫黄部位はレドックス活性である。

（0）　　　　　　　（+2）　　　　　　（+4）

（M = Ni, Pt）

（各々の硫黄原子は，2電子供与体として残る）

1.3　単体硫黄のレドックス特性

　古くから，硫黄そのものを電池用活物質として用いたナトリウム硫黄の二次電池の研究がある。硫黄は電気化学的なレドックス反応が可逆であり，単位重量あたりの反応電子数が大きいので，重量エネルギー密度が大きな活物質として期待される（単体で2電子移動のレドックス反応から得られる理論容量：1675 mAh/g）。

　実際に，ナトリウム—硫黄（Na–S）電池では単体硫黄の正極の理論容量は558 mAh/gとコバルト酸リチウムなどの金属酸化物の容量を大きく上回る。Na–S電池の構造は，負極が溶融金属ナトリウム，正極が溶融硫黄，電解質がナトリウムイオン伝導体のβ-アルミナである[47]。放電時は溶融金属ナトリウムがナトリウムイオンになり，電解質中を正極側に移動して，溶融硫黄と反応し，多硫化ナトリウムを生成する。充電はこの逆反応である。

　　　反応：$Na + S_x \leftrightarrow Na_2S_x$　　　　　　　　　　　　　　　　　　　　　　　(1)

　上記のNa_2S_xではxの値が異なるいくつかの化合物が存在する。放電の進行につれてxの値は小さくなり，これに伴い起電力が低下する。

　$Na_2S_{5.2}$（起電力は2.076 V）まで，さらに$Na_2S_{2.7}$（起電力は1.74 V）までの放電深度が使用される。ここまでは，Na_2S_3までの放電深度を100％としている。この場合，エネルギー密度は760 mWh/gである。硫黄や多硫化ナトリウムは，固体の状態ではイオンや電子を移動できないため，これらが溶融する高温でしか作動しない。

　しかしながら，上記の単体硫黄は，室温で有機溶媒に溶かすことができ，また一部のチオール化合物も有機溶媒に溶解するので，これらのチオール化合物を電気化学的活性物質として用いることができる。陰イオンの硫黄の反応性は，対イオンがナトリウムイオンからリチウムイオンに代わっても反応性は変わらない。リチウム二次電池として，ポリジスルフィド正極，ポリエチレンオキサイドをベースとする高分子固体電解質，および金属リチウム負極で構成された電池では，95℃において2.5〜3.0 Vの電圧と，240〜540 mWh/g正極のエネルギー密度が得られている。多

第2章　イオウ系材料の研究開発

くのチオール類の酸化還元反応は可逆だが，反応速度は比較的遅く，常温では活性化過電圧が大きいため使用することはできない。このことから，単体硫黄を導電性のカーボン粉末と複合化し正極活物質として使用する。これは前述のNa-S電池と異なり，単体硫黄は有機溶剤で溶媒和していると考えることができる。したがって，単体硫黄の溶存状態でのレドックス反応の把握が必要である。常温において安定な単体硫黄は8個の硫黄原子からなる環状分子であり，斜方晶の固体として存在するが，二硫化炭素，N-メチル-2-ピロリドン，ジメチルホルムアミド，ジメチルスルホキシドなどに可溶である。また，イオン液体にも可溶で，レドックス反応の応答を示す。

　有機溶媒中における電気化学的な還元反応は2段階または3段階で進行する。まず，サイクリックボルタモグラム（CV）において初めに現れる還元波（0.27 V $vs.$ NHE）はS_8からS_8^{2-}への還元に対応する。この還元反応は，2つの連続した1電子反応であることが報告されている。この過程で生成する中間体S_8^-と最終生成物S_8^{2-}は，軌道計算から環状よりも鎖状である方が安定であるとされている[48]。したがって，この反応は開環の過程を含んでいるはずであり，どの段階で開環が起こるかの検討がシミュレーションを用いて行われた[49]。この還元反応で生成したS_8^{2-}が不均化して，S_6^{2-}とS_8を生成する。また，不均等化反応により生成したS_6^{2-}が解離してS_3^{2-}になる反応も知られている。

　有機溶媒中における単体硫黄の電気化学的な酸化還元反応の機構は完全には明かにされていないが，Levillainらが提唱する機構を簡略化すると表1のように表わすことができる[49]。この表から，単体硫黄を正極活物質とするリチウム二次電池の場合，放電初期の開回路電圧は表1の反応(a)が起こる電位を反映して2.7 Vとなり，正極の硫黄の全てがS_6^{2-}に相当する酸化数（-1/3）まで還元されると，反応(c)の電位に相当する2.0 Vに低下することが予想される。実際に単体硫黄のTHF溶液を正極に用いたリチウム二次電池の充放電試験では，放電の進行に伴う段階的な放電電圧の低下が観測されている。また，単体硫黄と有機硫黄化合物であるチオール（R-SH）の間では，自発的に以下の電子移動反応が起きることが報告されている[50,51]。

$$2RS^- + S_8 \rightarrow RS_2R + S_8^{2-} \tag{2}$$

この反応により，電極上において遅いチオール類の酸化反応が，単体硫黄により触媒されることが確認されている。さらに，単体硫黄を無機および有機ポリマーを支持体にして硫黄オリゴマーで架橋してレドックス活性点とする方法，銅や鉄イオンの配位子とした錯体での開発も行われて

表1　有機溶媒中における単体硫黄の主な還元反応とそのレドックス電位値

反応		還元ピーク電位（V $vs.$ Li/Li$^+$）	最終生成物
電子移動	化学反応		
(a) $S_8 + 2e^- \rightarrow S_8^{2-}$	(a') $S_8^{2-} \leftrightarrow S_6^{2-} + 1/4\,S_8$	2.7	S_6^{2-}
(b) $S_8^{2-} + 2e^- \rightarrow 2S_4^{2-}$	(b') $S_4^{2-} + S_8^{2-} \leftrightarrow 2S_6^{2-}$	2.3	S_6^{2-}
(c) $S_6^{2-} + 2e^- \rightarrow 2S_3^{2-}$	(c') $2S_3^{2-} \leftrightarrow S_2^{2-} + S_4^{2-}$	2.0	S_2^{2-}, S_4^{2-}

いる。Na-S電池開発と並行してリチウム系負極を用いた無機硫黄電池は，高容量化が期待できるとして興味が持たれている。関連研究に関する文献をいくつか記しておく[49,52~65]。二次電池動作の課題解決のために，反応のメカニズム[56]，電極作製法の改良[57~60]，電解質のポリマー化・ゲル化・固体化[61~64]，などの多方面からの研究開発が行われている。現在，Li/S電池は米国のSion Power社[65]が精力的に開発を進め，プロトタイプセルを出荷している。

　次に，今後の進展の可能性を持つ有機硫黄化合物を選択して，表2にそのレドックス電位値，および主な構造を示す。電位値は，リチウムを対極にして表示し，2.3Vまでを第一グループ，2.4～3.3Vまでを第二グループ，3.4V以上を第三グループとする。それぞれのグループに該当する化合物の電気化学特性について紹介する。

表2　レドックス活性硫黄化合物とそのレドックス電位

グループⅠ　　　グループⅡ　　　グループⅢ

1.　　　　　2.　　　　　3.　　　　　4.

電位 / V (*vs.* Li/Li$^+$)

$8S^{2-} \underset{+16e^-}{\overset{-16e^-}{\rightleftarrows}}$

無機硫黄（単体硫黄）

$2R{-}S^{\ominus} \underset{+2e^-}{\overset{-2e^-}{\rightleftarrows}} R{-}S{-}S{-}R$

ジスルフィド（disulfide）

1,2-ジチオーレ（1,2-dithiole）

ジチオラン（dithiolane）

1,4-ジチイン（1,4-dithiine）

1.4　硫黄化合物のレドックス電位による分類

1.4.1　第一グループの有機物

　無機硫黄，アルキルチオール基を持つ化合物がこのグループに入る。無機硫黄については，前述したが，多くのチオール類のレドックス反応は，2.3V（*vs.* Li/Li$^+$）以下の電位で起こり，後

第2章　イオウ系材料の研究開発

続反応として化学的に可逆でジスルフィド結合の開裂・生成を誘起するが，反応速度は比較的遅く，常温では活性化過電圧が大きいため正極材料として使用することはできない。まず，電極材料の1つとしてNaphtho[1,8-cd][1,2]dithiole（Dithionaphthalene：以下DTNと略記，構造式は表3に示す）の反応性について述べる。DTNのように芳香族化合物と6B族元素（硫黄（S），セレン（Se），テルル（Te）など）が2つのベンゼン環を共有し5員環を形成した化合物はジカルコゲン芳香族化合物と称され，電子受動体と共に高い導電性を有するラジカルイオン塩を生成するため，1970年代から有機系電荷移動錯体として多くの研究がなされてきた。特に，Tetrathiotetracene（以下TTTと略記，構造式は表3に示す）とTCNQの錯体は有機電荷移動錯体[66]を形成し，電子伝導性を示すことから，多くの研究がなされている。

一方，二次電池の電極材料としての応用は，2001年に開示された特許[67,68]において，ジスルフィド芳香族化合物をリチウムイオン電池用正極材料として用いた例が示されているが，利用されている電極反応は，1～2V（$vs.$ Li/Li$^+$）の電位で起こるジスルフィドの開裂反応を伴う（図1）。しかし，この反応は非可逆的な電子移動過程[69〜71]であり，本反応を電極反応として用いるのはこのままでは不適当である。チオール基の陰イオンとしての化学的安定性は，溶媒の種類，および支持塩の陽イオンの種類によって異なり，そのレドックス反応の可逆性も異なる。一般に，四級アンモニウム陽イオンの共存下で可逆的応答を示すものもあるが，リチウム陽イオンの共存下では非可逆的挙動の応答を示すものが多い[40,72]。

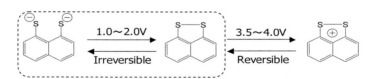

図1　ジチオナフタレンの電極反応

ただし，図2に示すルベアン酸のように，N-C-S$^-$の結合から成る化合物では，リチウム陽イオンの共存下でも可逆的応答を示すものもある[73]。この場合，2電子移動の2段階反応過程でレドックス反応が進行すると期待されるため，その理論容量は890 mAh/gとなる。実際には，反応は2段階で，出力電位2.0～2.3 Vで700 mAh/g前後のエネルギー密度値が充放電試験で観察されている。よって，リチウム陽イオンが移動する反応過程では，その約半分の容量が得られると推定できる。

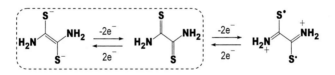

図2　ルベアン酸の電極反応様式

次に，ポリアクリロニトリル（PAN）と無機硫黄とを高温で焼成することで得られる複合材料について紹介する。新規のジスルフィド含有ポリマーが合成できると発表されているが，最終生成物の構造については議論の余地が残る材料系である[74~76]。一般的にポリアクリロニトリルは図3で示すように250℃付近から縮合反応を開始し，環状の化合物を形成する。この250～600℃の縮合反応が硫黄の沸点（445℃）とオーバーラップすることに着目し，図4で示すような含硫黄縮合環高分子構造が生成する反応が報告されている。

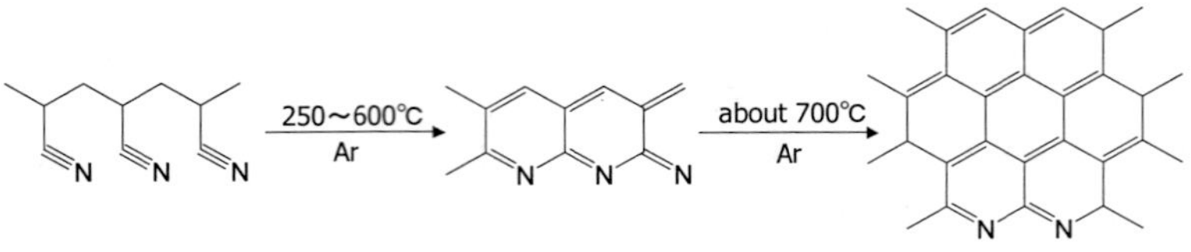
250～600℃
Ar
about 700℃
Ar

図3　PANの熱縮合反応機構

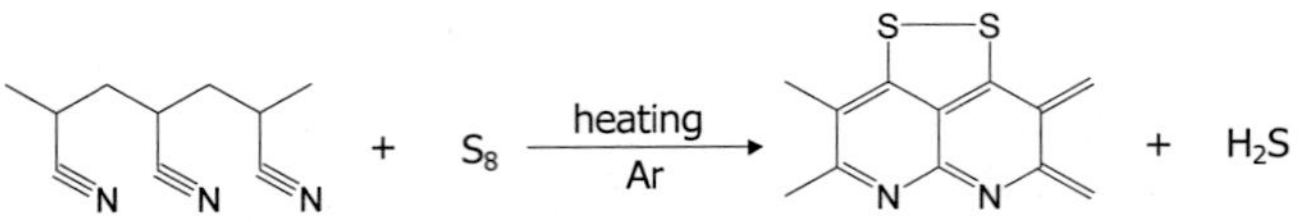
heating
Ar

図4　提案された反応ルート

この含硫黄ポリアクリロニトリル縮合化合物の酸化還元反応をリチウムイオン二次電池正極反応として利用すると図5のような反応スキームが考えられる。単位分子（$C_6N_2S_2$）あたり2電子反応を仮定したときの理論容量は327 mAh/gとなる。しかし，報告では，同化合物は最大で500 mAh/g以上のエネルギー密度を示しており，仮定された高分子構造および反応スキームには疑問が残る。当時，我々の関連グループも類似の研究を進めていたので，その結果を簡単に示す。

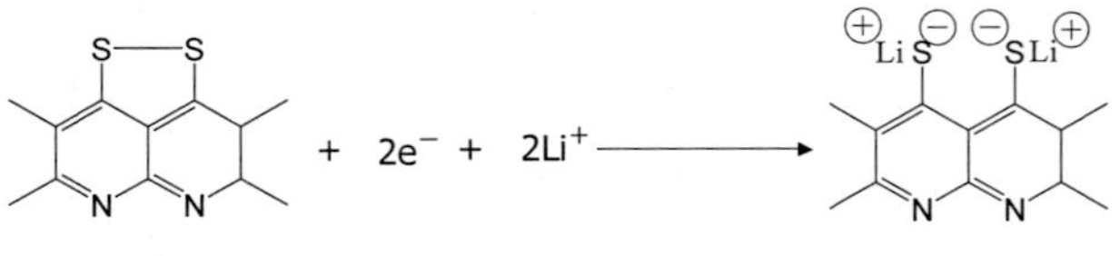

図5　リチウムイオン二次電池正極としての反応スキーム

PAN＋S化合物の合成においては，PANとSを1：5の重量比で混合し，450℃，5時間アルゴン気流下で加熱処理した化合物が，最も安定で良好な特性を示す。この条件で得られた生成物について，元素分析測定，FT-IR測定，XPS測定，CV

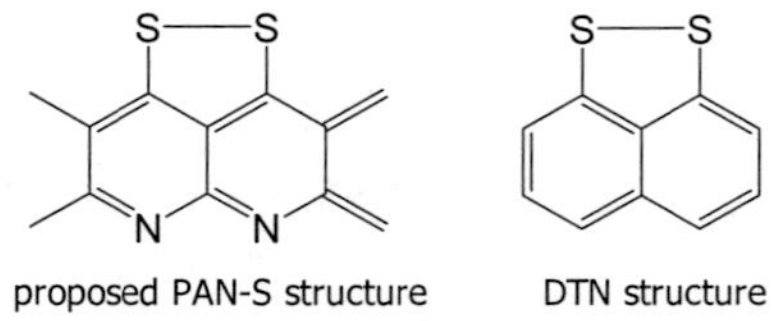
proposed PAN-S structure
DTN structure

図6　提案されたPAN-S，およびDTNの構造

第2章　イオウ系材料の研究開発

特性，充放電特性について調べた結果を次に示す。作製したPAN-S化合物の元素分析の結果，モル比でC：H：N：S＝3：1：1：1とWangらが提唱した構造式とは水素を含む点で異なる。従って，新たにこのような環状化したポリアクリロニトリルのマトリックス中に硫黄クラスターが取り込まれた構造，および／もしくはチオール構造などが側鎖にあるような可能性があると推定した。基本的な電気化学特性をCV測定を用いて調べると，初回の電位掃引において，1.3V付近に大きな還元ピークが見られ，それに対応した酸化波が2.2V（vs. Li/Li$^+$）付近に見られた。2サイクル目以降は，2Vを中心に還元と酸化の応答が安定に継続的に得られた。また，サイクルを繰り返していると電極表面に気泡が観察された。このように，2V付近に反応電位を持つものとしては，硫黄のクラスターの反応があり，PAN—無機硫黄化合物は，硫黄のクラスターと類似な特性を持つと推定した。

次に，提案されているPAN—無機硫黄化合物の化学構造と類似した化合物であるDTNのCV特性との比較を行ったが，DTNの電気化学挙動について後に詳しく述べるように，3.8V（vs. Li/Li$^+$）付近で0⇔＋1価に対応する可逆的な酸化還元応答を示すのに対し，PAN-S化合物はそれらの応答が見られなかった。このことからも，その生成物はWangらによって提案されたジスルフィド環を形成した分子構造ではなく，硫黄クラスターなどがポリアクリロニトリルのマトリックス内に取り込まれた構造であると推定している。

次に，PAN-S化合物を正極材料として，Li金属箔を負極とした試験電池を作製し，充放電特性を調べた。その結果は，CV測定の結果と同様に2Vを挟み，比較的平らな充電，放電カーブが得られた。また，数サイクル後から500 mAh/g以上の高い容量を200サイクル以上安定に得ることができ，急激な容量の劣化は見られず，充放電効率は100％に近いものであった。このようにPAN—無機硫黄化合物は電池の正極として，実用化に近い優れた特性を示した。境グループでは実用化に向けた検討が行われている[77]。

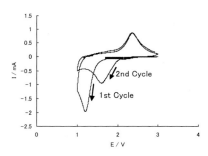

図7　PAN-S化合物のCV（サイクリックボルタモグラム）応答

1.4.2　第二グループの有機物

2.4〜3.3Vの領域で酸化還元反応を行う第二グループの活物質として，⁻S-C-N部位を持つ化合物，環状のC-S-S-C部位を持つテトラチオレン化合物の中性および陰イオン間でのレドックス反応は，このグループに入ることが多い。2,5-ジメルカプト-1,3,4-チアジアゾール（DMcT）[78〜80]の反応のように，ポリアニリン[4]やポリチオフェン誘導体，特にポリ（3,4-エチレンジオキシチオフェン）（PEDOTと略称）[31]でレドックス反応を促進できる例もある[2]。まず，チオール基の反応性について少し詳しく解説する。

(1) 反応性

チオールとジスルフィド間の電子移動反応（変換反応）の反応性についてDMcT，2-メルカプト-

5-メチル-1,3,4-チアジアゾール（McMT），およびビス(2-メチル-1,3,4-チアジアゾール)-5,5-ジスルファン（BMT）を例としてあげる。DMcTは溶存されている溶液の酸性度の違いにより酸・塩基平衡（水溶液中では$pK_{a1} = 2.5$，$pK_{a2} = 7.5$）が存在する。しかも，互変異性化（チオール型・チオン型になる）も起こるためレドックス反応においてプロトンの移動もまた重要な役割を演じる（図8）。

このチオールとジスルフィド間の変換反応は，半経験的分子軌道計算を用いて，プロトンの役割も考慮しHOMOおよびLUMOのエネルギーレベルに注目して検討された[12〜14, 16]。DMcTは分子内に2つのチオール基を有し，重合・解重合反応が多少複雑であるので，分子内に1つのジスルフィドを有する重合不活性なビス(2-メチル-1,3,4-チアジアゾール)-5,5-ジスルファン（BMT）を合成し，これをジスルフィド結合の生成・開裂のレドックス反応のモデル化合物として用いて，反応性に対する酸・塩基の効果を検討した。

アセトニトリル中でのBMTの酸化・還元反応のピーク電位は，それぞれ+0.2V，−0.5V（*vs.* Ag/AgCl）付近に観測された。このレドックス反応は，BMTのジスルフィド結合の生成と開裂反応にそれぞれ対応している。溶液に塩基としてピリジンを添加すると，特にピークはシフトしなかったが，酸としてメタンスルホン酸を添加した場合，還元ピークは共に正電位側にシフトした。分子軌道計算によれば（図9），プロトン付加したBMTが有するLUMOレベルは，していないBMTに比べて減少しており，しかも反結合性LUMOがジスルフィド結合上に局在しているので，ジスルフィドの還元による開裂はプロトンが存在する溶媒中で容易になると考えられる。この計算結果からの推定は実験結果と一致する。

次に，DMcTのレドックス反応に対する酸・塩基の効果も検討された。DMcTの場合も酸を添加することにより還元反応が促進されること，また塩基を添加することで酸化電位の負電位側へ

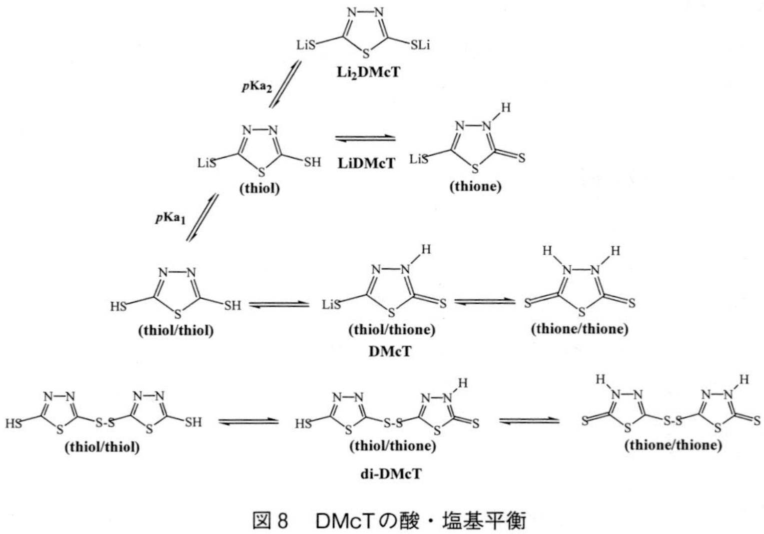

図8　DMcTの酸・塩基平衡

第2章　イオウ系材料の研究開発

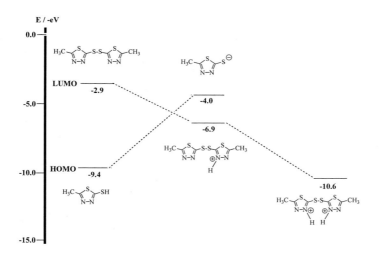

図9　2-メルカプト-5-メチル-1,3,4-チアジアゾール（McMT）および
その二量体についてLUMOおよびHOMOのエネルギーレベル

の移動が認められた。分子内に3個のチオール基を有するトリアジン，4個のチオール基を有するN,N,N',N'-テトラメルカプト-エチレンジアミンなどについてはさらに高い論理容量が算出されるが，そのレドックス反応は酸・塩基の影響を強く受けることが予想される。

(2)　ジスルフィド系材料電子移動反応の促進

　一般に硫黄系物質は，酸化還元反応活性であるが，電子移動反応が室温では遅いため，そのままでは正極材料として用いることが困難である。この課題を解決した例として，2,5-ジメルカプト-1,3,4-チアジアゾール（DMcT）とポリアニリン（PANI）とからなる複合正極材料が報告された[4]。DMcT-PANI複合正極は，DMcTとPANIを溶媒に溶解して集電体上に塗布後，乾燥して容易に作製できる。この正極とリチウム金属を負極とし，電解質としてアクリロニトリル―メチルアクリレート共重合体のゲルを用いて電池を試作した。この電池を4.75Vで充電すると，充電容量が185mAh/g-正極，平均放電電圧が3.4V，エネルギー密度が約630Wh/kg-正極の特性が得られた[4]。このエネルギー密度は，現在利用されている金属酸化物を正極とした電池の容量と同等である。PANIは複合正極に導電性を提供し，かつDMcTの電子移動反応を速める効果がある。つまり，PANIがDMcTとの電子授受をスムーズに行うという役割を担っている。PANIは脱プロトン化により失活し易いが，複合正極中ではDMcTがプロトンを提供するので，この失活はない。さらにDMcT-PANI複合正極に，より電子伝導性を付加するためポリピロール誘導体

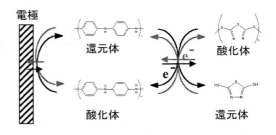

図10　DMcT-PANI複合正極のレドックス反応

（PPy）を混合すると，充電時間を短くできることを見出した[11]。また，正極の集電体基盤をカーボンから銅に変えることにより放電電流も高めることができ，正極材料が持っている理論容量の85％を1時間程度で充放電できることがわかった。この場合，高い電流密度（0.5～1C）による250回以上の繰り返し充放電も可能で，260～300 Ah/kgという非常に大きな放電容量も示した[22]。理論容量を上回る放電容量が得られたことは，銅集電体の一部が正極活物質として寄与していることを示している。同様の結果は，複合正極材料に銅イオンを添加した際にも観察され，銅—DMcT錯体の形成に起因するものと結論付けた[21,24,81,82]。

貯蔵エネルギーのさらなる高密度化のために，このDMcT-PANI複合正極に単体硫黄を作用させる研究が進められている[26,27]。さらなる貯蔵エネルギーの高密度化のため，CS骨格からなるポリカーボンジスルフィド化合物や単体硫黄を導電性ポリマーと複合化する研究も行われている。また，多種多様な官能基を導入した導電性ポリマーの研究も行われている。例えば，カチオン交換性を与えるためにスルホン酸基（-SO$_3$H）を導入したポリアニリンも合成され，また，メチルアニリンを用いてDMcTとの複合化により，電池特性を上げる試みも行われた[83]。

さらに，チオフェン誘導体ポリマーとの複合化も有効であることがわかっている[31]。特に，ポリ(3,4-エチレンジオキシチオフェン)（PEDOTと略称）は，広い電位窓（1V以上）でキャパシター的特性を示し，空気中できわめて安定でかつ製膜性もよい。そのため，コンデンサーや被膜剤として用いられている。さらに，複合化により，電池用材料としての応用も期待できる。ここで，PEDOT被膜電極を用いた電気化学的触媒作用の検証結果を図11に示す。(a)は未被膜G.C.電極上でのDMcTの酸化還元応答である。-300 mV（$vs.$ Ag/Ag$^+$）を式量電位としたDMcTモノマーの酸化還元反応はピーク電位差が約500 mVと非可逆的な電極反応であることがわかる。

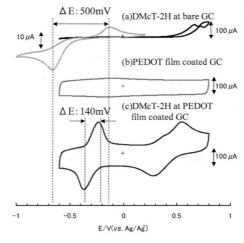

図11　CV応答；5 mM DMcT含有0.1 M LiClO$_4$/AN電解液でPEDOT未被覆電極(a)およびPEDOT被覆電極(c)を使用，DMcT未含有の電解液でPEDOT被覆電極(b)を使用

第2章 イオウ系材料の研究開発

(c)で示されるPEDOT被膜電極を用いて同様の測定を行ったところ,同反応のピーク電位差は140 mVと減少し,−300 mV (vs. Ag/Ag$^+$) に準可逆的な酸化還元反応として観察された。この結果より,PANIと同様にPEDOTもDMcTの酸化還元反応に対して高い電気化学的触媒活性を有していることがわかった。また,電位掃引を繰り返すに従い,PEDOT被膜電極における−300 mV (vs. Ag/Ag$^+$) の酸化還元電流値は増加した。このことより,PEDOT膜内にDMcTが濃縮していると考えられた。

一方,ポリマーと金属超微粒子および炭素系ナノ微粒子との複合化も興味深いテーマである。例えば,10 nm前後の金属超微粒子を用いた場合,粒子1個の非結合性金属の比率は数〜数十％となり,また表面積も増大する。この場合ポリマーのレドックス活性点と金属粒子とは分子レベルで直接接触し,電子移動反応の速度や触媒能を飛躍的に高めることができた[33〜36]。実用レベルの電池用電極にするためには,高いエネルギー密度,容量を増大することが必要なため,30〜100 μmの厚膜の正極材料シートに成形し作動するように設計した正極材料の開発が必要である。

(3) ジスルフィド系複合材料の粒子化

通常のリチウムイオン二次電池の製造では,正極活物質の微粒子,導電性助材,バインダー,および溶媒とから構成されるペースト状の塗工液を調合し,それを塗工し製膜する方法で正極材料を製造していることから,この製造技術をDMcT/PANI複合系材料にも適用した。

粒子化の方法として,①DMcTとPANIとを混合溶解した溶液をスプレードライヤー装置内で噴霧乾燥させることで複合粒子化する方法,および②DMcTとPANIとをそれぞれ微粉砕した後,特殊なバインダーを用いて一定の粒径を持つ複合粒子に造粒する方法などが著者らのグループにより検討された。この検討の結果,図12のSEM写真に示すような平均粒径0.2〜1 μmの大きさを持つ粒子材料を調製できた。

ここで,ペースト状の塗工液を用いる製膜方法では,活物質が溶解しない溶媒を用いる必要があった。そのため,アルコール系溶媒,キシレン,水を候補溶媒として,それぞれの溶媒に適したバインダーを選定して,製膜条件を検討した。キシレン溶媒とバインダーとの組み合わせで良

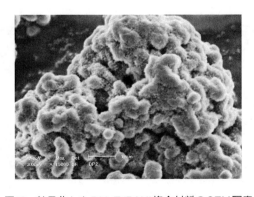

図12 粒子化したDMcT/PANI複合材料のSEM写真

好な製膜ができることを見出した。製膜した正極は，Li負極とポリアクリロニトリル（PAN）系高分子ゲル電解質を用いて単板セルを試作して，単板セルの正極材料として充放電特性を評価した。正極の集電体には前記したカーボンをコートしたアルミ箔を用いた。その結果を図13に示す。ここでは，実用レベルの性能を持つ電極から，0.4Cの充放電レート条件で，最大175 mAh/gという放電容量を安定して引き出すことができた。

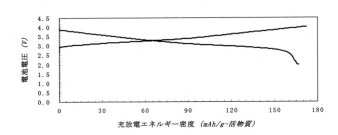

図13　DMcT/PANI複合正極を用いた単セルの充放電特性

　ポリアニリン，ポリチオフェン誘導体以外の導電性ポリマーのポリピロール（PPy）との複合化も有効であることがわかっている。最近の報告では，DMcTの酸化体を内部層としてその外部層を導電性ポリマーとした構造体を形成するとDMcTの電解液への溶解現象も抑制され，放電特性の繰り返し安定性に効果的であるという[84]。

　単体硫黄を正極活物質とするリチウム電池の場合にも，放電特性の繰り返し安定性を確保するために，炭素材料との複合化方法（遊星ボールミル法の最適条件選定など）の検討が行われてきており，最近の報告ではグラフェンにSを固定すると，その効果がきわめて大きいことなどが報告され，その効果の分子レベルでの解析が行われている[85]。

(4) ジチアゾール系化合物のレドックス特性

　我々は，環状のC–S–S–C部位を持つテトラチオレン化合物の中性および陰イオン間でのレドックス反応の挙動を調べるため，ジチアゾール環の両末端にπ共役ポリマー化が可能なベンゼン，チオフェン，フラン，およびチオフェン誘導体を付加した図14に示した化合物を合成し[86]，その電気化学的特性を評価した。代表的なCV応答としてDPDTのレドックス応答を図15に示す。-0.6 V（vs. Ag/Ag$^+$）付近に可逆的なレドックス応答が見られた。+1価で得られたDPDTの自然電位が-0.5 V（vs. Ag/Ag$^+$）にあることから，このレドックス対は0⇔+1価の可逆的な応答に相当すると考えた。しかし，これより負側の電位領域では可逆的な応答は観察されなかったことから，ジスルフィド含有環を可逆的に開環・閉環するのは難しいと思われる。もし，これらの化合物が-2〜$+1$価までは電気化学的に可逆的に応答する挙動を示せば，高エネルギー密度を持つ材料として期待できる。

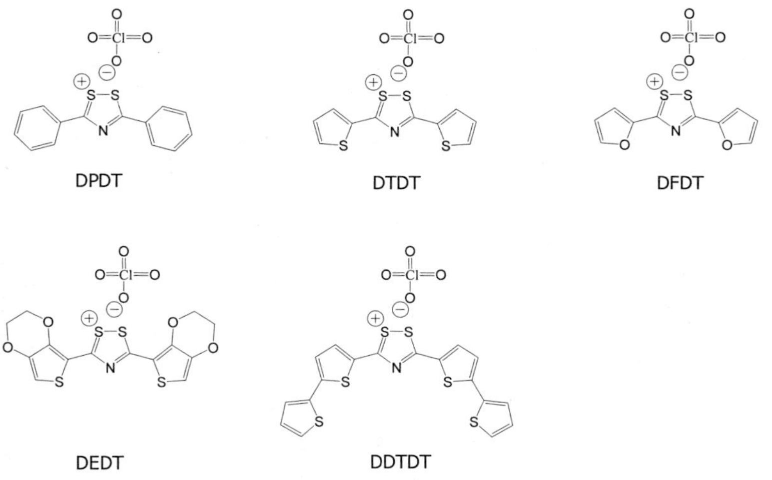

第2章　イオウ系材料の研究開発

DPDT　　　　DTDT　　　　DFDT

DEDT　　　　DDTDT

図14　いくつかのジチアゾール化合物

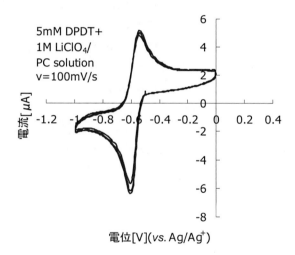

図15　DPDTのCV応答

(5) ジチアゾール系ポリマー材料

前述の有機硫黄化合物とポリアニリンとの混合による複合化とは別に，チオール基などの硫黄官能基と導電性ポリマーとを分子内で一体化した新規硫黄ポリマーの合成も行われている。この場合，電子伝導性のワイヤー上にエネルギー貯蔵タンクを分子レベルで持つことになり，充放電時のジスルフィド化合物の凝集によるエネルギー変換効率の減少を抑えることができると期待される。

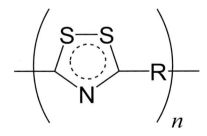

図16　ジチアゾール系化合物
R：π共役を取り得る構造

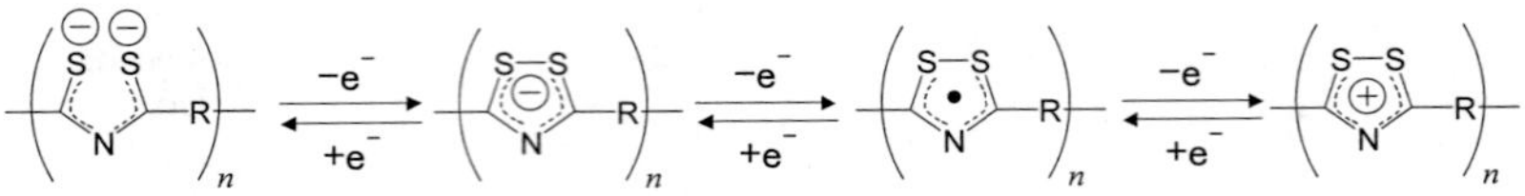

図17 提案されたジチアゾール系化合物の酸化還元反応機構

リチウムイオン二次電池正極への応用を目的として，上町らは，ジチアゾール系ポリマーを報告している[87,88]。同化合物の特徴としては分子内でジスルフィド環が開環・閉環する可能性があることに加え，DMcTが高電位でレドックス応答する要因であるN-C-Sの分子構造を有し，且つ分子全体として π 共役を取り得ることから，導電性高分子と同様に高い電子伝導性を有する可能性があるという点が興味深い。主張されている酸化還元反応機構を図17に示す。図では，モノマーユニットあたり3電子移動反応が仮定されている。例えば，Rがベンゼンの場合（PNOと略称している），モノマーユニ

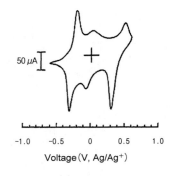

図18 PNOのレドックス応答

ットの分子量が178であるから，理論容量として452 mAh/gもの高いエネルギー密度が期待できる。PNOのCV応答を図18に示すが，高電位で3対の可逆性に優れたレドックス応答が観察されているという[88]。ただし，このようなCV応答は，共役系ポリマーではよく観察される現象であり，ジスルフィド環が開閉しているかは確かではない。

ジスルフィド化合物／導電性高分子というコンセプトを保ちつつ，かつジスルフィドの開裂・結合反応が分子内で起きることを意図した化合物が考案された。具体的には図19のようにポリアセチレン，ポリアニリン，ポリピロール，ポリチオフェンなどの導電性高分子を主鎖に持ち，それにジスルフィドを誘導基として付加したものである。

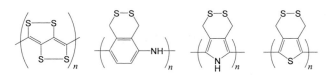

図19 環状ジスルフィド含有導電性ポリマーのモデル化合物

ポリアセチレンにジスルフィド基を誘導基として付加したものは米国Moltech社のT.Scotheimらが論文の中[89]でpoly(Carbon Disulfide)（PCS）の可能性のある分子構造として挙げている。また，このPCSをリチウムイオン電池正極材料として250 Wh/kgのエネルギー密度を発現する化合物として紹介している。また，著者らが日本曹達㈱と共同出願している特許[90]において，ピロールにジスルフィド基を誘導基として導入する合成法が示されており，このピロール誘導体をMPY-

第2章　イオウ系材料の研究開発

3と略称し，このピロール誘導体を高分子化したpoly(MPY-3)は，電極活物質として図20のような酸化還元反応が期待できる。ジスルフィド官能基で2電子反応が起こると，本反応から考えられるエネルギー密度はピロールの反応電子数（モノマーユニットあたり0.3電子）を加えると，2.3電子移動と仮定すると398 mAh/gとなり一般的な導電性高分子と比較して，エネルギー密度の大幅な向上が期待できる。ただし，ジスルフィド官能基がレドックス反応で開閉裂したという証拠は未だ得られていない[91]。

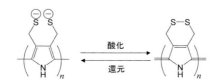

図20　期待されるpoly(MPY-3)の酸化還元反応

　その他，テトラチアフルバレン（TTF），および類似化合物に関する電気化学特性が検討されているが，未だ活性電極として重量エネルギー密度は十分ではない[92]。

1.4.3　第三グループの有機物

　3.4 V以上で酸化還元反応を行う第三グループには，環状のC-S-S-C部位を持つポリアセン化合物の中性および陽イオン間でのレドックス反応，およびフェノチアジン部分の中性と陽イオン間でのレドックス反応が挙げられる。該レドックス反応は速く可逆的である。従って，電極材料として有望であるが，レドックス反応が陰イオンの移動で進行することから，リチウム電池として使用する場合には陰イオン移動型を，不活性な多価陰イオンとの錯体化により陽イオン型にする工夫が必要である。ただし，リチウムキャパシター用の正極材料候補としての可能性を持っている。

(1)　反応性

　先に，DTNのようなジスルフィド芳香族化合物で，リチウム金属に対し1～2 Vの電位で起こるジスルフィド結合の開裂と生成反応について，この反応は非可逆的な電子移動反応であり，改良が必要であることを述べた。ただし，DTNでは高電位（3.5～4.0 V vs. Li/Li$^+$）での電子移動反応は可逆的[69,93]であり，二次電池正極の電極反応として利用できると推定できる。

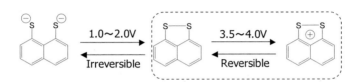

図21　DTNの電極反応

レアメタルフリー二次電池の最新技術動向

表3　いくつかの環状ジスルフィド含有芳香族化合物

Compound	Chemical Structure
Dithionaphthalene （DTN）	
Tetrathionaphthalene （TTN）	
Hexathioanthracene （HTA）	
Tetrathiotetracene （TTT）	
Tetrathionaphthalene-tetrachloride （TTN-4Cl）	
Tetrathionaphthalene-2benzenedithiole （TTN-2BDT）	
poly（tetrathionaphthalene）（poly（TTN））	
poly（tetrathionaphthalene）（poly（TTN））	

　ナフタレンをはじめとする芳香族化合物にジスルフィド基を導入した有機硫黄化合物の例を表3に示す。著者らは，ジスルフィド含有5員環のレドックス挙動の基礎特性を調べるために，DTNを基本材料としてその電気化学的挙動を調べた[40, 94, 95]。DTNは電解液に易溶であることから，電解液中に活物質を溶解させて，その挙動を調べた。DTNのCV測定結果を図22に示すが，この図から，DTNは最大4電子反応可能な有機化合物であることがわかる。この結果から，DTNの反応電位（対Li/Li$^+$に変換）と電極反応の可逆性をまとめると，前項でも記載したように，ジスルフィドの開裂に相当する$-2 \Leftrightarrow -1 \Leftrightarrow 0$価の反応は2V以下の低電位で起こり，非可逆的である

第2章 イオウ系材料の研究開発

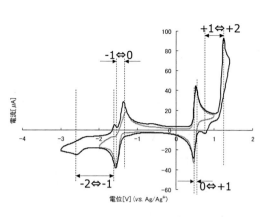

図22 DTNのCV応答

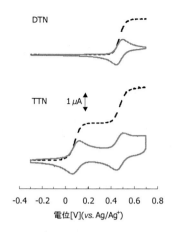

図23 DTNおよびTTNのCVおよびRDE（回転ディスク電極）を用いた対流ボルタモグラム応答

図24 TTNの電極反応様式

ことがわかる。それに対し，0⇔+1価の反応は3.8Vという高電位の反応であることに加えて，その電極反応が良好な可逆性を有することから，蓄電反応に適していると思われる。

次に，単位重量あたりのエネルギー密度を増加させるためにはDTN→TTNのようにレドックス活性部であるジスルフィド部を芳香族部位に追加する必要がある。それに伴い，レドックス応答がどう変化するか調べた。TTNのCVおよびRDEの結果を図23に示す。TTNの0⇔+1の反応電位が負側にシフトしたものの電極反応の可逆性は維持された。ジスルフィド部位が2つのため，図24に反応様式を示すように0⇔+2価間で2段階の可逆的な応答が得られた。

さらに，著者らは，環状ジスルフィド構造を含有するアントラセン誘導体，および関連化合物の電気化学的挙動について詳しく調べるため，表3に示すようなhexathiadipentalenoanthracene（hexathioanthracene; HTDPANTまたはHTAと略称）に着目し，その電気化学的挙動を調べた[42, 96～98]。その結果，図25に示すような可逆的な充放電特性の応答が得られた。このHTAの電気化学特性を詳しく調べ，その反応機構を推定した。

上述のように，芳香族化合物にジスルフィド部位を付加すると高電位で多電子移動反応を示す電極を創製することができたが，実際に電池の正極とするには複数の問題点があった。一番大き

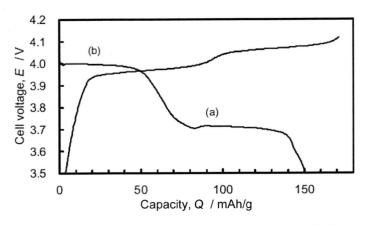

図25 クロノアンペアメトリー曲線，動作電極：HTA被覆膜電極（C-Al集電体），対極：Li箔

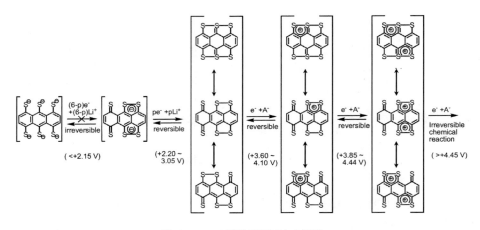

図26 HTAの酸化還元反応の機構

な問題は，電位掃引を繰り返したときに，電極活物質が電解液中に溶解するという点である。この要因としては，活物質が電荷を持つことで極性を有し，極性溶媒である電解液に溶解し易くなることである。もう1つの問題は，中性状態のジスルフィド含有環を環あたりプラス1価，またはプラス2価にするレドックス反応を正極材料の充放電動作に利用した場合，電子移動反応に伴い，電解質の六フッ化リン陰イオン（PF_6^-）や四フッ化ホウ酸陰イオン（BF_4^-）の電極活物質層内への移動が起こることである。

(2) テトラチアナフタレンのポリマー化

ここでは，電解液中への溶解度を低減させるために，活物質（TTN）の高分子化を検討した。TTNを高分子化するにあたり，まず2,3,6,7位を塩素で置換したTTN-4Clを文献[7]に従い合成した。

第2章　イオウ系材料の研究開発

表4　連結部の違いによる反応電位の違い

化合物名	X	Y	反応電位[V]($vs.$ Li/Li$^+$)	反応電子数	可逆性
Thianthrene	S	S	4.1	1	可逆
Phenazine	NH	NH	2.9〜3.4	2	可逆
Phenothiazine	S	NH	3.5〜4.0	2	可逆*
Phenoxazine	NH	O	3.5	2	可逆*
Phenoxathiine	S	O	4.0	1	可逆

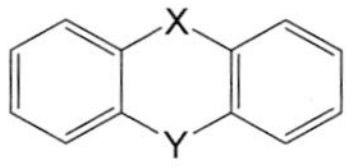

*高電位側の反応は不可逆的

　ここで，高分子化する際の連結部の候補となる元素としては，C, N, OおよびSなどが考えられる。しかし，連結部が電気化学的に不活性であると，エネルギー密度は低下する。そこで連結部を電気化学的に活性となるように，N, OおよびSで連結し，さらなるエネルギー密度の向上を期待することとした。芳香族化合物であるベンゼンをそれぞれの元素で連結した時の反応電位などを表4に示す。N, OおよびSで繋ぐことで，3V以上の高電位で可逆的な電子移動反応を誘起できることがわかる。ここでは，表4のX, Yに硫黄Sを用いて重合を試みた例を紹介する。脱ハロゲン試薬として，ここでは炭酸カリウムを用いた。得られた反応生成物の同定には，種々の分析手法を用い，目的生成物が得られていることを確認した。

　次に，重合連結部のレドックス活性を調べるため，モデル化合物となり得るTTN-2BDTを合成し，その電気化学特性を測定した。TTN-2BDTは表3で示されるようにTTN-4Clの両末端にベンゼン環を硫黄で連結したものである。TTN-2BDTは資料[40, 95]に基づき合成した。

　CV測定によれば，リチウム金属に対して3.3〜4.3Vの電位領域で可逆的なレドックス応答が得られた。図28に示すように，TTN-2BDTのレドックスを発現する因子であるジスルフィド5員環部（DTN）および連結部である（Thianthrene）のレドックス応答電位は，AN溶液中においてそれぞれ＋0.5V，＋0.8Vであるから，それぞれの部がTTN-2BDTのレドックスに関与していることが示唆された。

　次に，図27に示したTTNを-S-で連結したポリマーをpoly(S-TTN)と名称し，その電気化学的挙動をCV，ACインピーダンス，充放電測定によって調べた。カーボネートの混合溶媒を電解液とした1.0 M LiBF$_4$/EC：DEC（重量比1：3）電解液中で，C-Al電極上に被覆したpoly(S-

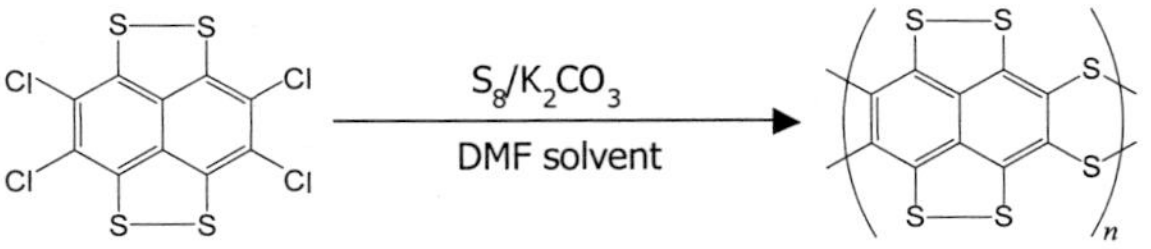

図27　TTN-4Clを-S-で連結

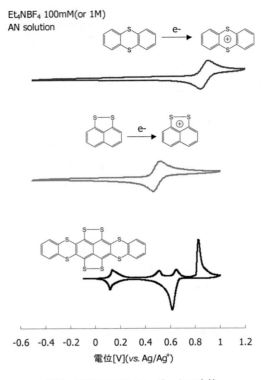

図28　TTN-2BDTのレドックス応答

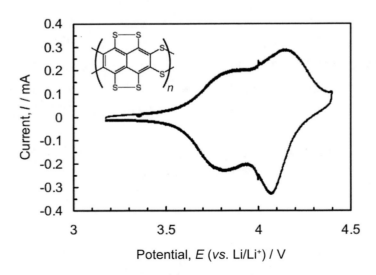

図29　poly(S-TTN)被覆膜電極（C-Al集電体）のCV応答
電解液：1.0 M LiBF$_4$/(EC/DEC = 1/3)，掃引速度：0.50 mV s^{-1}

第2章　イオウ系材料の研究開発

TTN）電極を用いて，0.50 mV s^{-1}の掃引速度で得られたCV応答を図29に示す。TTNの酸化還元応答とは異なり，poly(S-TTN)膜は3.2～4.4 V（vs. Li/Li$^+$）の電位範囲にわたって安定的な応答を示した。このCV応答は，50サイクル以上にわたってほぼ同程度の応答を維持し，電気化学活性の顕著な減少は見られなかった。これは高分子中のTTN部位が電解液に不溶となったことを示している。

　また，ポリマー膜の酸化還元応答は広い電位範囲にわたって観察された。膜の多段階の酸化は，poly(S-TTN)中の電子が高分子鎖内で非局在化し，そして，図30に示すように，TTN単位中心が酸化されてラジカルカチオンに変わることで，同じ高分子鎖内，および近接の高分子鎖内のTTNの酸化に影響を与える。これは，共役系ポリマーのレドックス応答でよく観察される。poly(S-TTN)の時にも同様の現象が起こったと推定される。測定された電位範囲において，可逆酸化還元電流ピーク電位は，3.8および4.1 V（vs. Li/Li$^+$）に観察される。これらの2つの酸化還元対はTTN骨格中の2つのジスルフィド官能基の酸化還元反応に対応していると考えられる。これらの酸化還元電位はモノマーのTTN自身のそれよりも若干高くなっている。酸化還元電位のこのシフトはTTN分子単位間の硫黄連結部位の電気的陰性度変化に起因すると推定できる。

　次に，poly(S-TTN)の硫黄連結部位が電気化学的に活性であることと，その酸化還元過程が可逆であるかどうかを調べた。（図では示さないが）電位を4.5 V以上に掃引すると3.2～4.4 V（vs. Li/Li$^+$）の間で観察された安定な酸化還元応答は消失した。この4.5 V以上における不可逆

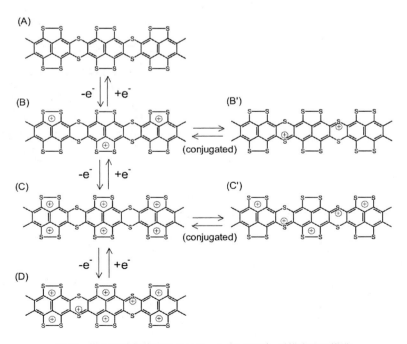

図30　様々な酸化状態におけるpoly(S-TTN)の推定分子構造

な酸化はpoly(S-TTN)の連結部,および支持電解質の酸化によるものであると考えられる。それゆえに,poly(S-TTN)のサイクル特性を十分に維持するためには,電位を4.5 V（$vs.$ Li/Li$^+$）以上に掃引しないことが必要となる。さらに,poly(S-TTN)の重量あたりの電気容量や,サイクル特性,レート特性を見積もるために,複合正極としてpoly(S-TTN)を用いたセルの充放電試験が行われた。図31(A)に示すように充放電曲線において2.8～4.4 Vの間で曲線平坦部が見られた。充放電特性はキャパシターに似た挙動を示した。poly(S-TTN)の重量あたりの電気容量は,0.25 mA cm^{-2}の電流密度において,122 mAh/gであった。これはモノマーユニットあたり1.4電子反応と見積もられる。この電位領域におけるpoly(S-TTN)の電気活性部位がTTN単位分子に対応しているとすると,理論容量は172 mAh/g（モノマーユニットあたり2電子反応）と推測される。この理論値と実験値の差異はおそらくpoly(S-TTN)膜の不導体領域の存在によるものだと考えられる。図31(B)に電流密度1.25 mA cm^{-2}における複合正極のサイクル特性を示す。放電容量は初期10サイクルの間,徐々に増加した。これは酸化還元反応中に高分子膜内に溶媒や支持塩が移動することによって,伝導経路が増加するためだと考えられる。10サイクル目以降,重量あたりの放電容量は安定し,180サイクル目以降においても110 mAh/gの値を示す。この良好なサイクル特性はpoly(S-TTN)が電解質に不溶であるためであると考えられる。図31(C)にpoly(S-TTN)のレート特性を示す。この実験において,0.25 mA cm^{-2}は約1Cに相当する。0.5 mA cm^{-2}（＝2C）まで放電容量は120 mAh/gでほぼ一定である。2.5 mA cm^{-2}（＝10C）においても,放電容量は101 mAh/g（1Cに対して約85％）を維持している。これらの結果から,poly(S-TTN)複合電極は十分な電子伝導性を有していることが示唆された。

ここでは,TTNをベースにした高分子材料は,期待されたとおり,高分子構造中におけるTTN部位は電気化学的に活性であり,3.5～4.4 V（$vs.$ Li/Li$^+$）の電位領域において,2つ

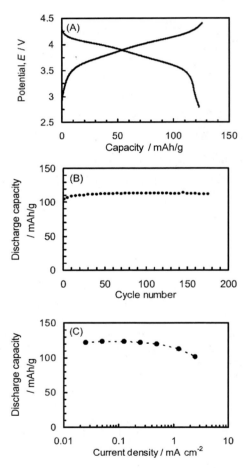

図31 (A)poly(S-TTN)被覆膜電極の電流密度0.25 mA cm^{-2}における充放電曲線,(B)上記電極を電流密度1.25 mA cm^{-2}で充放電を行った際の繰り返し特性,(C)poly(S-TTN)の放電容量の電流密度依存性

第2章　イオウ系材料の研究開発

の酸化還元電流ピークを示した。しかしながら，硫黄連結部は上述の電位領域では電気活性であるかどうかを結論付けることはできなかった。

1.5　おわりに

電子機器の今後のさらなる発達（小型・軽量化），および自動車の電動化，さらには定置型蓄電源としての利用には，蓄電池技術の進展，および関連新材料の創出が不可欠である。ここでは，硫黄化合物に着目し，可能性を持ついくつかの新しい候補材料を紹介し，その電気化学的基礎特性を明確にした。レドックス活性有機化合物は分子設計により，多種多様な特性を持つ化合物を創成することができる[99]。中でも，硫黄化合物は比較的自由度の高い分子設計ができ，それらの化合物は電気化学的に活性であるものが多い。

また，その固体状態の電気化学応答もユニークで，新しい固体化学の情報を含んでいるが[43]，ここでの解説は省略した。今後の有機硫黄化合物のさらなる研究，および蓄電池材料としての実用化を期待する。最後に，ここで紹介した研究開発内容は，著者の研究室に関係した多数の共同研究者による実験結果を含んでおり，関係者の方々に謝辞を表したい。

文　　献

1) K. Naoi, M. Menda, H. Ooike and N. Oyama, *J. Electroanal. Chem.*, **318**, 395-398 (1991)
2) T. Sotomura, H. Uemachi, K. Takeyama, K. Naoi and N. Oyama, *Electrochim. Acta.*, **37** (10), 1851-1854 (1992)
3) T. Sotomura, H. Uemachi, Y. Miyamoto, A. Kaminaga and N. Oyama, *Denki Kagaku*, **61** (12), 1366-1372 (1993)
4) N. Oyama, T. Tatsuma, T. Sato and T. Sotomura, *Nature*, **373**(6515), 598-600 (1995)
5) K. Naoi, Y. Oura, Y. Iwamizu and N. Oyama, *J. Electrochem. Soc.*, **142**(2), 354-360 (1995)
6) A. Kaminaga, T. Tatsuma, T. Sotomura and N. Oyama, *J. Electrochem. Soc.*, **142**(4), L47-L49 (1995)
7) T. Tatsuma, T. Sotomura, T. Sato, D. A. Buttry and N. Oyama, *J. Electrochem. Soc.*, **142** (10), L182-L184 (1995)
8) N. Oyama, T. Tatsuma and T. Sato, *Proc. Rechargeable Lithium and Lithium-Ion Batteries*, 321-329 (1995)
9) K. Naoi, Y. Oura and N. Oyama, *Proc. Rechargeable Lithium and Lithium-Ion Batteries*, 312-320 (1995)
10) N. Oyama, T. Tatsuma and T. Sotomura, *Macromol. Symp.*, **105**, 85-90 (1996)
11) T. Sotomura, T. Tatsuma and N. Oyama, *J. Electrochem. Soc.*, **143**, 3152-3157 (1996)
12) E. Shouji and N. Oyama, *J. Electroanal. Chem.*, **410**, 229-234 (1996)

13) T. Tatsuma, H. Matsui, E. Shouji and N. Oyama, *J. Phys. Chem.*, **33**, 14016-14021 (1996)

14) E. Shouji, H. Matsui and N. Oyama, *J. Electroanal. Chem.*, **417**, 17-24 (1996)

15) N. Oyama, T. Tatsuma, E. Shouji, J. M. Pope and T. Sotomura, *Proc. 1st Battery Tech. Symp.*, 203-210 (1996)

16) E. Shouji, Y. Yokoyama, J. M. Pope and N. Oyama, *J. Phys. Chem. B*, **101**, 2861-2866 (1997)

17) N. Oyama, J. M. Pope and T. Sotomura, *J. Electrochem. Soc.*, **144**, L47-L51 (1997)

18) T. Tatsuma, Y. Yokoyama, D. A. Buttry and N. Oyama, *J. Phys. Chem. B*, **101**, 7556-7562 (1997)

19) N. Oyama, T. Tatsuma and T. Sotomura, *J. Power Sources*, **68**, 135-138 (1997)

20) J. M. Pope, T. Sato, E. Shouji, D. A. Buttry, T. Sotomura and N. Oyama, *J. Power Sources*, **68**, 739-742 (1997)

21) Q. Chi, T. Tatsuma, M. Ozaki, T. Sotomura and N. Oyama, *J. Electrochem. Soc.*, **145**, 2369-2377 (1998)

22) J. M. Pope and N. Oyama, *J. Electrochem. Soc.*, **145**, 1893-1901 (1998)

23) N. Oyama, J. M. Pope, T. Tatsuma, O. Hatozaki, F. Matsumoto, Q. Chi, S. C. Paulson and M. Iwaku, *Macromol. Symp.*, **131**, 103-113 (1998)

24) F. Matsumoto, M. Ozaki, S. C. Paulson, Y. Inatomi and N. Oyama, *Langmuir*, **15**, 857-865 (1999)

25) O. Hatozaki and N. Oyama, *Electrochemistry*, **67**, 1036-1041 (1999)

26) N. Oyama and O. Hatozaki, *Mol. Cryst. and Liq. Cryst.*, **349**, 329-334 (2000)

27) N. Oyama and O. Hatozaki, *Macromol. Symp.*, **156**, 171-178 (2000)

28) S. Mihashi, H. Machida, O. Hatozaki and N. Oyama, *Electrochemistry*, **69**, 991-993 (2001)

29) J. M. Pope, T. Sato, E. Shoji, N. Oyama, K. C. White and D. A. Buttry, *J. Electrochem. Soc.*, **149**, A939-A952 (2002)

30) J-E. Park, S. Kim, S. Mihashi, O. Hatozaki and N. Oyama, *Macromol. Symp.*, **186**, 35-39 (2002)

31) N. Oyama, Y. Kiya, O. Hatozaki, S. Morioka and H. D. Abruna, *Electrochem. Solid-State Lett.*, **6**, A286-A289 (2003)

32) J-E. Park, S-G. Park, O. Hatozaki and N. Oyama, *J. New Mater. Electrochem. Syst.*, **6**, 137-142 (2003)

33) J-E. Park, O. Hatozaki and N. Oyama, *Chem. Lett.*, **32**, 138-139 (2003)

34) J-E. Park, S-G. Park, O. Hatozaki and N. Oyama, *J. Electrochem. Soc.*, **150**, A959-A965 (2003)

35) J-E. Park, S-G. Park, O. Hatozaki and N. Oyama, *Synth. Met.*, **140**, 121-126 (2004)

36) J-E. Park, S-G. Park and N. Oyama, *Electrochim. Acta*, **50**, 894-901 (2005)

37) Y. Kiya, G. R. Hutchison, J. C. Henderson, T. Sarukawa, O. Hatozaki, N. Oyama and H. Abruna, *Langmuir*, **22**, 10554-10563 (2006)

38) Y. Kiya, O. Hatozaki, N. Oyama and H. D. Abruna, *J. Phys. Chem. C*, **111**, 13129-13136 (2007)

39) N. Oyama, Y. Mochizuki, T. Sarukawa, T. Shimomura and S. Yamaguchi, *J. Power*

第2章　イオウ系材料の研究開発

Sources, **189**, 230-239 (2009)

40) T. Sarukawa and N. Oyama, *J. Electrochem. Soc.*, **157**, F23-F29 (2010)

41) T. Sarukawa and N. Oyama, *J. Electroanal. Chem.*, **647**, 204-210 (2010)

42) T. Sarukawa, S. Yamaguchi and N. Oyama, *J. Electrochem. Soc.*, **157**, F196-F201 (2010)

43) N. Oyama, S. Yamaguchi and T. Shimomura, *Anal. Chem.*, **83**, 8429-8438 (2011)

44) 大饗茂，有機硫黄化合物の化学（反応機構編），化学同人 (1981)

45) J. Q. Chambers, "Encyclopedia of Electrochemistry of the Elements", A. J. Bard and H. Lund (eds.), p.329, Marcel Dekker, New York (1978)

46) O. Hammerich and V. D. Parker, Sulfur Reports (1981)

47) 電池便覧第3版，p.371，丸善 (2001)

48) D. R. Salahub, A. E. Foti and V. H. Smith, Jr., *J. Am. Chem. Soc.*, **100**, 7847 (1978)

49) E. Levillain, F. Gailard, P. Leghie, A. Demortier and J. P. Lelieur, *J. Electroanal. Chem.*, **420**, 167-177 (1997)

50) M. Benaichouche, G. Bosser, J. Paris, J. Auger and V. Plichon, *J. Chem. Soc. Perkin Trans*, **2**, 31-36 (1990)

51) G. Bosser, M. Anouti and J. Paris, *J. Chem. Soc. Perkin Trans*, **2**, 1993-1999 (1996)

52) H. Yamin, A. Gorenshtein, J. Penciner, Y. Sternberg and E. Peled, *J. Electrochem. Soc.*, **135**, 1045 (1988)

53) E. Peled, Y. Sternberg, A. Gorenshtein and Y. Lavi, *J. Electrochem. Soc.*, **136**, 1621 (1989)

54) J. Shim, K. A. Striebel and E. J. Cairns, *J. Electrochem. Soc.*, **149**, A1321 (2002)

55) S. E. Cheon, K. S. Ko, J. H. Cho, S. W. Kim, E. Y. Chin and H. T. Kim, *J. Electrochem. Soc.*, **150**, A796 (2003)

56) K. Kumaresan, Y. Mikhaylik and R. E. White, *J. Electrochem. Soc.*, **155**, A576 (2008)

57) J. Wang, S. Y. Chew, Z. W. Zhao, S. Ashraf, D. Wexler, J. Chen, S. H. Ng, S. L. Chou and H. K. Liu, *Carbon*, **46**, 229 (2008)

58) Y.-J. Choi, K.-W. Kim, H.-J. Ahn and J.-H. Ahn, *J. Alloys Compd.*, **449**, 313 (2008)

59) M.-S. Song, S.-C. Han, H.-S. Kim, J.-H. Kim, K.-T. Kim, Y.-M. Kang, H.-J. Ahn, S. X. Dou and J.-Y. Lee, *J. Electrochem. Soc.*, **151**, A791 (2004)

60) S.-E. Cheon, J.-H. Cho, K.-S. Ko, C.-W. Kwon, D.-R. Chang, H.-T. Kim and S.-W. Kwon, *J. Electrochem. Soc.*, **149**, A1437 (2002)

61) N. Machida, K. Kobayashi, Y. Nishikawa and T. Shigematsu, *Solid State Ionics*, **175**, 247 (2004)

62) A. Hayashi, T. Ohtomo, F. Mizuno, K. Tadanaga and M. Tatsumisago, *Electrochem. Commun.*, **5**, 701 (2003)

63) D. Marmorstein, T. H. Yu, K. A. Striebel, F. R. McLarnon, J. Hou and E. J. Cairns, *J. Power Sources*, **89**, 219 (2000)

64) X. Zhu, Z. Wen, Z. Gu and Z. Lin, *J. Power Sources*, **139**, 269 (2005)

65) Sion Power社ホームページ, http://sionpower.com/

66) P. Delhaes *et al.*, *Mater. Res. Bull.*, **10**, 825-829 (1975)

67) 趙（日立マクセル㈱）ほか，特開2001-223010

68) 稲益（㈱ユアサコーポレーション）ほか，特開2001-273901

69) F. Wudl, D. E. Schafer and B. Miller, *J. Am. Chem. Soc.*, **98**, 252-254 (1976)

70) B. K. Teo and P. A. Snyder-Robinson, *Inorg. Chem.*, **18**, 1490 (1979)

71) T. Inamasu, D. Yoshitoku, Y. Sumi-Otorii, H. Tani and N. Ono, *J. Electrochem. Soc.*, **150**, A128 (2003)

72) 猿川ほか，電気化学会第72回大会講演要旨集，p.40；1B09 (2005)

73) 国府ほか，第53回電池討論会要旨集，3E18 (2012)

74) B. J. Wang *et al.*, *Adv. Mater.*, **14**, 963-965 (2002)

75) B. J. Wang *et al.*, *Adv. Funct. Mater.*, **13**, 487-492 (2003)

76) X. Yu *et al.*, *J. Electroanal. Chem.*, **573**, 121-128 (2004)；*J. Power Sources*, **146**, 335-339 (2005)

77) 幸，小島，境，第53回電池討論会要旨集，3C28 (2012)

78) S. J. Visco, C. C. Mailhe, L. C. De Jonghe and M. B. Armand, *J. Electrochem. Soc.*, **136**, 661 (1989)

79) M. Liu, S. J. Visco and L. C. De Jonghe, *J. Electrochem. Soc.*, **136**, 2570 (1989)

80) M. Liu, S. J. Visco and L. C. De Jonghe, *J. Electrochem. Soc.*, **138**, 1896 (1991)

81) M. R. Gajendragad and U. Z. Aqarwala, *Anorg. Allg. Chem.*, **415**, 84 (1975)

82) N. Oyama, F. Matsumoto, Y. Inatomi and O. Hatozaki, Molecular Functions of Electroactive Thin Films, N. Oyama and V. Birss (eds.), PV 98-26, p1, The Electrochemical Society Proceedings Series, Pennington, New Jersey (1998)

83) L. Yu, X. Wang, J. Li, X. Jing and F. Wang, *J. Electrochem. Soc.*, **146**, 1712 (1999)

84) R. A. Davoglio, S. R. Biaggio, R. C. Rocha-Filho and N. Bocchi, *J. Power Sources*, **195**, 2924-2927 (2010)

85) L. Ji, M. Rao, H. Zheng, E. J. Cairns and Y. Zhang, *J. Am. Chem. Soc.*, **133**, 18522 (2011)

86) K. Bechgaard *et al.*, *J. Am. Chem. Soc.*, **95**, 4373-4378 (1973)

87) 上町ほか，特開2000-248054，特開2002-313341，特開2003-26655，特開2004-303566，特開2004-194510，特開2004-194511

88) H. Uemachi, Y. Iwasa and T. Mitani, *Electrochim. Acta*, **46**, 2305-2312 (2001)

89) T. Scotheim *et al.*, *J. Power Sources*, **65**, 213-218 (1997)

90) 小山ほか，特開2002-138134，特開2002-141065

91) 平田ほか，電気化学会第68回大会講演要旨集，3C23 (2001)；電気化学会第69回大会講演要旨集，1D06 (2002)

92) 塚越ほか，第53回電池討論会要旨集，3E16 (2012)

93) 猿川ほか，電気化学会第72回大会講演要旨集，1B09 (2005)

94) E. Klingsberg *et al.*, *Tetrahedron*, **28**, 963-965 (1972)

95) J. Finter, B. Hilti, C. W. Mayer, E. Minder and J. Pfeifer, U. S. Pat. 5, 153, 321 (1992)

96) S. Davidson, T. J. Grinter, D. Leaver and J. H. Steven, *J. Chem. Res. Symp.*, 221 (1980)

97) N. R. Ayyangar, S. R. Purao and B. D. Tilak, *Indian J. Chem.*, **16 B**, 673 (1978)

98) C. Th. Pedersen and V. D. Parker, *Tetrahedron Lett.*, **9**, 767 (1972)

99) P. Novak, K. Muller, K. S. V. Santhanam and O. Haas, *Chem. Rev. (Washington, D.C.)*, **97**, 207 (1997)

2 有機硫黄系正極の研究開発

幸　琢寛[*1]，小島敏勝[*2]，境　哲男[*3]

2.1　はじめに

電気自動車（EV）用や電力貯蔵用としてリチウムイオン二次電池（LIB）の利用が検討され，高容量・長寿命で高出力，かつ，広い温度範囲で充放電が可能な電池が求められている。EV用ではNEDOのロードマップで2020年までに現状（2010年版）に対してエネルギー密度を2.5倍，コストを約20％にすることが掲げられている[1]。他にも車載用電池では15年以上の耐久性と，−30℃から60℃の温度範囲で動作することなどが要求されている。現行の遷移金属酸化物系正極は，電圧こそ高いものの実用的な容量は150〜270 mAh/g前後と大きくはなく，また資源量やコストの面でも要求を満たすことは難しい。

硫黄は1672 mAh/gと従来材料の約10倍の大きな理論容量を有するため，高容量化の観点で注目されてきた。硫黄は化石燃料の脱硫時に大量に副生するため安価（90〜200円/kg）で資源的制約もなく，日本では2010年に340万トン（世界第6位，世界の約5％）[2]が産出する数少ない輸出資源であり，さらに人体に無害であるなど魅力的な材料である。

2.2　硫黄系正極について

硫黄は1672 mAh/gの大きな理論容量を有するため，これまで各種の検討がなされてきた。1980年頃にYaminとPeledらは，単体硫黄を用いた検討を行い800 mAh/g程度の初期容量を得たが，20〜30サイクルまでのサイクル劣化が顕著であった[3,4]。

1990年頃に米国Lawrence Berkeley研究所のVisco（後にPolyPlus Battery社を設立）らによって有機ジスルフィド化合物を正極材料に用いることが提案されて以来[5]，導電性付与と溶出抑制のために有機ジスルフィド化合物や硫黄ポリマー化合物，ポリカーボンスルフィドなどが検討されてきた。1990年代前半に東京農工大学の小山・直井らと旧松下電器産業の外邨ら[6〜8]は，2,5-dimercapto-1,3,4-thiadiazole（DMcT）とポリアニリンを用いた電極とCu箔集電体を組み合わせて，260〜300 mAh/gの容量で150サイクル程度まで安定に充放電させており，この結果はNature誌にも掲載され大きなインパクトを与えた。1995年のMoltech社の米国特許[9]では，ポリカーボン

＊1　Takuhiro Miyuki　㈱産業技術総合研究所　ユビキタスエネルギー研究部門
　　　　電池システム研究グループ　博士研究員

＊2　Toshikatsu Kojima　㈱産業技術総合研究所　ユビキタスエネルギー研究部門
　　　　イオニクス材料研究グループ　主任研究員

＊3　Tetsuo Sakai　㈱産業技術総合研究所　ユビキタスエネルギー研究部門　上席研究員㈱
　　　　電池システム研究グループ　グループ長㈱エネルギー材料標準化グループ
　　　　グループ長；神戸大学大学院　併任教授；㈳日本粉体工業技術協会
　　　　電池製造技術分科会　コーディネーター

スルフィドとポリアニリンの複合体で少なくとも680 mAh/gの容量を得られるとしている。1999年から2000年代後半にかけてロシアのTrofimovら[10,11]は，Acetylene, Polyacetylene, Polyethylene (PE), Polystyrene (PS), Polydiethylsiloxaneなどの種々の材料に硫黄を付加させて合成した硫黄ポリマー化合物を用いて初期容量が最大で950 mAh/gの結果を得ているが，充放電に伴う容量低下が顕著であった。

2000年に日立マクセルの趙ら[12]は，ポリカーボンスルフィドとNi箔集電体を組み合わせて50サイクル後の容量が600 mAh/gの結果を得ている。しかし，高容量と，高出力および長寿命の両立の点で課題があった。2006年には富士重工の猿川ら[13]が，カーボンスルフィドへのアニオンドーピング反応を利用した充放電メカニズムについて報告した。0.1Cにおける容量は120 mAh/gと高くはないが，Li吸蔵放出に伴う構造変化が起こらないため，安定なサイクル特性（150サイクル後でもほとんど劣化なし）と良好なレート特性（10Cで100 mAh/g）が得られている。2009年に米国のSion Power社（旧Moltech社）のMikhaylikら[14]は，表面保護層を備えるリチウム負極とナノ多孔質セパレータを用いたLi/S電池において1200 mAh/g以上の容量で100サイクル程度まで充放電させた結果を報告しているが，300サイクル以上では劣化が見られた。また，多硫化リチウムや低分子量の硫黄化合物が電解液中に溶出して容量低下が起こる問題を解決する目的で，ポリマー電解質や無機固体電解質[15]を用いた検討がなされているが，室温での作動が難しいなどの課題がある。近年，硫黄系正極は米国やロシア，韓国，中国などでも盛んに検討されている。

2.3 硫黄系正極の課題

図1は単体硫黄を正極に用いたS/Li電池の充放電特性を示したものであるが，10サイクルも充放電しないうちに急激に容量が低下する。また，これまで報告された単体硫黄，有機ジスルフィド化合物，硫黄ポリマー化合物，ポリカーボンスルフィドを正極に用いた電池では，高容量，長寿命，耐熱性の全てを両立したものは未だ得られていない。硫黄系正極の課題を整理すると，①

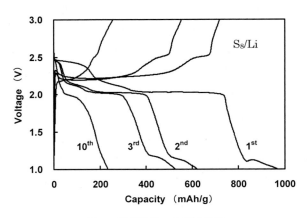

図1　単体硫黄の充放電曲線

第2章　イオウ系材料の研究開発

多硫化リチウム（Li_2S_x, $x = 2\sim8$）が電解液へ溶出することによるサイクル劣化，②シャトル現象による自己放電，③低い導電性（20℃で$2 \times 10^{15}\,\Omega\,m$）による低い出力特性，④高温に弱い，などが挙げられる。さらに，有機硫黄系正極は遷移金属酸化物系正極に比べて導電性が乏しいため導電助剤を多く用いて電極が作製されることが多く（15〜50重量％程度），実際の電極または電池でのエネルギー密度が大きくならないという課題もある。また，金属Li以外の負極と組み合わせたフルセルでの報告は少ない。金属Li負極を用いる場合，低温時にLiデンドライトが発生しやすく安全性に課題がある。また，硫黄と金属Liの融点がそれぞれ112.8℃と180.5℃であるため，Li/S系電池は耐熱性にも課題がある。

2.4　硫黄変性ポリアクリロニトリル正極材料の合成と電極・電池を用いた評価の概要

　著者らは，硫黄（S）とポリアクリロニトリル（PAN）を出発原料とする硫黄変性ポリアクリロニトリル正極材料（以降SPANと表記する）について検討した。硫黄をポリマーに固定化することで反応化合物の電解液への溶出を抑制した。合成法として，硫黄還流法，連続スクリュー法などを新たに開発し[22]，大量かつ高速に合成することを可能にした。さらに，従来の電池のように粉体原料から活物質や電極を作製する方法ではなく，PAN繊維の不織布を用いたホットプレス法により，材料合成から電極作製までをわずか1工程で行うことができるプロセスを開発した[19, 20]。

　電極・電池評価では，SPAN正極に高容量な一酸化ケイ素（SiO）負極[25〜27]を組み合わせたフルセルの検討を行い，高容量で長寿命，かつ高出力と広い温度範囲で作動することなどを明らかにした[19〜21]。さらにこの正極が，電荷担体としてLiだけでなくNaの場合でも充放電可能であることを確認した[24]。また，SPAN/SiOの系について，10 Ah級の大型電池，硫化物系固体電解質を用いた全固体電池，電池で使われる全ての部材について金属元素を使用しないメタルフリー電池や，電圧を任意に高めることが可能なバイポーラ型電池などを試作し，実際に充放電作動が可能であることを実証した[23]。最後に，釘刺し試験，過充電試験などの安全性試験を行い，SPAN/SiO系電池の安全性が高いことを示した[23]。これらの具体的内容について，以下に説明する。

2.5　硫黄変性ポリアクリロニトリル材料の合成[19〜23]

　硫黄とPANを反応させるために，原料を混合して不活性ガス雰囲気中で加熱した。合成上の注意点として，①原料PAN中に存在する水素が熱処理の過程で硫黄に引き抜かれ有毒の硫化水素ガスが生じる，②原料に用いる硫黄が気体となり反応系から散逸しやすい，③硫黄ガスは凝結しやすいため反応容器の出口付近を閉塞させる恐れがある，などがあるためその対策を講じる必要がある。不要な硫化水素ガスを安全に除去する一方，硫黄は反応系から逃がさず有効に利用し，かつ反応容器を閉塞させないような装置を開発した。

　硫黄還流法では，加熱時に硫黄の一部が気体となり，一部が液体となるようにすることで硫黄が還流される状態を作り，反応容器内が硫黄ガス雰囲気となるようにした。原料には，PANと硫黄を1：5の重量比で混合したものを用いた。副生する硫化水素ガスは，水酸化ナトリウム水溶液

に吸収させた。合成温度について，250〜700℃の範囲で検討した。

　硫黄還流法を用いて種々の温度で合成して得たSPANについて，合成温度と電気容量の関係を図2に示す。最も高い容量を示すのは340℃前後の温度で合成したものであった。PANは，空気中酸素の存在下200〜300℃で熱処理すると，酸素による脱水素反応が起こって環化することが知られている[16]。硫黄雰囲気の場合，200℃ではPANの環化が不十分なため共役構造が少なく導電性も低い，また十分に硫黄を取り込むことができないが，250℃を超えると環化が促進され硫黄をより多く取り込むことができると考えられる。一方，温度が高過ぎると硫黄が抜けて硫黄含有量が減少する。

　硫黄還流法ではバッチ式の大型装置を開発し，1バッチ（10時間）で1 kgのSPAN合成が可能となった。さらに速く大量に合成するために，図3のような連続プロセスで合成することが可能な連続スクリュー式装置を高砂工業とともに開発した。原料の混合粉末は，スクリューで反応炉に送り込まれる。加熱部でSPANが合成され，出口側から送り込まれる窒素により不要な硫化水素と気化した未反応の硫黄が原料方向へ流され，SPANだけが連続的に装置から送り出される仕組みとなっている。戻された硫黄ガスは，まだ温度の低い原料に付着し，原料は十分な硫黄が存在する状態で炉内の反応場に送り込まれ，再び合成に利用される。硫化水素は，一部空気と燃焼させ二酸化硫黄とし，さらに硫化水素と反応させて硫黄を回収することができる。このような硫化水素や硫黄を扱うプロセスは石油精製において確立された技術であり，十分に安全に取り扱うことができる。連続スクリュー法では，わずか8分間で原料をスクリューで送り400℃に加熱した炉を通して図3のような粒子状のSPANが合成できた。得られたSPANは硫黄還流法で得られた材料と同様の電池性能を示した。現在，毎時10 kg程度の生産が可能なミニプラントを作製中である。

　また，原料にPAN不織布を用いて，SPANの合成と電極作製を1プロセスで行うことのできるホットプレス法を開発した。原料として，電池セパレータ用のPANナノファイバー不織布[17]を用

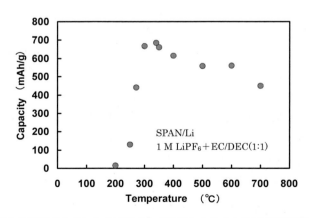

図2　種々の温度で合成したSPANの合成温度と2サイクル目の放電容量の関係

第2章　イオウ系材料の研究開発

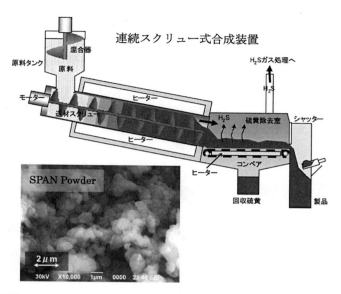

図3　連続スクリュー式合成装置の模式図と，合成されたSPAN粉末のSEM観察像

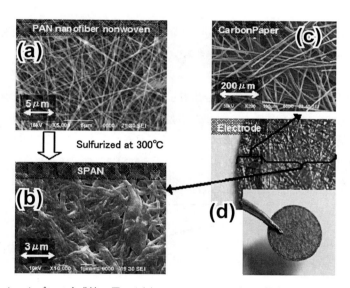

図4　ホットプレス合成法で用いた(a)PANナノファイバー不織布，(b)CP-SPAN電極，(c)カーボンペーパーの表面SEM観察像と，(d)CP-SPAN電極の外観

いた。集電体には燃料電池用集電体に使用されるカーボンペーパーを用いた。ナノファイバー不織布と集電体を重ね，その上に，硫黄粉末を均等に分散させ，ホットプレス装置を用いて90 MPaの圧力で10分間，300℃で加熱し，カーボンペーパーと一体化したSPAN電極を得た。

図4に(a)ナノファイバー不織布と，(b)SPAN正極，および(c)カーボンペーパーの表面SEM像を

示す。前駆体ナノファイバーは直径250 nm程度であったが，得られたSPAN正極は直径500 nm程度のファイバー状構造であった。図4(d)の電極写真では，SPANが集電体のカーボンファイバーを包み込むように隙間なく密着している様子が観察された。集電体とSPANは，分離して剥がれるようなことはなかった。前駆体は当初白色だったものが，SPANになると黒色になった。SPAN電極の容量密度は 1 〜 2 mAh/cm^2（可逆容量が600 mAh/gとして計算）とした。ホットプレス法では，バインダ，導電助剤ともに使用する必要がない。また，ホットプレス法は生産性の高い連続プロセスにすることも比較的容易であると考えられる。

2.6　硫黄変性ポリアクリロニトリルの材料特性[19〜23]

得られたSPANの元素分析を行ったところ，重量比でC：35%，H：0.5%，N：13%，O：2.5%，S：51%の組成であり，硫黄含有量は半分程度であることが分かった。これは原料PANの組成C_3H_3Nを基に考えた場合，$C_3H_{0.51}N_{0.96}O_{0.16}S_{1.64}$となり，脱水素環化反応と硫化が両方起こっていることが分かった。SPANの合成時に硫黄が脱水素反応を起こして硫化水素を発生させながらPANの環化を起こしたと考えられる[18]。また，環化により分子内の共役系が多くなるため前駆体の白色から黒色に変色したと考えられる。反応前後の重量測定では，1 gのPANから1.6 gのSPANが得られる。また，組成式相当の53 gのPANから約1モルの硫化水素が生じると考えられる。

SPANの比重を測定したところ，1.65 g/cm^{3}であった。従来の正極材料であるLiCoO$_2$，LiFePO$_4$の比重はそれぞれ5.16 g/cm^3，3.7 g/cm^{3}であるが，これらと比較してSPANは嵩高いが軽量という特徴を有することが分かった。

図5にSPANと単体硫黄のTG測定結果を比較して示す。単体硫黄は，200℃付近から重量減少が始まり320℃付近までに蒸発による急激な重量減少を示した。一方，SPANは400℃で5%程度，600℃でも20%の重量減少しかなく，急激な重量減少は見られなかった。SPANは単体硫黄に比べて高い耐熱性を有していることが分かった。元素分析ではSPANの51%が硫黄であったことから，

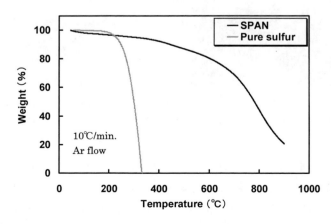

図5　SPANと単体硫黄の熱重量曲線

第2章　イオウ系材料の研究開発

TG測定における重量減少の全てが硫黄であった場合でも，500℃の高温において40％以上の重量の硫黄が残っていることになる。また，SPANをガスバーナーの炎で直接熱しても赤熱するだけで着火することはなく，難燃性を示した。

2.7　電極およびセルの作製と充放電試験条件

2.7.1　塗工電極

SPAN正極は，SPAN：ケッチェンブラック（KB）：ポリイミド（PI）バインダを混合比60：20：20重量％でN-メチル-2-ピロリドン（NMP）を溶媒に用いて混合してスラリーを調整し，それをAl箔上に塗工した後，200℃で3時間真空乾燥させて得た。SiO負極は，SiO：KB：PIバインダを混合比80：5：15重量％で混合し，Cu箔またはステンレス鋼箔に塗工・乾燥して，電極を作製した。

SPAN正極は高容量であるため，後述するようにLiの吸蔵放出による体積変化が大きく，電極に用いるバインダは体積変化による電極の破壊を防ぐ目的で高強度であることが望ましいと考えた。SPAN正極の場合，上限電圧が3.0 V vs Li$^+$/Li程度と高くはないため，ほとんどの有機物バインダを使用することが可能である。またSPANは熱安定性に優れた物質であるため，高温で硬化させるバインダも使用することができる。以上のことを勘案し，高い結着力を有するPIをバインダとして選定した。PIは一般的に200℃程度ではイミド化が80％程度進行し，300℃付近で完全にイミド化する。

2.7.2　カーボンペーパーを集電体に用いた電極

カーボンペーパー（CP）を集電体に用いたSPAN正極（以下CP-SPAN）は，ホットプレス法により得られたSPAN集電体一体型電極シートをそのまま正極として用いた。CP-SPAN正極の容量密度は1～2 mAh/cm^2（可逆容量：600 mAh/gとして計算）となるようにした。また，カーボンペーパーを集電体に用いたSiO負極（CP-SiO）は，前述のSiOスラリーをカーボンペーパー集電体に塗工・充填して作製した。SiO負極の容量密度は2～3 mAh/cm^2（可逆容量：1500 mAh/gとして計算）となるようにした。

2.7.3　電池構成

電極特性は，厚み0.5 mmのLi箔を対極とした半電池を作製して評価した。電解液は1 M LiPF$_6$/（エチレンカーボネート（EC）：ジエチルカーボネート（DEC），1：1体積比）と，30～60℃以外の低・高温用では開発した耐熱性電解液を，セパレータはポリプロピレン（PP）微多孔膜やPI不織布などをそれぞれ使用して，SPAN/Li半電池またはSPAN/SiO系のフルセルを，コインセル，アルミラミネート型セルなどに組み評価した。

耐熱性に優れた電解液，PIバインダ，PI不織布セパレータおよびSiO負極を組み合わせることで，電池全体として耐熱性の高い高安全性SPAN/SiOの開発を目指した。

2.8 電極性能[19～23]
2.8.1 SPAN電極のサイクル寿命

図6にSPAN/Li半電池の充放電曲線とサイクル特性を示す。30℃，0.1C（60 mA/g），電位範囲3.0～1.0Vの充放電条件で，平均放電電位は1.38Vであった。初回放電容量は900 mAh/g程度で2サイクル目以降の可逆容量は600 mAh/gと従来LIB用正極の3～4倍の高容量を示した。初期不可逆容量は270 mAh/g程度であった。また，1000サイクル後において520 mAh/g（容量維持率87％）を示し安定したサイクル特性が得られた。0.1Cの低速で充放電サイクルをさせており，SPAN電極が2年近くの長期にわたり安定作動することが分かった。従来の硫黄系正極を用いた電池では電解液中へ多硫化リチウム化合物が溶出し対極のLiでの還元により容量低下を起こすシャトル現象などの劣化要因が知られていた。SPAN/Li電池では長期にわたって充放電特性が安定しており，このため硫黄の電解質への溶出などの問題が解消されたものと考えている。さらに，

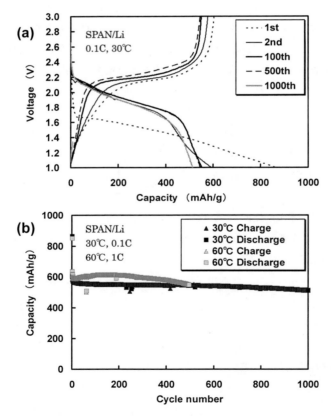

図6 SPAN正極の充放電曲線とサイクル特性

2032型コインセル，電極サイズ：11 mmφ，電極密度：1.15 mAh/cm² （600 mAh/g換算），電解液：1M LiPF$_6$＋EC/DEC（1 : 1 vol），セパレータ：PP，対極：金属Li，電圧範囲：3.0/1.0 V，電流：0.1 C（30℃），1C（60℃）

第 2 章　イオウ系材料の研究開発

サイクル特性図中に示すように，60℃，1Ｃ充電／1Ｃ放電（600 mA/g）において500サイクル後で容量維持率95％が得られ，加速試験を想定した60℃においても優れたサイクル特性を示した。ここで電気容量は全てSPANの重量当たりでの値を示したが，SPAN重量の半分は硫黄であるため，SPAN正極の容量が600 mAh/gの場合には，単体硫黄重量当たりでは1200 mAh/gの容量が得られていることになる。これは硫黄の理論容量1672 mAh/gの70％以上に相当し，高い利用率であることが分かった。

2.8.2　SPAN電極の入出力特性

図7(a)にSPAN/Li半電池で，充電時の電流を0.1Ｃに固定し，放電側の電流を0.1Ｃから10Ｃまでの間で変化させた場合の出力性能を示す。10Ｃ放電は時間にすると6分間で全容量を放電できる電流に相当し，SPANの場合6000 mA/gという大きな電流となるが，このような大電流においても容量400 mAh/g（利用率66％以上）が得られた。図7(b)にSPAN，LiCoO$_2$，LiFePO$_4$の各正極を用いた半電池の電流密度とエネルギー密度の関係を比較して示した。SPAN正極では他の正極と比較して，同じ電流密度の場合に2倍以上のエネルギー密度が得られ，優れた出力特性を示

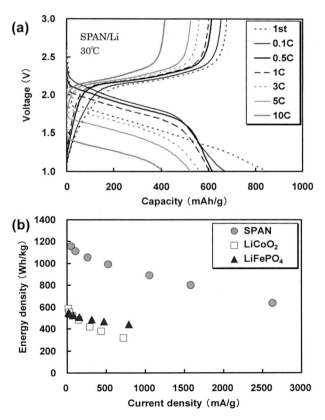

図7　SPANの出力特性と出力比較
電極密度：1.89 mAh/cm^2，対極：金属Li

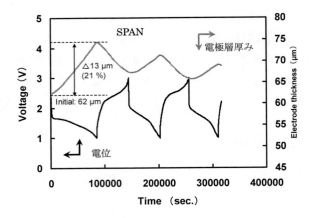

図8　SPAN正極の充放電に伴う電極厚み変化
電極サイズ：14×20 mm，電極容量：4.18 mAh，対極：金属Li

すことが分かった．また，充電時のレート特性においても，10 C充電で400 mAh/gの高容量が得られることを確認している．

2.8.3 SPAN電極の体積変化

SPAN正極は高容量であるため，Li吸蔵放出時の体積変化が大きいことが予想される．充放電に伴うSPAN電極の電極厚み変化について，著者らが開発した，対極の影響を受けずに単極のみの電極厚み変化を測定することが可能なin-situ測定システム[28,29]を用いて調べた．SPAN電極にはスラリーをAl箔に塗工して作製したものを用いており，SPAN/Li系ラミネート型電池を用いて評価を行った．図8に，充放電に伴うSPAN電極の厚み変化の様子を示す．充放電深度に対応して厚みが変化しており，初期62 μmの電極厚みが初回Li吸蔵後に75 μm（21.0％増加）へ膨張した．その後のサイクルでは5 μm（8％）程度の変化で可逆的に変化しており，体積変化量としては電池設計時に問題になるほどの大きさではないことが分かった．黒鉛負極に比べて大きな電極厚み変化率を有するSiO負極をSPAN正極と組み合わせて厚み変化を相殺させる設計とすれば，さらに変化量を小さくすることが可能となる．S/Si系電池は，LIB用大容量正負極の究極の組み合わせということのみならず，体積変化設計においても魅力的といえる．

2.9　SPAN/SiO系フルセルの電池性能[19〜23]

2.9.1　フルセル用Liプリドープ設計

SPAN正極とSiO負極を組み合わせたS/Si系LIBを検討した．SPAN，SiOともにLiを含まず，また，正負極両方が大きな初期不可逆容量を有するため，Liプリドープが必要となる．SiOは初期不可逆容量を含む初期容量が2700 mAh/gあり，可逆容量は1500 mAh/g程度である．例えば，このうち1000 mAh/gを利用する設計の場合には，まず全容量領域のどの部分を利用するかを決め，その深度に応じたドープ量を見積もる．一方，SPANは初期不可逆容量を含む初期容量が約

900 mAh/gあり，可逆容量は600 mAh/g程度である。利用率を100％（600 mAh/g）として設計する場合には，不可逆容量分をLiプリドープすれば良いことになる。SPAN正極の初期不可逆容量分とSiO負極の初期不可逆容量分および利用容量領域分を算出し，その総容量に相当するLi量をプリドープする設計とした。プリドープの方法には何種類かあるが，Li箔の貼り付け法の場合には，転極防止のためSiO負極側に全てドープした。厳密にはSiO負極の全容量以上にLiドープすることは不可能であるが，ドープされずに余ったLiはSiO電極の表面に残り，それが初回充放電時に正極に吸蔵されてなくなるため，2サイクル目以降は金属Liが負極表面に存在しない状態となる。

　SPAN/SiO系では，両極とも初期状態ではLiを含まず，両極ともに初期不可逆容量が大きいという特徴に加え，面積当たりの容量密度が大きな電極を設計することで，プリドープに用いるLi箔が，これまでのように20 μm以下の薄いものではなく工業的に扱いが容易な40～60 μm程度の厚みを使用できる。SPAN/SiO系においては，Li箔の貼り付けプリドープが電池製造において現実味のあるプロセスであるといえる。また，後述する電荷移動担体をLiでなくNaにしたSPAN系ナトリウムイオン二次電池の場合もLiと同様の方法でNaプリドープ量を設計した。

2.9.2　サイクル特性

　図9にSPAN/SiO系LIBの充放電曲線を示す。30℃，0.1 C（60 mA/g），電圧範囲3.0～0.6 Vで充放電し，初期容量は600 mAh/g以上を示した。300サイクル後の容量維持率は83％を示し安定したサイクル特性が得られた。

2.9.3　出力特性

　図10にSPAN/SiO系電池の出力特性を示す。充電時の電流を0.1 Cに固定し，放電時の電流を0.1 Cから15 Cまで変化させた。5 C放電で500 mAh/gの高容量が得られた。これはLiFePO$_4$やLiCoO$_2$での重量当たりの電流値に換算すると15 C相当で80％以上の容量が得られていることにな

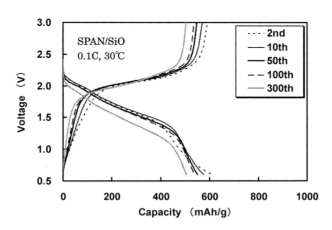

図9　SPAN/SiO系電池の充放電曲線
電極密度：正極／負極＝1.8/2.5 mAh/cm^2，電圧範囲：3.0/0.6 V

り，他の正極と比較しても遜色ない出力性能だといえる。一般に硫黄系正極は導電性が低く，これまで出力性能が低いとされていたが，SPAN/SiO電池は優れた高出力特性を示した。

2.9.4 温度特性

図11に−30℃（0.02C），30℃（0.1C），100℃（1C）におけるSPAN/SiO系電池の充放電曲線を示す。−30℃で320 mAh/gと全容量の約半分の容量が得られ，100℃で約600 mAh/gの容量が得られた。−30℃の低温と100℃の高温のいずれにおいても確認した10サイクル以上までではほとんど容量低下がなく，可逆的に充放電が可能であった。

硫黄系正極を用いた電池でこのように広い温度範囲で充放電する例は他にはなく，SPAN正極

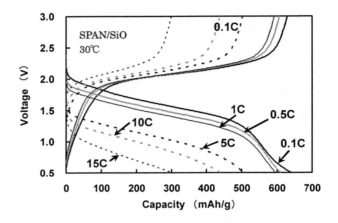

図10 SPAN/SiO系電池の出力特性
電極密度：正極／負極＝1.08/2.90 mAh/cm^2，電圧範囲：3.0/0.5 V

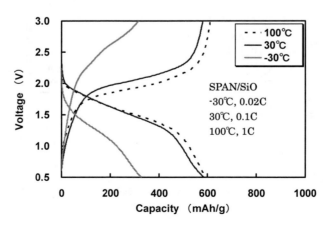

図11 SPAN/SiO系電池の温度特性
2032型コインセル，電極密度：正極／負極＝1.84/2.46 mAh/cm^2，電圧範囲：3.0/0.5 V

第2章　イオウ系材料の研究開発

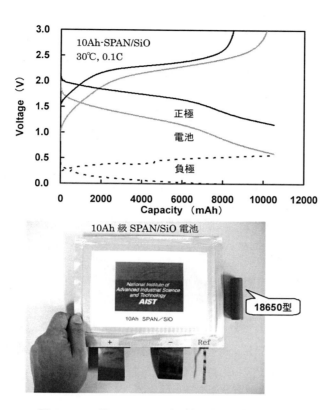

図12　10 Ah級SPAN/SiO系電池の外観と充放電曲線
電極サイズ：16×20 cm，セパレータ：セラミックスコート不織布（日本バイリーン製），
容量密度：正極／負極＝4.0/6.0 mAh/cm^2，電圧範囲：3.0/0.6 V

とSiO負極を用いて，高容量で長寿命，かつ高出力で広い作動温度範囲を持つ電池を作製できることが分かった。

2.9.5　大型電池

SPANの大量合成が可能となったことで，大型の電池を作製することが可能となった。メートル単位の長尺の電極を作製することができ，図12のように10 Ah級のSPAN/SiO電池を組んで（図中右側にあるのは比較用の18650型電池），実測で10040 mAhの容量が得られた。

2.10　SPAN正極を用いたその他の電池

2.10.1　全固体電池[23]

SPANは硫化物系固体電解質（Li_2S-P_2S_5系ガラスセラミックス，出光興産提供）を用いた全固体電池の正極としても機能する。図13に，SPANと対極にLi-In合金を用いた全固体電池の充放電曲線を示す。非水電解液系電池と同程度の約600 mAh/gが得られた。従来の遷移金属酸化物系正極では，活物質／電解質界面近傍の硫化による性能劣化が課題とされ，活物質表面を酸化物でコ

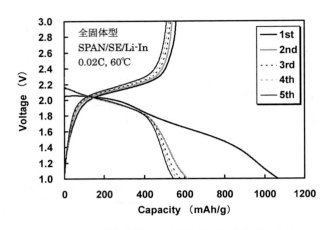

図13　SPAN電極を用いた全固体型電池の充放電曲線

固体電解質（SE）：70 Li$_2$S-30 P$_2$S$_5$ガラスセラミックス（提供：出光興産），2032型コインセル，電極サイズ：13 mm φ，電極容量：1.74 mAh，電圧範囲：3.0/1.0 V

ートするなどの対策が検討されているが，SPANの場合は元が硫化物であるため，表面コートが不要と考えられる。また，SPAN正極とSiO負極を組み合わせた全固体電池でも充放電することを確認しており，80℃，0.02 Cで670 mAh/g程度が得られた。

さらに，SPAN正極は硫化物系固体電解質や従来の非水電解液だけでなく，イオン液体やポリマー電解質などでも充放電作動することを確認している[23]。

SPAN，SiOともに難燃性の活物質材料であるため，他の部材にも難燃性・不燃性の材料（例えば，PIバインダや固体電解質，イオン液体，アラミドセパレータ，ステンレス鋼箔／カーボンペーパー集電体，ステンレス外装など）を使用することで，電池が加熱されるあるいは短絡や過充電状態になった場合においても，暴走・発火し難い本質的に安全性の高い電池を作製できる可能性がある。また，電解液などの種々の部材の選択において広い自由度があるばかりでなく，以下に示すように用途に応じて様々な電池を設計することができる。

2.10.2　メタルフリー電池[19]

SPAN/SiO両極の集電体にカーボンペーパーを用いた電極と，金属を含まない電池部材のみを組み合わせて，メタルフリー電池を試作した。外装やリード線にも金属元素を含まない。唯一電解液中にLiイオンが含まれているだけあるが，これも金属状態では存在しない。

ラミネート外装には，ガスバリア性透明樹脂フィルムを使用した。正負極のリード線にはアセチレンブラックを含有する導電性PIシートを使用した。プリドープ用のLi箔は2サイクル目までに全て消費される。その他の電池部材であるセパレータおよび電極・集電体には金属元素は一切含まれていない。この電池は外装が透明であるため，電池内の電極などが透けて見える。実際にメタルフリー電池を充放電させたところ，コインセルと遜色ないレベルの性能が得られた。金属を含まないため軽量化が可能で，リサイクル時の金属の分別が不要なため使用後にそのまま焼却

第2章　イオウ系材料の研究開発

処分できることなどのメリットが考えられる。

2.10.3　バイポーラ型電池[23]

　SPAN/SiO電池は，従来のLIBと比較して起電力が低いという特徴がある。これは電解液やバインダに対してマイルドな環境であるため電池寿命の観点ではメリットといえるが，エネルギー密度の観点ではデメリットとなる。そこで，単セルでも自由に電圧を高めることのできるバイポーラ型電池について，SPAN/SiO系での適用を検討した。集電体には厚さ15μmのステンレス鋼（SUS）箔を用いた。バイポーラ型電池にSUS箔を用いることは，以下に挙げたように多数のメリットがある。①SUSは正負極どちらにも集電体として使用できる，②抗張力が高い（1200 N/mm^{2}以上）ため，薄い箔でも体積変化の大きな合金系負極に使用することができる，③PIのキュアに必要な200～300℃の温度をかけても強度が低下しない，④ステンレス鋼はCu箔やAl箔に比べて電気抵抗が高いが，バイポーラ型電池の場合は面で集電するため抵抗の悪影響を受け難い，⑤Al箔と比較してSUS箔の生産品にはピンホールが少ないため，バイポーラ型電池で避けなければいけない液絡の懸念が少ない，⑥Cu箔に比べて若干軽量であり，薄型箔を使うことで体積・重量エ

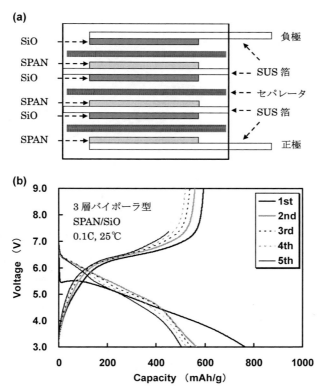

図14　3層バイポーラ型SPAN/SiO電池の構造模式図と充放電曲線
　　Alラミネートセル，電極サイズ：20×20 mm，容量密度：正極／負極＝1.96/1.88 mAh/cm^2，
　　電圧範囲：9.0/3.0 V

ネルギー密度とも有利となる。

図14(a)はSPAN/SiOの3積層バイポーラ電池の構造を図示したものである。この構造で試作したSPAN/SiOバイポーラ電池の充放電特性を図14(b)に示す。設計通りの9.0～3.0Vの高電圧で充放電作動することを実証できた。

2.10.4 ナトリウムイオン二次電池[24]

Liは資源量が限られ，産出する場所も特定の国に偏在していることから，日本でも豊富に得ることができるNaを用いた二次電池の研究・開発が近年活発化している。SPANはNaを電荷担体にした場合でも優れた特性を示す。まず，SPAN/金属Na半電池を作製した。SPAN正極の集電体にはカーボンペーパーを用いた。仮に600 mAh/gの容量とした場合，電極容量は2.26 mAhであった。この電極と金属Na対極を組み合わせて，電解液に1 M $NaPF_6$ + EC/DEC（1：1体積比）を，セパレータにガラスフィルタを用いてコインセルを作製した。図15(a)はCP-SPAN/金属Na電池の充放電特性である。電圧範囲：2.67～0.67 V vs Na^+/Na，電流：0.1 C（600 mAh/g換算）

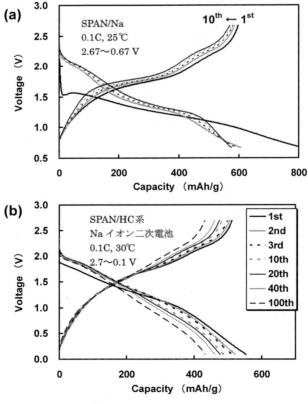

図15 (a)SPAN/Na半電池の充放電曲線，(b)SPAN/HC系ナトリウムイオン二次電池の充放電曲線

の条件で充放電したところ，初回放電時は807 mAh/g，2回目の放電では606 mAh/gが得られた。SPAN/Na半電池ではLiの場合と同程度の容量を得ることができた。次に金属Naに替えてハードカーボン（HC）負極を用いたCP-SPAN/HC系のナトリウムイオン二次電池を作製し評価した。正負極の容量はCP-SPAN正極：1.84 mAh，HC負極：2.4 mAhとし正極規制の条件で電池を組んだ。図15(b)はCP-SPAN/HC系ナトリウムイオン二次電池の充放電特性である。電圧範囲：2.7〜0.1 V，電流：0.1 C（500 mAh/g換算），30℃の条件で，充放電させた。初回放電：554 mAh/g，2^{nd}放電：522 mAh/g，95^{th}放電：403 mAh/g，$95^{th}/2^{nd}$維持率：77％の結果を得た。ナトリウムイオン二次電池で，400〜500 mAh/gで良好なサイクル特性を得ることができた。

2.10.5　その他の有機硫黄系正極[22,23]

PAN以外の前駆体を用いた硫黄系材料についても検討を行った。ピッチ，天然ゴム（ポリイソプレン），アントラセンについて，SPANと同様にして，硫黄との混合物を加熱して得た材料の充

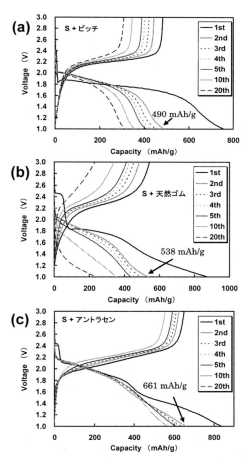

図16　SPAN以外の硫黄系正極の充放電曲線：(a)S-ピッチ，(b)S-天然ゴム，(c)S-アントラセン
電圧範囲：3.0/1.0 V，電流：60 mA/g（600 mAh/gの仮定で0.1 C相当），温度：30℃

レアメタルフリー二次電池の最新技術動向

放電曲線を図16に示す。それぞれ2回目の放電で490 mAh/g, 538 mAh/g, 661 mAh/gが得られ高容量であったが, サイクル特性についてはSPANに劣っていた。

2.11 SPAN/SiO系電池の安全性試験[23]

SPAN/SiO系電池について, 安全性試験として釘刺し試験と過充電試験を行った。小さな電池では発生熱量が小さく危険性を正しく評価できないため, 1 Ah級のSPAN/SiO電池を作製して評価した。

2.11.1 釘刺し試験

釘刺し試験は電池に釘を貫通させて短絡させるという電池にとって最も過酷な破壊試験の一つであり, LIB内部に凝縮したエネルギーを短時間で開放するため, 電池が爆発炎上するなど大きく破損する場合がある。図17にSPAN/SiO系電池の釘刺し試験の結果を示す。左縦軸に釘先端の温度と右軸に電池電圧, 横軸に時間を示す。釘を挿入速度1 mm/min.で貫通させた後10分間保持し, その後釘を引き抜いた。0.1 C (100 mA) で3.0 Vまで満充電状態の電池に釘を刺したところ, 一瞬短絡して釘先端の温度が54℃まで上昇した。しかし, 瞬時に電圧が回復し温度も室温付近まで戻った。これは釘周辺のSiO負極（充電時はLiを含む状態）から部分的にLiが抜けて不導体になったためと考えられる。この電池は釘を刺しても電池が膨張することはなく, 発火・爆発もなかった。

2.11.2 過充電試験と発生ガスの分析

過充電試験は, 一定充電電流を電池に供給し, 充電に用いる上限以上の高い電圧をかけ, 破壊に至るまで電圧を高めた場合の挙動を調べる試験である。過充電により重大な火災事故を引き起

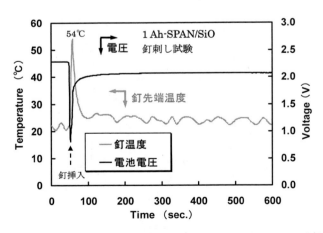

図17　SPAN/SiO系電池の釘刺し試験時の電圧と釘先端温度の挙動
釘：鉄丸釘N65（長さ65 mm, 胴径3 mm, JIS A5508），釘刺し条件：1 mm/min.で貫通後, 10分間保持した後, 釘を引き抜いた。電池の初期状態：0.1 C (100 mA) で3.0 Vまで満充電した。
熱電対：K型, 取付台：ベークライト板, 試験環境：防爆恒温槽（室温, 大気雰囲気）

第2章　イオウ系材料の研究開発

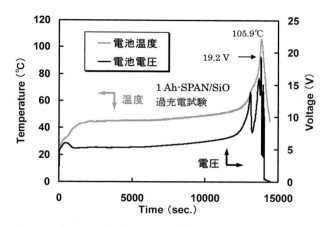

図18　SPAN/SiO系電池の過充電試験時の電圧と電池温度の挙動
充電条件：1C（1A），熱電対：K型，取付台：ベークライト板，
試験環境：防爆恒温槽（室温，大気雰囲気）

こす例が知られている。図18にSPAN/SiO系電池の過充電試験の結果を示す。3.0Vまで満充電した電池に，さらに1C（1A）の電流条件で過充電させたところ，19.2Vまで電圧が上昇し，電池表面の温度が105.9℃まで上昇したが，発火・爆発には至らなかった。5V付近から電解液の分解によるガス発生があり，電池の膨張が認められた。発生したガスの成分を分析したところ，硫黄系で懸念される硫化水素は，検出限界（9ppm）以下であった。ガスの主な成分は，水素と炭酸ガスが各20％，その他，窒素，酸素，一酸化炭素，メタンなどの通常電池でも発生するガスが検出された。

釘刺しや過充電という過酷な条件においてもSPAN/SiO系電池は暴走することなく安全性が高いことが示された。

2.12　まとめと展望

SPAN/Li半電池を用いて単極特性を評価し，高容量，長寿命，高出力に優れることを確認した。負極にSiOを用いたSPAN/SiO系LIBについて各種の電池特性を評価し，高容量で長寿命，かつレート特性と温度特性に優れる評価結果が得られた。また，10Ah級の大型電池や全固体電池，金属元素を一切使わないメタルフリー電池，電圧を高めたバイポーラ電池，常温作動する硫黄系ナトリウムイオン二次電池などを作製して充放電作動が可能であることを実証した。

図19に各種実用電池とSPAN電池について，活物質ベースでエネルギー密度を計算し比較した結果を示す。$LiCoO_2$/黒鉛系電池の体積エネルギー密度を100％とした場合，SPAN/SiO電池では83％となり一見メリットがないように見える。ただしこれは活物質ベースでの計算であり，実際の電池では，高容量なSPANでは電極の目付を増やして同体積の電池でも集電体を減らすことができるため，$LiCoO_2$/黒鉛系電池と遜色ない電池にすることも十分可能と考えられる。一方，重

99

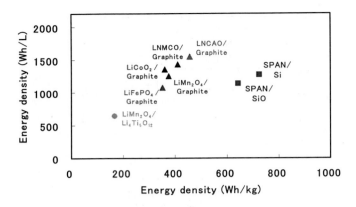

図19 種々の電池とSPAN/SiO系電池のエネルギー密度比較（※活物質ベース）

　量当たりのエネルギー密度比較では，SPAN/SiO電池では圧倒的に軽量化が可能であることが分かる。また，従来電池と比べて作動温度範囲が広く，何より安全性が高いことは大きなメリットである。

　SPAN/SiO電池は，資源的制約がなく，低コスト，高出力，高容量，長寿命で，広い作動温度を有し，安全性に優れた次世代二次電池として期待できる。

文　　献

1) NEDO Battery RM2010, http://www.meti.go.jp/report/downloadfiles/g100519a05j.pdf
2) U. S. Geological Survey, Mineral Commodity Summaries 2011
3) H. Yamin and E. Peled, *J. Power Sources*, **9**, 281 (1983)
4) E. Peled, A. Gorenshten, M. Segal and Y. Sternberg, *J. Power Sources*, **26**, 269 (1989)
5) S. J. Visco, M. Liu and L. C. De Jonghe, *J. Electroanal. Soc.*, **137**, 1191 (1990)
6) K. Naoi, M. Menda, H. Ooike, N. Oyama, *J. Electroanal. Chem.*, **318**, 395 (1991)
7) N. Oyama, T. Tatsuma, T. Sato, T. Sotomura, *Nature*, **373**, 598 (1995)
8) T. Sotomura, T. Tatsuma and N. Oyama, *J. Electroanal. Soc.*, **143**, 3152 (1996)
9) T. A. Skotheim, US Patent No. 5460905 (1995)
10) B. A. Trofimov, T. A. Skotheim, L. V. Andriyankova, A. G. Mal'kina, G. F. Myachina, S. A. Korzhova, T. I. Vakul'skaya, I. P. Kovalev and Y. V. Mikhaylik, *Russ. Chem. Bull.*, **48**, 463 (1999)
11) B. A. Trofimov, *Sulfur Reports*, **24**, 283 (2003)
12) J. Zhao, H. Nishihama and R. Nagai, *41st Battery Symposium in Japan, Abstr.*, 3D02, p.476 (2000)

第2章　イオウ系材料の研究開発

13) T. Sarukawa, M. Taniguchi and N. Oyama, *47th Battery Symposium in Japan, Abstr.,* 3F01, p.558（2006）

14) Y. V. Mikhaylik, I. Kovalev, R. Schock, K. Kumaresan, J. Xu and J. Affinito, *216th ECS Meeting Abstr.,* B1#216（2009）

15) A. Hayashi, T. Ohtomo, F. Mizuno, K. Tadanaga and M. Tatsumisago, *Electrochem. Commum.,* **5**, 701（2003）

16) A. Shindo, Report of the Osaka industrial research institute, **317**, 2（1961）

17) T. H. Cho, M. Tanaka, H. Onishi, Y. Kondo, T. Nakamura, H. Yamazaki, S. Tanase, T. Sakai, *J. Power Sources,* **181**, 155（2008）

18) K. Morita, Y. Murata, A. Ishitani, K. Murayama, T. Ono and A. Nakajima, *Pure & App. Chem.,* **58**, 455（1986）

19) 幸琢寛，奥山妥絵，小島敏勝，境哲男，小島晶，第52回電池討論会，4B12, p.169（2011）

20) 幸琢寛，小島敏勝，奥山妥絵，境哲男，繊維学会誌，**68**, 179（2012）

21) 境哲男，幸琢寛，向井孝志，第360回電池技術委員会資料，24-03, p.1（2012）

22) 小島敏勝，幸琢寛，境哲男，第53回電池討論会，3C27, p.202（2012）

23) 幸琢寛，小島敏勝，境哲男，第53回電池討論会予稿集，3C28, p.203（2012）

24) 幸琢寛，小島敏勝，奥山妥絵，倉谷健太郎，境哲男，電気化学第79回大会，3D12, p.135（2012）

25) T. Miyuki, Y. Okuyama, T. Kojima, A. Kojima and T. Sakai, *216th ECS Meeting Abstr.,* B5#699（2009）

26) 幸琢寛，境哲男，粉体技術と次世代電池開発，p.162，シーエムシー出版（2011）

27) 幸琢寛，奥山妥絵，坂本太地，江田祐介，小島敏勝，境哲男，*Electrochemistry,* **80**, 401（2012）

28) 幸琢寛，奥山妥絵，小島敏勝，境哲男，*Electrochemistry,* **80**, 405（2012）

29) 幸琢寛，境哲男，リチウム二次電池部材の測定・分析データ集，p.197，技術情報協会（2012）

3 硫黄導電性高分子「ポリチオン」

上町裕史*

3.1 はじめに

　近年の環境問題・エネルギー問題解決の手段として，高効率・高エネルギー・高容量の電力貯蔵技術が求められている。一方，携帯電話やパソコン，ワープロなど移動体通信用電源は，利便性向上の観点から，さらなる小型軽量化・高容量高エネルギー化が要望されている。さらには，今後大きな市場となる次世代自動車では，軽量かつ高容量の電源搭載が必要不可欠となることは言うまでもない。これらの要求に対し，取りあえず対応可能な最新型電池が，リチウム（イオン）電池である。取りあえずと記したのは，現状のリチウム系電池では，いわゆるQCD（Quality, Cost, Delivery）が飛躍的に向上する可能性が低く，役不足が否めないからである。特にレアメタルを含む金属酸化物系正極材料に，QCDに対する課題が多い。この課題を解決し，次世代電池構築の鍵となる可能性の高いのが，レアメタルフリーな電極材料である。以降，論旨を簡潔にするために，レアメタルフリー材料を硫黄系・有機硫黄系・有機系材料などに限定して説明する。

　㈱ポリチオンで開発中のリチウム電池用正極材は，新規な有機硫黄ポリマーであり，レアメタルフリーな電極材料の一種である。この有機硫黄ポリマーを例に，レアメタルフリー電池のQCD 3点における可能性・優位性を述べる。最初にQに関する可能性，すなわち性能の優位性を説明する。現在，リチウムイオン電池に用いられている正極活物質の蓄電量は，負極活物質である炭素の蓄電量より少なく，リチウムイオン二次電池の高容量化・軽量化には，正極活物質の高容量化が重要な開発課題となっている。㈱ポリチオンでは，硫黄系材料の中でも，安定性（安全性），電気伝導性において高いポテンシャルを有する有機硫黄ポリマー[1~4]の開発を進め，その実用化を目指している。軽い非金属元素を用いてポリマーを分子設計することにより，従来の含レアメタル正極材料に比べてリチウム電池の蓄電能力が2～5倍に向上し，従来と同じ蓄電能力ならば，1/2～1/5に軽量化を期待できる。次いでQに関する可能性，すなわちコスト・価格の優位性を説明する。現在，リチウム電池の正極材料として，コバルトやニッケルといったレアメタルが主流である。これらの材料は，産地が限られており安定調達が困難で高価である。レアメタルフリー材料は，これらの課題回避が可能である。㈱ポリチオンの有機硫黄ポリマーなどの有機系材料は，工業生産による大量生産が可能となれば，スケールメリットを生かすことができ，安価供給が可能となる。製造コストでも，レアメタルフリー材料に優位性がある。ほとんどのレアメタルフリー材料（＝有機系材料）は，製造時の加熱温度が100℃程度である。一方，レアメタル材料（＝無機系材料）の製造には，数百℃の加熱が必要となることが多く，より多くの製造コスト（加熱エネルギー，堅牢な設備など）が必要となる。最後のDに関する可能性，すわわち供給量に関しても，レアメタルフリー材料は潜在的な優位性を有している。Qでも述べたように，レアメタルは産地が限られており安定調達が困難である，さらに政治的にも利用されることから，電池市場が

---

　*　Hiroshi Uemachi　㈱ポリチオン　代表取締役

第2章　イオウ系材料の研究開発

拡大した場合の供給不足も懸念される。硫黄系・有機硫黄系・有機系材料などのレアメタルフリー材料は（石油化学文明が前提ではあるが），これらの心配がない。資源の乏しい日本にとっては切り札とも言える材料系である。それだけでなく，硫黄は，原油採掘や石油精製時に余剰物として大量に放置されており，その活用が模索されている。この余剰硫黄を機能性材料として加工し，付加価値を付け加え大量供給できれば，経済的にも社会的にも大きな意義がある。

　㈱ポリチオンの有機硫黄ポリマーは，上記で述べたレアメタルフリーの優位性を最大限に生かすことが可能な材料であると確信している。以降，本節では，最初に硫黄および含硫黄有機材料ならびに有機系材料の説明ののち，㈱ポリチオンの電池材料のコンセプトを述べる。さらに，ポリチオン材料の電池特性，合成方法，基礎物性，実用化への取組みを説明する。

3.2　硫黄系材料および有機系正極材の開発動向

　本項では，硫黄系材料と有機正極材料の技術展開を述べる。正極材料の高容量化は，1.金属酸化物などの無機材料と，2.硫黄系，3.有機系正極，の材料系で検討されている。今回は無機材料系は割愛し，硫黄系と有機系正極の技術動向の紹介をする。

3.2.1　硫黄

　硫黄は，高容量の正極電池活物質として大きな期待を寄せられている。硫黄の酸化還元反応が可逆であり硫黄のみで考えると，単位重量あたりの反応電子数が大きいためである。その理論容量は1675 mA/gとなり，商用化されている金属酸化物正極と比較すると，10〜10数倍の蓄電能力を有している。単体硫黄を用いた代表的な電池がNAS電池で，高温（300〜350℃）で作動する定置型の大型蓄電池である。高温の理由は，硫黄の室温での電子移動反応が遅いからである。室温動作を目指して，正極に単体硫黄，負極にリチウム系材料を用いたリチウム—硫黄（Li-S）電池の研究開発が行われている。硫黄は酸化（充電）状態では，ジスルフィド結合（SS結合）で硫黄同士が環状構造を形成する。放電時には，環状硫黄が還元反応に伴い反応中間体となり電解質溶液に溶解する。二次電池活物質が電池反応時に分解溶解することは電池材料として致命的である。Li-S電池の実用化に向けて解決すべき課題は，1.電極反応速度が遅い，2.硫黄が絶縁体である，3.放電時の硫黄塩の電解質溶液への溶解，がある。これらの課題解決に向けて，固体電解質を用いた全固体電池の研究や，ナノ構造体に硫黄を添加した複合正極が研究されている[5〜8]。

3.2.2　有機ジスルフィド化合物

　電池反応速度向上が期待できる硫黄系正極材料として，有機ジスルフィド化合物が検討されている。有機ジスルフィド化合物とは，有機系炭素骨格が複数の-SH基を有する有機硫黄モノマーに対して命名されたものである。有機硫黄モノマーは，充電時（電気化学な酸化反応時）にSS結合を形成することで重合化し，有機硫黄ポリマーとなる。このポリマーが放電時（電気化学な還元反応時）に分解してモノマーに戻る。有機ジスルフィド化合物の理論容量は約300〜600 mAh/kgと大きく，電圧も2〜3 V（vsLi/Li⁺）を示すため，高性能電池として期待されている。しかし，単体硫黄の有していた3つの課題，1.遅い室温での電池反応，2.絶縁体である，3.活物質の

103

電解質溶液への溶解性，が根本的に解決された訳ではない[9~13]。

3.2.3 含硫黄ポリマー

有機ジスルフィド化合物の課題解決のための新規正極材料として，1.有機ジスルフィド化合物と他の化合物との複合正極化，2.SS結合を側鎖に有するポリマーの創製，が検討されている。複合正極検討の一例として，有機ジスルフィド化合物と導電性ポリマーとの複合化が提案されている。導電性ポリマーの電極触媒作用により有機ジスルフィド化合物の電極反応が促進され，電池特性が向上すると報告されている。しかし，このような複合化を行っても，室温での出力特性が不十分であり，有機ジスルフィド化合物モノマーの電解質溶液への溶解は解決できていない。複合正極化は他の材料系でも検討されているが，電極反応促進とモノマーの電解質溶液溶解という課題は，未だ未解決のままとなっている[9~13]。

ポリマー側鎖にSS結合を有する新規ポリマーが，硫黄部位の電解質溶液への不溶化を主目的に行われている。SS結合をポリマー側鎖に導入すれば，放電時のポリマー自体の分解を回避でき，サイクル劣化抑制が可能となる。さらにポリマー主鎖を共役系ポリマー骨格にすると，電極触媒作用の効果向上やSS結合の反応性向上が期待できる[14~16]。この取組みは，単体硫黄と有機ジスルフィド化合物の有する3つの課題を解決できる効果的な方法である。しかし，実際に提案された新規材料は，その報告が少ない上に，3つの課題が完全に解決されている訳でもなく，合成方法

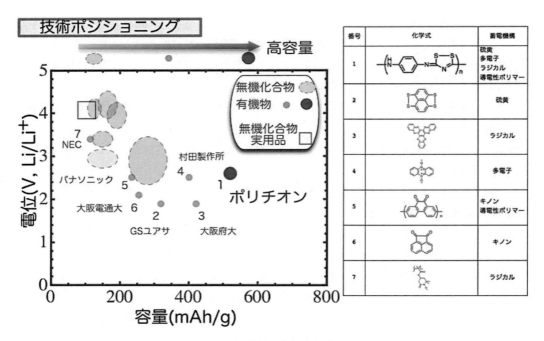

図1　正極材料の容量比較グラフ
リチウム電池正極の性能比較，第51回電池討論会より

第2章　イオウ系材料の研究開発

が限定されており応用展開が期待できない。3.2.3項で述べた含硫黄ポリマーの長所を生かしつつ，次の3.2.4項で説明する有機系正極材料の長所を発展的に取り込んだ新規材料が，㈱ポリチオンの有機硫黄ポリマーである。ポリチオンの材料を説明する前に，有機系正極材料の近年の技術動向に関して説明する。

3.2.4　正極材料の高容量化：有機系正極材

図1に有機系正極材の容量比較グラフを示す。この図は，高容量化可能な新型材料として，近年提案された代表的な材料をまとめたものである。有機系正極材として，これまでは導電性ポリマーが主に研究されてきたが，いわゆるドーピングを伴う電池反応機構のため，高容量化には上限（約120 mAh/g程度）があった。別の有機正極系としてラジカル電池やプロトン移動型の電池が提案されたが，反応機構そのものが高容量化を実現できるものでは無かった[17〜19]。

このような課題を解決するために，多電子反応可能な有機正極材の研究開発が行われている。材料の基本ユニット内で2電子以上の可逆反応が進行すれば，より容量の高い材料を得ることができる。多電子反応の正極候補材料が，複数より報告されている。

3.3　㈱ポリチオンの有機硫黄ポリマー
3.3.1　コンセプト

㈱ポリチオンでは，不飽和ヘテロ五員環が共役系骨格で連結された新規の含硫黄ポリマーを複

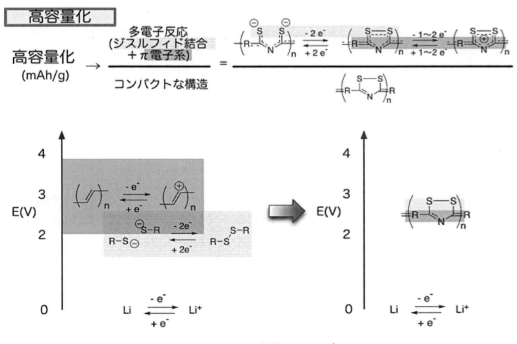

図2　ポリチオン材料のコンセプト

数提案している。これら新規ポリマーは，今までの硫黄系材料の課題を解消し，さらに高容量をもたらす電池反応機構を分子に付与したものである。3.2項で説明した，硫黄系材料と多電子反応を利用する有機正極系材料の技術を発展的にまとめあげたものとも言える。その長所をまとめると，1.分解しない，2.導電性付与，3.反応速度促進，4.多電子反応機構となる。ポリマーは環内にSS結合を有するため高容量正極材料となり得る上に，SS結合がポリマー主骨格に存在しないため還元時のポリマー主鎖の分解を抑制でき，かつSS反応を繰り返し電池反応に利用できる。π共役系ポリマーとなるため導電性発現の可能性が高くなる。平面五員環分子内の隣り合った硫黄間でSS結合の反応が進行するので，有機ジスルフィド化合物に比べて反応速度が速くなることが期待できる。SS結合形成後に，さらに後続する酸化還元反応が期待できる。SS結合生成により不飽和ヘテロ五員環が形成され，その結果，不飽和ヘテロ五員環の共重合π共役系ポリマーが構築されることになる。この不飽和五員環の7π電子不飽和環（中性ラジカル）は，ラジカル電池としての機能発現の可能性を有する。あるいはさらに，飽和ヘテロ五員環共重合π共役系ポリマーとしてpドープ型のπ電子反応発現の可能性を有する。結局，SS結合の2電子反応に加えてさらに1電子以上の電荷をためることが可能となる。我々の報告以前に，このようなポリマーの合成例はなく，もちろんこの新規含硫黄ポリマーの多電子反応を電池に利用するというアイデアは今までに提言されていない。多電子反応を電池に利用すると言う提案とその実証も，他の有機正極材料に先んじて報告している。

3.3.2 有機硫黄ポリマーの展開

　提案のポリマー，モデルモノマーを正極に用い，リチウム電池を試作したところ，その放電容量が約260〜500 mAh/gを示し，繰り返し電池反応が可能であることを確認している。π共役の発達したポリマーでは導電性が発現することも確認している。現在，実用化を最優先に，導電性の低いものの大量合成可能性やコスト低減の可能性の高いポリマーを中心に開発を進めている。一方同時に，同様のコンセプトに基づいたポリマーファミリーの開発を進め，複数のポリマーで，ゲル化・高容量・導電性発現可能性などの確認を行っている。

3.4　合成ならびに製造法の検討

3.4.1　合成指針

　SS結合を有する不飽和ヘテロ五員環（以降，SSヘテロ五員環）をπ共役系骨格に埋め込んだポリマーは，これまで提案されたことが無く，実例報告も無かった。そこで，まずポリマーの合成指針を検討した。蓄電のキーとなるSSヘテロ五員環は，酸化状態では1,2,4-dithiazole環を形成し，還元状態でN-thioformylmethanethioamide構造をとる。ポリマーの合成指針としては，2つの戦略がある。1つ目は，ポリマー出発材料のビルディングブロックとして上記SSヘテロ五員環（やその還元体）を予め合成し，連結部位は別途導入しておき，この連結部位で重合化する方法である。2つ目は，SSヘテロ五員環（やその還元体）を連結部とし，この五員環自体を連結部位として構築し，重合を進める方法である。合成指針として選択したのは，後者の方法である。その

第2章　イオウ系材料の研究開発

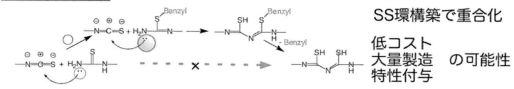

図3　合成指針

　理由は3つある。最初の理由は，シンプルかつ統一された合成方法で開発を進めたいからである。効率的なヘテロ五員環の合成方法が確立できれば，その合成手法を基盤に，低コスト化・大量製造化・機能性付与などの発展的かつ多様な展開が期待できる。2番目の理由は，高容量化のためである。連結のために余計な官能基を導入することは，ポリマーのユニットあたり質量が増え，容量低下を招くこととなる。3番目の理由は，導電性発現のためである。ビルディングブロックの母体としてベンゼン環などの共役骨格を用いれば，ヘテロ五員環（やその還元体）部位でπ共役が途切れない限り，導電性発現の可能性は高くなる。

　SSヘテロ五員環（やその還元体）自体を連結部位として重合を進める方法を検討した結果，五員環形成に伴う重合化も，還元体の形成に伴う重合化も，どちらの方法でも有機硫黄ポリマー合成が可能であることを確認した。SS五員環形成に伴う重合化の場合，チオアミド誘導体の酸化的環化反応による合成方法を確立した。還元体形成に伴う重合化の場合，イソチオシアン酸誘導体とチオ尿素誘導体の重付加反応による合成方法を確立した。この重付加反応の場合，チオ尿素窒素の孤立電子対のイソチオシアンへの求核攻撃による付加で反応が進む。尿素窒素の孤立電子対は，隣接チオカルボニル基との共鳴効果のために求核性が弱く，反応が進みにくい。そこで，チオカルボニルをアルキル誘導体化（S-アルキル誘導体化）し共鳴効果を抑制することで，反応を促進させた。得られるポリマーは，S-アルキル誘導体化されたSSヘテロ五員環の還元体となる。S-アルキル誘導体は，化学的な酸化反応や還元反応や，電気化学的な酸化反応や還元反応で，原理的には除去可能である。

3.4.2　製造に向けた取組み

　3.4.1項のポリマー合成方法を含めた基盤特許はすでに取得済みである。現在は，品質を安定させると同時に，量産化に向けた製造方法確立を行っている。取組み内容の一部を記すと，1.コスト低減検討，2.量産化検討，3.純度向上検討となる。コストに対しては，材料価格低減と製造工程数低減の2つの課題に取組み，それぞれに進捗があった。材料価格の最大のボトルネックが，出発剤価格であった。出発剤のPhenylen diisothiocyanateが，研究開発用にしか販売されていなかったため，高価であった。そこで，中規模生産シミュレーションを，化学工業メーカーと実際に行ったところ，価格を数十分の一に低減させることができた。それ以上の出発剤価格の低減も，需要が確立し製造規模が拡大すれば，十分可能である予想もたっている。工程数に関しては，

3.4.1項で述べたアルキル誘導体化からのポリマー合成から，促進剤添加に切り替えることで，工程数の低減と作業時間の短縮が可能となった。この合成方法は，量産化や純度向上も視野に含め，改良検討したものである。これらの合成方法で合成したポリマーの分子量を，GPC（ポリスチレン換算）で測定したところ，平均数万のものを得ることができている。

3.5 電池特性

3.4項で述べたポリマー改良（S-アルキル誘導体ポリマー合成の回避）の効果を検討した，電池評価の例を示す。当初のポリマー合成では，合成後にS-アルキル誘導体が有機硫黄ポリマーに含まれていたため，電池反応の安定化や再現性を阻害していた。改良方法では，不純物・阻害物となるS-アルキルの除去を目的として，低分子のモデル化合物の合成を行い，合成方法の検討を行った。さらに，こうして合成したモデル化合物，およびポリマーを正極に用いたリチウム電池の電池反応を評価した。脱S-アルキルのモデル材料としてN,N'-diphenyl-dithiobiuret（diPhDTB）の合成を行った。まずS-アルキル誘導体化モデル材料を合成した後，化成処理による脱S-アルキル化処理を行った。アルキル基の種類と化成処理による除去法の組み合わせを検討し，diPhDTBの収率良い合成法の探索を行った。合成した化合物（45 wt％）とアセチレンブラック（45 wt％），PVDF（10 wt％）を混合し湿式塗布により正極を作製した。金属リチウム負極，LiPF$_6$/EC-DEC（1：1）電解液を用いて試験用電池を作製した。電池充放電反応は，1.75～4.25 Vの電位範囲で10時間率（単位ユニットあたり2電子反応換算）の条件で測定した。

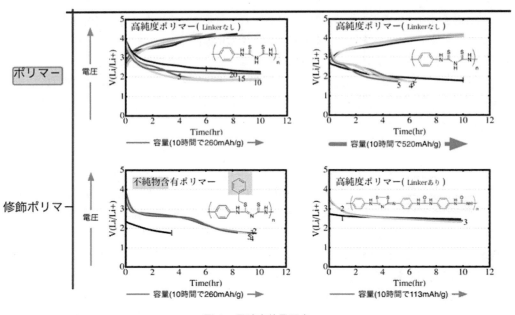

図4　電池充放電反応

第2章　イオウ系材料の研究開発

S-アルキル誘導体除去は，アルキル基をメトキシベンジルに，その後の除去を酸性溶液中で行うことで，収率良く目的のdiPhDTBを得ることができた。得られたdiPhDTBの酸化体を正極材料としたリチウム電池の放電曲線を図4に示す。比較のため，S-アルキル化diPhDTBを正極材料としたリチウム電池の放電曲線を図に示した。脱S-アルキル処理が，容量維持に効果的であることが図から分かる。さらに，この合成方法を応用して調整した有機硫黄ポリマーを正極に用いたリチウム電池の放電曲線を図に示す。比較のため，これまでの方法で合成した有機硫黄ポリマーを正極に用いたリチウム電池の放電曲線を図に示した。脱S-アルキル処理を行うことで，電位の平坦性維持，放電1回目の低容量回避可能と，電池特性に効果があることが判明した。

なお，㈱ポリチオンの有機硫黄ポリマーは，リチウムイオン電池でも作動する。負極を金属リチウムからリチウムイオンをプレドープしたGICに変更し，充放電試験を行ったところ，リチウム金属電池と同様の充放電を行うことを確認済みである。

3.6　化学構造と電子構造の評価
3.6.1　化学構造：結晶構造評価

本項では，ポリマーのモデル材料を試料として用いた，精密X線回折実験による結晶構造評価結果を記す。実験は，高容量付与コンセプト，すなわち，ヘテロ五員環の結合開裂を実験的に明らかにすることを目的としている。ヘテロ五員環を含むモデル材料（ジチオビウレット化合物）は，従来のリチウムイオン電池の正極活物質材料に比べて数倍の蓄電量を持つ物質の基本分子であり，単結晶化が可能である。そこでこのモデル材料を測定試料とし，SPring-8のビームラインBL02B1で実験を行うことで，高容量機構の解明を行うこととした。

放電状態のモデル材料としてN,N'-diphenyl-dithiobiuret（diPhDTB）を，充電状態のモデル材料としてdiPhDTB酸化体（diPhoxDTB）を用いた。各試料の合成は，既報に基づいて行った。X線結晶解析実験結果を図5に示す。充電状態モデル材料となるdiPhoxDTBでは，分子内の硫黄がSS結合を含むヘテロ五員環を形成しており，高容量付与コンセプト通りの化学構造を有していることが分かった。SS結合の結合長は，2.058Åであり，代表的な有機硫黄系正極材料であるDMcTの示すSS結合とほぼ同じ結合長である。ヘテロ五員環を形成するCS結合の結合長は，1.796Åと1.764Åであり，還元体であるdiPhDTB（1.667Åと1.703Å）に比べて長いことが分かった。ヘテロ五員環を形成することで，CS結合が二重結合から一重結合性の強い構造に変化したことを示している。ヘテロ五員環内のS-S-C-Nで形成される二面角は，ほぼ平面となっていた。ヘテロ五員環の平面性は，環内でのπ電子非局在化の可能性を示唆するものである。ヘテロ五員環と両隣のベンゼン環のなす二面角（隣り合った環同士のねじれ角）を，アニリン三量体の結晶構造と比較したところ，diPhoxDTBとポリアニリンモデル材料は，ほぼ同じ角度で環平面を揃えて連結していることが分かった。これは，分子内でのπ電子非局在化の可能性を示唆するものである。

一方，放電状態モデル材料となるdiPhDTBでは，分子内の硫黄がSS結合の解裂を確認できたものの，硫黄原子同士が隣り合っておらず，高容量付与コンセプト通りの化学構造では無いこと

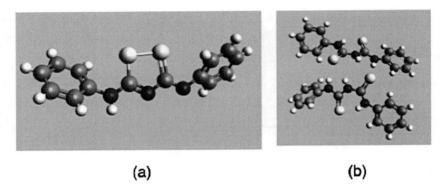

図5　モデル材料（基本ユニット）の結晶構造

が分かった。しかし，diPhDTBはヘテロ五員環とベンゼン環を連結する窒素原子で回転の自由度があるため，溶媒中では硫黄原子同士が隣り合っている可能性が高い。特に高極性溶媒中では，硫黄原子同士が隣り合った構造の方が双極子モーメントが大きくなり安定化することが予想される。高極性溶媒中でのモデル材料の構造が，硫黄原子同士が隣り合った構造となっていることを，H-NMR測定と分子軌道計算によるNMRシミュレーションで確認している。

3.6.2　電子構造XAFS評価

有機硫黄ポリマーとその正極素子の電池反応評価法確立の第一段階として，数種のモノマー材料のXAFS測定を行った。リチウム電池反応を理解する為には，正極活物質の充放電状態を把握することが必要となる。つまり，有機硫黄ポリマーの電子構造を評価し，酸化還元状態を解明することが重要となる。放射光を利用することで硫黄の酸化状態と酸化状態の違いに起因するわずかな構造変化を評価でき，有機硫黄ポリマーの電池反応，さらには正極素子そのものでの電池反応に対する理解を深めることが可能となる。モノマーはポリマーと共通の化学構造を有し，かつ酸化還元状態の化学的調整が容易である。このため，電気化学反応後の状態評価のリファレンスとして，また，有機硫黄ポリマーのリファレンスとして良いモデルとなる。これらモノマーのXAFS測定自体の報告がないことから，今回の実験を行うことにした。モノマーのXAFS測定により有機硫黄ポリマーの電子構造に関する知見を得ることが可能となる。この知見により，高容量の新規正極活物質の電池反応の起源が明らかとなることが期待される。

試料を記す。モデルのモノマー材料として，diPhDTB，diPhoxDTB，両端のphenyl基の無いSSヘテロ五員環のみのoxDTBとその還元体（DTB）を測定試料とした。基準試料として単体の硫黄（sulfur）を酸化状態の基準に，チオ尿素（thiourea）を還元状態の基準試料とした。モデル材料を正極に用いたリチウム電池を作製した。正極はモデル材料・アセチレンブラック・フッ化ビニリデンポリマーを45/45/10 wt％で混合し湿式塗布して作製した。この正極と金属リチウムでリチウム電池を作製し，充電反応あるいは放電反応を1回行った後，電池から正極を取り出し測定試料とした。

第2章　イオウ系材料の研究開発

　九州シンクロトロン光研究センタービームラインのBL11を使用し，硫黄元素のK吸収端付近のXAFS測定を行った。図6(a)にモデル材料と基準試料のK端XAFSスペクトルを示す。還元状態の試料のグラフを実線で，酸化状態のグラフは太線で表示している。充電状態のモデルとなるのが試料4,6である。試料4,6のXAFSスペクトルには，2473 eV付近に明瞭なピークがある。基準試料1が試料4,6とほぼ同様のピークを有することから，XAFS測定からも試料4,6が内部にジスルフィド結合を形成することが示唆される。放電状態のモデルとなるのが試料3,5である。試料3,5のXAFSスペクトルには，2471.5 eV付近と2473.5 eVに明瞭な2つのピークがある。チオケト構造を有する還元状態の基準試料となる2には，2472 eV付近と2473 eV付近に2つピークがある。ピーク位置にずれはあるものの基準試料と同様であることから，試料3,5のXAFSスペクトルはチオケトの電子構造を反映しているものであることが考えられる。図6(b)に正極素子のK端XAFSスペクトルを示す。図6(b)は，図6(a)と同様の規格化と酸化還元状態を区別するためのグラフの太線表示を行っている。比較のために図6(a)で示したdiPhDTBとdiPhoxDTBのスペクトルを併記した。未反応の試料9は放電状態の正極に相当し，炭素などその他の混合状態であってもモノマー単体（試料6）の電子状態を保持していることが分かる。電池反応後のグラフは充電反応（試料7から試料8），放電反応（試料9から試料10）とも，試料グラフが未反応物グラフと異なっているものの，同形状のグラフが得られた。モデル材料は電解質溶液に可溶であり，さらに電池反応後にXAFS測定の前処理として洗浄を行っていることから，正極表面に存在するモデル材料の絶対量が少なく，また副反応により化学構造が変化している可能性がある。

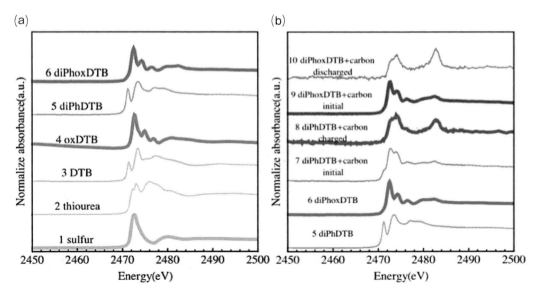

図6　XAFSスペクトル，化合物(a)と電池(b)

3.7 実用化製造検討

㈱ポリチオンの有機硫黄ポリマーが，既存設備を用いて製造が可能であることを検証した。新材料を用いた電池の早期実現化には，既存製造ラインでの運用・転用が望ましい。製造に係る装置開発や導入などの新規コストが必要とならないからである。ところが，一部の硫黄系材料や電池系では，新規技術と製造コストがトレードオフとなっている場合もある。このような場合，実

図7　正極シート製造と電池実装

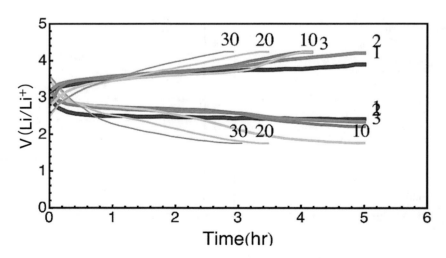

図8　ポリマー組成比45 wt％コイン型電池充放電評価結果
（充放電レートは5時間率，数字はサイクル数）

第2章　イオウ系材料の研究開発

用化までの道のりは平坦では無い。今回，リチウム電池および電極シート試作ラインを用いて，㈱ポリチオンの有機硫黄ポリマーの試作可能性を検討したところ，従来設備での運用が可能であった。通常，社内で電極シートを作製する場合は，gオーダーのポリマーを乳鉢で破砕分散して正極合剤を調整し，コーターブレードでシートを作製し，手作業でシートを切り出し，コイン型電池を作製している。今回の試作ラインでの実用化検討においては，正極合剤のスケールアップを，最初に検討した。数十〜100 gオーダーで合成・調整したポリマーをもとに，ミル装置で正極合剤の調整を行い，均一に破砕分散された正極スラリーの調整を行うことができた。次いで，この正極スラリーを塗工機にかけ，ロール状Al箔に塗布し長尺サンプルの作製を行った。塗布された正極合剤は試作ラインでただちに乾燥処理され，剥離することも無く巻き取ることが可能であった。その後，この正極シートを，ロールプレス機に通し圧延処理を行ったところ，剥離することも無く均一で緻密な正極シートを作製することができた。作製したサンプルの一部を用い，18650電池の試作を検討した。18650電池の試作結果スリット⇒タブ付け⇒捲回⇒缶底溶接⇒注液⇒封止を行い，18650電池を試作した。18650電池試作においても，正極シートからの正極合剤の剥離は見られず，㈱ポリチオンの有機硫黄ポリマーを用いた捲回型電池の実装が十分可能であることが分かった。正極シート試作検討での，有機硫黄ポリマー組成比は，45 wt％と80 wt％を検討している。どちらの組成比で作製した正極シートも剥離などは無かった。また，これらのシートを用いてコイン型電池で充放電特性を評価した。電池の作製条件・構成・測定条件は，3.5項とほぼ同様である。45 wt％シートの場合，0.2 C（試作ライン検討初期なので，SSの2電子に対して換算）の充放電反応を行ったところ，初期では，理論容量（硫黄2電子分で換算した場合，5時間率）に対し，ほぼ100％（約260 mAh/g程度）の放電容量を示した。充放電サイクルを繰返しても，理論放電容量のほぼ70％維持（5時間率，20サイクル目電池反応において）しており，再現性も良いことを確認できた。さらに，電池電圧が向上していることを確認できた。初期10回までの放電では，電池電圧が2.5 V以上を示していた。通常，硫黄系の電池電圧は2 V程度である。それに対し，今回の電池は0.5 V以上高い電池電圧となっている。硫黄系電池の中で，高エネルギー電池として優位性を有していることが分かる。一方，80 wt％のシートの場合では，電池反応初期においては200数十 mAh/g-ポリマーの反応が可能であることを確認している。

3.8　まとめと今後

　ビジネスの要であり技術基盤となる特許はすでに取得済みで，継続して特許を出願中である。現在は，さらに品質を安定させると同時に，量産に向けた製造方法の確立ならびに正極シート作製に関しての最適化を検討中である。本稿で紹介した弊社技術は，㈱新エネルギー・産業総合開発機構（NEDO）「新エネルギー技術研究開発／新エネルギーベンチャー技術革新事業（燃料電池・蓄電池）」の委託研究として実施したものが含まれている。委託研究の関係各位に謝意を表します。

文　　献

1) H. Uemachi, Y. Iwasa, T. Mitani, *Electrochim. Acta*, **46**(15), 2305-2312 (2001)

2) H. Uemachi, Y. Iwasa, T. Mitani, *Chem. Lett.*, **29**(8), 946-947 (2000)

3) 上町裕史，劉喜雲，糸野哲哉，藤原明比古，第51回電池討論会要旨集，3A02 (2010)

4) 上町裕史，糸野哲哉，藤原明比古，杉本邦久，第52回電池討論会要旨集，4B13 (2011)

5) N. Machida, T. Shigematsu, *Chem. Lett.*, **33**(4), 376-377 (2004)

6) J. E. Trevey, J. R. Gilsdorf, C. R. Stoldt, S. H. Lee, P. Liu, *J. Electrochem. Soc.*, **159**(7), A1019-A1022 (2012)

7) H. Wang, Y. Yang, Y. Liang, J. T. Robinson, Y. Li, A. Jackson, Y. Cui, H. Dai, *Nano Lett.*, **11**(7), 2644-2647 (2011)

8) Y. Yang, G. Zheng, S. Misra, J. Nelson, M. F. Toney, Y. Cui, *J. Am. Chem. Soc.*, **134**(37), 15387-15394 (2012)

9) M. Liu, S. J. Visco, L. C. De Jonghe, *J. Electrochem. Soc.*, **138**, 1891 (1991)

10) M. Liu, S. J. Visco, L. C. De Jonghe, *J. Electrochem. Soc.*, **138**, 1896 (1991)

11) N. Oyama, T. Tatsuma, T. Sato, T. Sotomura, *Nature*, **374**, 196 (1995)

12) Y. Kiya, J. C. Henderson, G. R. Hutchison, H. D. Abruña, *J. Mater. Chem.*, **17**(41), 4366 (2007)

13) J. Gao, M. A. Lowe, S. Conte, S. E. Burkhardt, H. D. Abruña, *Chem. Eur. J.*, **18**(27), 8521-8526 (2012)

14) X. S. Du, M. Xiao, Y. Z. Meng, A. S. Hay, *Synth. Met.*, **143**(1), 129-132 (2004)

15) Y.-Z. Su, W. Dong, J.-H. Zhang, J.-H. Song, Y.-H. Zhang, K.-C. Gong, *Polymer*, **48**(1), 165-173 (2007)

16) L. Yin, J. Wang, X. Yu, C. W. Monroe, Y. NuLi, J. Yang, *Chem. Commun.*, **48**(63), 7868 (2012)

17) H. Nishide, S. Iwasa, Y.-J. Pu, T. Suga, K. Nakahara, M. Satoh, *Electrochim. Acta*, **50**(2-3), 827-831 (2004)

18) S. Yoshihara, H. Isozumi, M. Kasai, H. Yonehara, Y. Ando, K. Oyaizu, H. Nishide, *J. Phys. Chem. B*, **114**, 8335 (2010)

19) S. Renault, J. Geng, F. Dolhem, P. Poizot, *Chem. Commun.*, **47**(8), 2414 (2011)

4 硫化物無機固体電解質を用いた全固体硫黄系電池の開発

4.1 はじめに

辰巳砂昌弘[*1]，長尾元寛[*2]，林　晃敏[*3]

　低炭素社会の実現に向けて，自然エネルギーを中心とする再生可能エネルギーを高効率で貯蔵できる大型蓄電池に対する期待が高まっている。また，プラグインハイブリッド車や電気自動車の駆動電源としての車載用蓄電池に対する大幅な性能向上や低コスト化が強く求められている。リチウムイオン電池は，これまで携帯電話やノートパソコンをはじめとする小型電子機器用の蓄電池として広く普及してきた。この電池をスケールアップし，大幅な特性向上，コスト低減を図るのが当面の目標課題とされている。しかし，電池の大型化に伴う一層の電池の安全性・信頼性の向上，抜本的なエネルギー密度の増大，レアメタルからの脱却などを図るには，既存の電池を凌駕した革新的蓄電池の開発が必要とされている。革新的蓄電池の中でも，無機固体電解質を用いた全固体リチウム電池は，リチウムイオンのみが伝導するシングルイオン伝導体を用いているため，電池の安全性を抜本的に改善できるだけでなく，多層・バイポーラ化による高エネルギー密度化やパッケージなどの簡略化による低コスト化が期待できる。また，既存のリチウムイオン電池では使用困難と言われている金属リチウムや単体硫黄などの高容量電極材料を利用できる可能性がある。

　本節では，硫化物ガラス系固体電解質を用いた全固体リチウム電池について紹介し，単体硫黄や硫化リチウムを活物質として用いた全固体硫黄系電池の研究開発動向と展望について述べる。

4.2 硫化物ガラス系固体電解質を用いたバルク型全固体リチウム電池

　バルク型全固体電池は，電極層である正極層と負極層，さらにこれらの間にセパレータの役割を担う固体電解質層の3層から構成され，この3層を集電体で挟みこんで粉末加圧成型することによって得られる。電極層にはリチウムイオンを貯蔵・放出する電極活物質粒子，活物質にリチウムイオンを供給する固体電解質粒子，電子を供給する導電助剤粒子の3種を混合した電極複合体が用いられている。バルク型全固体電池用の固体電解質は，室温導電率が高いこと，リチウムイオン輸率が1である（アニオンや他のカチオンが移動しない）ことが望ましく，成型時に焼結過程を必要としないこと（焼結時に電極と電解質間の化学反応が生じる可能性がある），電極で生じる電気化学反応に対しても安定であることなどが求められている。

　無機固体電解質は酸化物系と硫化物系に大きく分類される。酸化物系固体電解質では，ペロブスカイト型$Li_{0.34}La_{0.51}TiO_{2.94}$[1]，NASICON型$Li_{1.3}Al_{0.3}Ti_{1.7}(PO_4)_3$[2]，ガーネット型$Li_7La_3Zr_2O_{12}$[3]な

　＊1　Masahiro Tatsumisago　大阪府立大学　大学院工学研究科　物質・化学系専攻　教授

　＊2　Motohiro Nagao　大阪府立大学　大学院工学研究科　物質・化学系専攻
　　　　　　　　　　　博士後期課程3年

　＊3　Akitoshi Hayashi　大阪府立大学　大学院工学研究科　物質・化学系専攻　助教

ど，いずれも10^{-4} S cm^{-1}以上の高い室温導電率を示すものが報告されている。しかし，酸化物系固体電解質は粒界抵抗が大きいため，高い導電率を得るためには一般に1000℃付近の高温で焼結する必要がある。一方，硫化物系固体電解質として，室温で10^{-3}～10^{-2} S cm^{-1}のさらに高いリチウムイオン伝導性を示す$Li_{3.25}Ge_{0.25}P_{0.75}S_4$（thio-LISICON）[4]や$Li_{10}GeP_2S_{12}$結晶[5]，さらに$Li_2S$-$P_2S_5$系ガラスセラミック電解質[6,7]が報告されている。これらは室温における加圧成型のみで高いリチウムイオン伝導性を示すため，硫化物系固体電解質を用いたバルク型全固体電池について数多くの研究がなされている。例えばLi_2S-P_2S_5系ガラスセラミックスは，5×10^{-3} S cm^{-1}の高い室温導電率を示すとともにリチウムイオン輸率が1であり，輸率を考慮すると有機電解液と同等のリチウムイオン伝導度を持つ。80 Li_2S・20 P_2S_5（mol％）組成のガラスセラミックスと典型的な正極材料である$LiCoO_2$とを組み合わせたバルク型全固体電池が，室温で700回の充放電を行ってもほとんど容量劣化せず，極めて優れたサイクル安定性を示すことが明らかになっている[8]。

4.3　硫黄系正極―銅複合体の全固体リチウム電池への応用

4.3.1　硫黄系正極材料を用いた全固体二次電池

　革新的蓄電池の一つとして，全固体電池が高エネルギー密度化を達成するには，注意すべき点が二つあると考えられる。一つは電極材料の選択であり，大きな理論容量を有する電極活物質の探索および開発が求められる。二つ目は電極―電解質界面の構築である。液体の電解質を用いた既存の電池と異なり，バルク型全固体電池では電気化学的反応場となる電極―電解質間が点接触となるため，いかに良好な接触界面を構築できるかがポイントである。本節では，高容量電極材料として単体硫黄および硫化リチウムの硫黄系正極材料に絞って述べる。

　硫黄または硫化リチウムは重量あたりの理論容量がそれぞれ1672 mAh g^{-1}，1170 mAh g^{-1}と極めて大きいことに加え，低コストかつ低環境負荷であるため，次世代の高容量正極材料として注目されている。しかし，有機電解液を用いたリチウム二次電池では，充放電過程で形成した多硫化リチウムが電解液中に溶出するため，電極活物質が損失し，電池の容量劣化を引き起こすという問題点がある。有機電解液を無機固体電解質に置き換えることで，溶出の問題は解決されると考えられる。これまで，硫化物系固体電解質（Li_2S-P_2S_5系ガラスセラミック電解質，thio-LISICON結晶電解質）を用いたLi/S二次電池の研究が行われてきた[9~15]。硫黄や硫化リチウムは電子伝導性，リチウムイオン伝導性がいずれも極めて低く，これら単独で電極に用いた電池は充放電が困難である。電気化学反応を可能にするため，電子伝導性を付与する必要があり，金属銅との複合化が行われてきた[9,10,13,14]。遊星型ボールミル装置を用いたメカニカルミリング（MM）処理により，硫黄―銅また硫化リチウム―銅複合体が得られ，バルク型全固体Li/S電池の電極に適用された[9,13,14]。これらの電池は高容量かつ優れたサイクル特性を示し，硫黄系正極材料が硫化物固体電解質を用いた全固体電池に適した電極材料であることが示された。

4.3.2　単体硫黄―銅系複合体の作製と全固体Li/S電池

　硫黄―銅複合体の一例として，硫黄粉末と銅粉末を3：1のモル比で混合しMM処理によって

第2章　イオウ系材料の研究開発

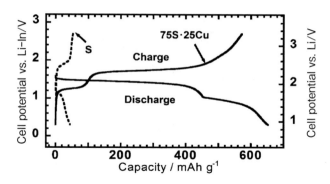

図1　Li-In/80 Li$_2$S・20 P$_2$S$_5$ガラスセラミック/75 S・25 Cu全固体電池の初期充放電曲線
比較として硫黄単独の電極を用いた全固体電池の充放電曲線を示す。

　得られた75 S・25 Cu（mol％）複合体を電極とする全固体電池について紹介する。図1に，15分のMM処理で得られた75 S・25 Cuを正極，Li-In合金を負極に用いた全固体セル（Li-In/80 Li$_2$S・20 P$_2$S$_5$ガラスセラミック/75 S・25 Cu）の初期充放電曲線を示す。全固体電池の正極には，得られた硫黄—銅複合体とリチウムイオン伝導パスとしての固体電解質，電子伝導パスとしてのアセチレンブラック（AB）を，38：57：5の重量比で混合したものが用いられている。この電池は室温で二次電池として作動し，硫黄と銅の重量あたり約650 mAh g^{-1}（硫黄の重量あたり約1100 mAh g^{-1}）の初期放電容量を示している。硫黄単独で電極に用いたセルと比較して，セルの容量が大きく増大している。また20回の充放電後も初期容量を保持することがわかっており，サイクル特性も良好である。

　硫黄—銅複合体電極の反応機構は，様々な放電深度におけるXRD測定を用いた解析によって，次のように報告されている[16]。

第1プラトー

$$CuS + xLi^+ + xe^- \rightarrow Li_xCuS \quad (1)$$
$$2Li_xCuS + xS \rightarrow xLi_2S + 2CuS \quad (2)$$

第2プラトー

$$Li_xCuS + (2-x)Li^+ + (2-x)e^- \rightarrow Li_2S + Cu \quad (3)$$

硫黄と複合化した銅は，単なる導電助剤として存在するのではなく，硫黄と反応して電子伝導性の高いCuSを形成する。第1プラトーでは，まず，(1)において，MM処理で生成したCuSに電気化学的にLi$^+$イオンが挿入されたLi$_x$CuSが形成される。さらに，(2)において，Li$_x$CuSがSと反応してLi$_2$SやCuSを生成し，MM処理後に残存していたSも活物質として働く。第1プラトーにおいて，CuSはSを電気化学的に活性化するための触媒として働き，(1)，(2)の反応を繰り返す。その後，第2プラトーにおいて，Li$_x$CuSがLi$_2$SとCuまで分解する(3)の反応が進行する。一方で，充

電時にはそれぞれの逆反応が進行すると考えられる。CuSのみを活物質と考え，活物質中のCuが全てCuSになったと仮定して計算される理論容量に比べて第1プラトーの容量が大きいことから，電池容量の増大にはCuSだけでなく単体硫黄の寄与が示唆される。以上の結果から，硫黄と銅のMM処理によって生成したCuSが，活物質として機能するとともに，硫黄の利用率を向上させたと考えられる。

4.3.3 硫化リチウム―銅系複合体の作製と全固体Li/S電池

単体硫黄を用いたLi/S電池の放電生成物である硫化リチウムを電極活物質として利用することができれば，負極に炭素などのリチウムを含まない材料との組み合わせが可能となり，負極材料の選択肢が広がるというメリットがある。しかし，硫化リチウムは，硫黄と同様に電子伝導性，リチウムイオン伝導性が低い。そこで，硫化リチウムの場合もMM処理によって銅との複合体が作製された[13, 14]。複合体のSEM観察，EDX分析の結果から，得られた複合体は数ミクロンサイズの粒子と10～20ミクロン程度の凝集体から構成されており，Li_2SとCuの粒子が個別に存在するのではなく，元素としてSとCuの両方を含む粒子が得られている[13]。

図2に，様々混合比で作製した$xLi_2S\cdot(100-x)Cu$（$x=25, 50, 75, 87.5, 100$ mol%）複合体を電極活物質に用いた全固体セルの初期充放電曲線を示す[14]。MM処理時間は5時間である。全固体セルは，得られた活物質と固体電解質，導電助剤としてアセチレンブラック（AB）を混合した電極合剤を正極として用い，固体電解質に$80Li_2S\cdot20P_2S_5$ガラスセラミック，負極にInシートを用いている。Cuを添加していないLi_2Sのみを活物質に用いた場合（$x=100$）は，0.013 mA cm^{-2}の小さな電流密度においても充放電が困難である。一方，Li_2SにCuを添加することによって，全固体セルを充電方向から作動させることが可能となり，Li_2Sが全固体リチウム二次電池のリチウム含有正極材料として利用できることがわかる。セルの容量は$75Li_2S\cdot25Cu$（$x=75$）の時に最大となり，初期充電容量はLi_2SとCuの重量あたり約580 mAh g^{-1}，放電容量は490 mAh g^{-1}（Li_2Sの重量あたり，それぞれ約830 mAh g^{-1}および約700 mAh g^{-1}）である。しかし，$50Li_2S\cdot50Cu$（$x=50$）の組成では$75Li_2S\cdot25Cu$の場合よりも容量が低下し，Cu含有量が多い組成では容量の向上が期待できない。これは，Cu含量が増加するにつれて，活物質であるLi_2S含量が減少し，電極反応に直接関係しないCuの割合が増加するためと考えられる。

図2で最も大きな容量の得られた$75Li_2S\cdot25Cu$電極を用いた全固体電池の放電容量のサイクル特性を調べたところ，20サイクル後も300 mAh g^{-1}以上の放電容量を保持し，電解液を用いた電池と比較してサイクル特性に優れることが確認された。

図1に示したS-Cu電極複合体を用いた全固体セルと図2のLi_2S-Cu電極複合体を用いたセルの充放電プロファイルを比較すると，第一段階の充放電プラトー電位がほぼ一致していることがわかる。したがって，Li_2S-Cu複合体電極において，反応式(1)，(2)の反応がそれぞれ可逆的に進行すると考えられる。充電時に反応式(1)または(2)の逆反応が生じるためには，Li_xCuSまたはCuSの存在が不可欠である。MM処理後に新たな結晶相の出現が確認できなかったことから，Li_xCuSやCuSは非晶質状態で存在していると考えられ，それらが電極反応に寄与していることが推定される。

第2章 イオウ系材料の研究開発

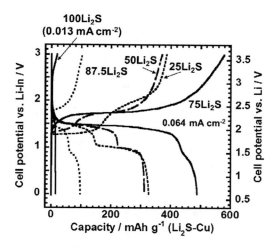

図2　xLi$_2$S・(100-x)Cu(x=25, 50, 75, 87.5, 100 mol%)複合体を電極活物質に用いた全固体電池の初期充放電曲線

4.4 硫黄系正極―ナノカーボン複合体の作製と全固体リチウム電池への応用
4.4.1 単体硫黄―ナノカーボン複合体の作製と全固体Li/S電池

電極活物質の利用率の向上や電極反応の高速化を図るため，金属銅のかわりにナノカーボンとの複合化がなされた[12]。電極内の粒子同士（電極活物質，固体電解質，導電助剤）の良好な界面構築にむけて，単体硫黄とアセチレンブラック（AB）および80Li$_2$S・20P$_2$S$_5$ガラスセラミック（SE）を出発原料とする電極複合体がMM処理により作製された。メカニカルミリングによって，粒子の微粉化と同時に電極内の粒子同士の接触面積の増大が期待できる。

図3には，この複合体を用いたバルク型全固体Li/S電池の定電流充放電曲線を示す。正極層に

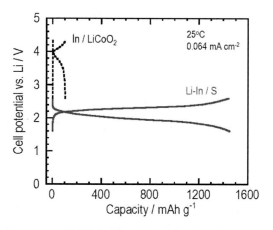

図3　S-AB-SE複合体を電極に用いた全固体電池の充放電曲線
比較としてLiCoO$_2$電極を用いた全固体電池の充放電曲線を示す。

レアメタルフリー二次電池の最新技術動向

硫黄，AB，SEを1：1：2の重量比とし，これら全てをMM処理して作製した電極複合体，電解質層に80Li$_2$S・20P$_2$S$_5$ガラスセラミック電解質，負極層にLi-In合金を用いている。図3の充放電曲線では横軸が電極活物質1グラムあたりの容量，縦軸はLi基準の正極の電位を示している。作製したバルク型全固体Li/S電池は2.2V付近に放電プラトーを有している。この電位は電解液を用いたLi/S電池の放電プラトー電位と一致しており[17]，硫黄が電極活物質として機能していることがわかる。

硫黄単独で電極に用いた全固体電池は充放電が困難であるが，硫黄とともにABとSEをMM処理して得た電極複合体を全固体電池に適用することで，電池は1450mAh g^{-1}以上の高容量を示している。非常に大きな電池容量が得られた要因は，MM処理による電極複合体の粒子径の低減に加え，硫黄，ABとSE間に良好な固体界面を構築することができたためと考えられる。また比較として，典型的な正極材料であるLiCoO$_2$電極複合体（LiCoO$_2$とSEの重量比を7：3とした）とIn負極を用いた全固体電池の充放電曲線を示す[8]。全固体Li/S電池の作動電位はLiCoO$_2$活物質を用いた電池の作動電位の約2分の1となるが，一方で容量は15倍に増大する。このことは，全固体Li/S電池はLiCoO$_2$電極を用いた電池と比較して，重量あたりのエネルギー密度を約7倍にまで増大できることを示唆している。また，このLi/S電池は，電流密度を10倍にした0.64mA cm^{-2}（0.25Cに相当）においても，200回の充放電サイクル後に，1000mAh g^{-1}の容量を保持することが明らかになっている[12]。固体電解質を用いることによって，反応生成物である多硫化リチウムの溶出が抑制できるため，長期のサイクル安定性が得られたと考えられる。さらに，この電池は作動温度範囲が広く，−20℃から80℃において充放電が可能である[12]。80℃において，この全固体Li/S電池は，20mA cm^{-2}の非常に高い電流密度下で520mAh g^{-1}の容量を示し[12]，高出力かつ高容量を兼ね備えた全固体Li/S電池の構築が期待できる。

4.4.2 硫化リチウム―ナノカーボン複合体の作製と全固体Li/S電池

硫黄の放電生成物である硫化リチウムについても，ナノカーボンとの複合化が試みられている。電極活物質として硫化リチウム，ナノカーボンとしてアセチレンブラック（AB），電解質として80Li$_2$S・20P$_2$S$_5$ガラスセラミック固体電解質（SE）を用いて電極複合体が作製された[18]。これらの粒子を様々な重量比で混合し，MM処理が行われた。硫化リチウム電極複合体は次の3種類の手順で作製された。(a)硫化リチウム活物質とABとSEを乳鉢で混合したもの（この電極複合体をLi$_2$S＋AB＋SEと表記する），(b)硫化リチウム活物質とABをあらかじめMM処理により複合化した後に，SEを添加して乳鉢混合したもの（Li$_2$S-AB＋SEと表記する），(c)全てMM処理したもの（Li$_2$S-AB-SEと表記する）の3種である。(a)Li$_2$S＋AB＋SE，(b)Li$_2$S-AB＋SE，(c)Li$_2$S-AB-SE，いずれの電極複合体についても，その重量比はLi$_2$S活物質，AB，SEが1：1：2である。

図4には，(a)Li$_2$S＋AB＋SE，(b)Li$_2$S-AB＋SE，(c)Li$_2$S-AB-SEを作用極に用いたバルク型全固体電池In/Li$_2$Sの10サイクル目の充放電曲線を示す[18]。Li$_2$S＋AB＋SE複合体を用いた全固体電池(a)は充放電が困難であった。Li$_2$S-AB＋SE複合体を用いた全固体電池(b)の充放電容量は約200mAh g^{-1}を示した。また，SEを加えてMM処理して得られたLi$_2$S-AB-SE複合体を用いた電池(c)では，

第2章　イオウ系材料の研究開発

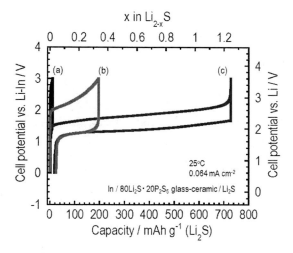

図4　(a)Li₂S＋AB＋SE複合体，(b)Li₂S-AB＋SE複合体と(c)Li₂S-AB-SE複合体を電極に用いた全固体電池の10サイクル目の充放電曲線

図5　(a)Li₂S＋AB＋SE複合体，(b)Li₂S-AB＋SE複合体と(c)Li₂S-AB-SE複合体のSEM像とLi₂S-AB-SE複合体中の(d)炭素，(e)リン，(f)硫黄元素のEDXマッピング

充放電容量が飛躍的に大きくなり過電圧がかなり小さくなった。このように全固体電池In/Li₂Sが硫化リチウムからリチウムを引き抜く充電方向から作動し，700 mAh g^{-1}以上の高容量を示すことがわかる。

　Li₂S，ABとSEの3者をMM処理することで得られた電極複合体の充放電容量が増大した原因を調べるために，得られた複合体のSEM-EDX分析がなされた。その結果を図5に示す。(a)にはLi₂S＋AB＋SE電極複合体，(b)にはLi₂S-AB＋SE電極複合体，(c)にはLi₂S-AB-SE電極複合体のSEM像を示す。また(c)のLi₂S-AB-SE複合体について，(d)には炭素，(e)にはリン，(f)には硫黄のEDXマッピングを示す。Li₂S＋AB＋SE電極複合体(a)では，滑らかな表面を持つ粒径100 μm以上

のLi₂S粒子が観測され，SEやABと十分に複合化されていないことがわかる。Li₂S-AB+SE複合体(b)では，粒子表面のモルフォロジーが大きく異なり，Li₂SとABが密に接触している。しかし，孤立したSEも存在するため，Li₂Sに対するリチウムイオン伝導パスが不足していることが示唆される。(c)に示すように，Li₂S，AB，SEの3者をミリング処理することで電極複合体の粒子径が小さくなり，EDXマッピングから，粒子上に炭素(d)，リン(e)，硫黄(f)の元素のシグナルが観測される。このように，全てをMM処理で作製した複合体では，Li₂S活物質に対して電子およびリチウムイオン伝導パスが形成されることが示された。

Li₂S，AB，SEを全てMM処理して得られた電極複合体中の電極―電解質固体界面について，充放電前後におけるLi₂S電極層の断面STEM観察とリチウム，炭素，リン，硫黄の4元素についてのEELS分析がなされた。EELS測定結果から，リチウムおよび硫黄元素のシグナルが重なった領域をLi₂S活物質と帰属，リチウム，リン，硫黄元素のシグナルが重なった領域をSEと帰属，炭素が確認された部分をABと帰属し，これらをまとめたものをEELSマッピングとして示す。図6には，充放電前のSTEM像(a)とそのEELSマッピング(b)，10サイクルの充放電後のSTEM像(c)とそのEELSマッピング(d)を示す。充放電前とは，電極複合体をMM処理により作製した後にセルを構築し，電気化学測定を行わずに断面を切り出したものを指す。充放電前のSTEM像(a)から，Li₂S，AB，SEの3者の粒子サイズがサブミクロンオーダーまで減少し，粒子同士が密に接触していること，EELS分析の結果(b)から，Li₂S活物質とAB粒子がSEマトリックス中で高分散していることが明らかである。充放電前後で比較すると，それぞれの粒子のサイズや分散性に大きな変化は見られず，充放電後においても，良好なコンタクトを保持している。MM処理によって得られたLi₂S-AB-SE間の良好な固体界面の形成が，バルク型全固体電池In/Li₂Sの高容量かつ優れたサイクル特性をもたらした要因と考えられる。

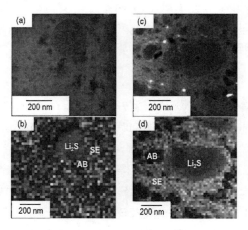

図6　Li₂S-AB-SE電極の断面における充放電前の(a)STEM像と(b)EELSマッピングおよび10サイクルの充放電後の(c)STEM像と(d)EELSマッピング

第2章　イオウ系材料の研究開発

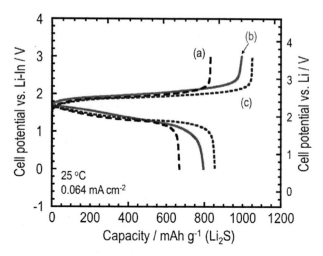

図7　出発物質として(a)未処理のLi$_2$S粒子，(b)乾式MM，(c)湿式MM処理によって得られたLi$_2$S粒子を用いて電極複合体を作製し，その複合体を正極とする全固体In/Li$_2$S電池の充放電曲線

　活物質の粒子径が電池特性に及ぼす影響については，Li$_2$Sの乾式または湿式MM処理による結果を比較することで検討されている。湿式MM処理の分散溶媒としては脱水トルエンが用いられている。乾式または湿式MM処理によって得られたLi$_2$S粒子のSEM観察結果から，100 μm以上の粒径を有する未処理のLi$_2$S粒子を乾式MM処理することで，10 μm以下の二次粒子径の凝集体が得られることが明らかになった。一方で，湿式MM処理を行ったLi$_2$S粒子は凝集せず，粒子径も3 μm以下になった。未処理のLi$_2$Sおよび乾式または湿式ミリング処理によって得たLi$_2$Sを用いた複合体を正極とする全固体電池が作製された。これらの全固体電池の充放電曲線を図7に示す。(a)は未処理のLi$_2$S粒子，(b)は乾式MM，(c)は湿式MM処理によって得られたLi$_2$S粒子を出発物質として用いている。未処理のLi$_2$Sを用いた全固体電池と比較して，乾式または湿式MM処理を施したLi$_2$S粒子を用いることで，電池の可逆容量が増加している。特に，湿式ミリング処理を行ったLi$_2$Sを用いた複合体が最も大きな860 mAh g^{-1}の可逆容量を示した。このように，利用率を向上させる一つの手段として，Li$_2$S電極活物質の粒子サイズを減少させることは有効である。

4.5　おわりに

　硫黄や硫化リチウムに銅やナノカーボンを複合化した材料が，硫化物固体電解質を用いた全固体電池において，高容量を示す電極活物質として機能することを紹介した。硫黄や硫化リチウムの利用率を向上するには，電極活物質，電子伝導体，イオン伝導体の3者の良好なコンタクトの形成と活物質粒子のサイズ低減がポイントである。ここでは固体界面接触を得る有効な手法としてメカニカルミリング法を紹介したが，活物質上への固体電解質のコーティングやガラス性液体

の利用なども，活物質としての硫黄や硫化リチウムの利用率の向上に寄与するものと考えられる。この分野における今後の研究の発展を期待したい。

文　　献

1) Y. Inaguma, C. Liquan, M. Itoh, T. Nakamura, T. Uchida, H. Ikuta, M. Wakihara, *Solid State Commun.*, **86**, 191（1993）

2) H. Aono, E. Sugimoto, Y. Sadaoka, N. Imanaka, G. Adachi, *J. Electrochem. Soc.*, **136**, 590（1989）

3) R. Murugan, V. Thangadurai, W. Weppner, *Angew. Chem. Int. Ed.*, **46**, 7778（2007）

4) R. Kanno, M. Murayama, *J. Electrochem. Soc.*, **148**, A742（2001）

5) N. Kamaya, K. Homma, Y. Yamakawa, M. Hirayama, R. Kanno, M. Yonemura, T. Kamiyama, Y. Kato, S. Hama, K. Kawamoto, A. Mitsui, *Nature Mater.*, **10**, 682（2011）

6) A. Hayashi, S. Hama, T. Minami, M. Tatsumisago, *Electrochem. Commun.*, **5**, 111（2003）

7) F. Mizuno, A. Hayashi, K. Tadanaga, M. Tatsumisago, *Adv. Mater.*, **17**, 918（2005）

8) T. Minami, A. Hayashi, M. Tatsumisago, *Solid State Ionics*, **177**, 2715（2006）

9) A. Hayashi, T. Ohtomo, F. Mizuno, K. Tadanaga, M. Tatsumisago, *Electrochem. Commun.*, **5**, 701（2003）

10) N. Machida, T. Shigematsu, *Chem. Lett.*, **33**, 376（2004）

11) T. Kobayashi, Y. Imade, D. Shishihara, K. Homma, M. Nagao, R. Watanabe, T. Yokoi, A. Yamada, R. Kanno, T. Tatsumi, *J. Power Sources*, **182**, 621（2008）

12) M. Nagao, A. Hayashi, M. Tatsumisago, *Electrochim. Acta*, **56**, 6055（2011）

13) A. Hayashi, R. Ohtsubo, M. Tatsumisago, *Solid State Ionics*, **179**, 1702（2008）

14) A. Hayashi, R. Ohtsubo, M. Tatsumisago, *J. Power Sources*, **183**, 422（2008）

15) T. Takeuchi, H. Kageyama, K. Nakanishi, M. Tabuchi, H. Sakaebe, T. Ohta, H. Senoh, T. Sakai, K. Tatsumi, *J. Electrochem. Soc.*, **157**, A1196（2010）

16) N. Machida, K. Kobayashi, Y. Nishikawa and T. Shigematsu, *Solid State Ionics*, **175**, 247（2004）

17) D. Marmorstein, T. H. Yu, K. A. Striebel, F. R. McLarnon, J. Hou, E. J. Cairns, *J. Power Sources*, **89**, 219（2000）

18) M. Nagao, A. Hayashi, M. Tatsumisago, *J. Mater. Chem.*, **22**, 10015（2012）

第3章　シリコン系材料の研究開発

1　シリコン系負極材料

森下正典[*1]，向井孝志[*2]，江田祐介[*3]，
坂本太地[*4]，境　哲男[*5]

1.1　はじめに

リチウムイオン電池は，高エネルギー密度，軽量であることから携帯電話などのポータブル機器の電源として広く使用されている。また，小型電子機器用電源だけでなく，電気自動車などの車載用電源へと応用範囲が広がり，現在盛んに研究開発が行われている。次世代リチウムイオン電池には，さらなる高エネルギー密度化，長寿命化，高出力化など高性能化が求められている。そのため，現在の電池材料に替わる新材料の研究開発が進められている。

従来の黒鉛よりも理論容量の大きい負極材料として，Liと合金化するSiやSnなどの合金系材料がある。その中でもSiは高容量であり，資源的に豊富な点から低コスト化が見込まれるために，次世代負極材料として注目されている。図1に代表的なリチウムイオン電池負極の理論容量を示す[1]。黒鉛負極は372 mAh/gの容量を有するが，Si負極は10倍以上の約4200 mAh/gの容量を有していることがわかる。黒鉛は炭素6原子あたり1個のリチウムイオンを吸蔵するが，Siは1原子あたり4.4個ものリチウムイオンを吸蔵できるためである。図2に黒鉛とSiとのリチウムイオン吸蔵時における理論体積変化を示す[1]。リチウムイオンの吸蔵（充電）により，黒鉛は1.1倍，Siは最大4倍まで膨張する。Si負極は充放電時に大きく格子体積が変化するために粒子が微粉化し，サイクル寿命が低下するという課題があった。

＊1　Masanori Morishita　㈳産業技術総合研究所　ユビキタスエネルギー研究部門
　　　　電池システム研究グループ

＊2　Takashi Mukai　㈳産業技術総合研究所　ユビキタスエネルギー研究部門
　　　　電池システム研究グループ

＊3　Yuusuke Eda　㈳産業技術総合研究所　ユビキタスエネルギー研究部門
　　　　電池システム研究グループ

＊4　Taichi Sakamoto　㈳産業技術総合研究所　ユビキタスエネルギー研究部門
　　　　電池システム研究グループ

＊5　Tetsuo Sakai　㈳産業技術総合研究所　ユビキタスエネルギー研究部門　上席研究員㈯
　　　　電池システム研究グループ　グループ長㈯エネルギー材料標準化グループ
　　　　グループ長；神戸大学大学院　併任教授；㈳日本粉体工業技術協会
　　　　電池製造技術分科会　コーディネーター

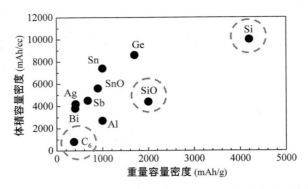

図1　各種元素および化合物の単位重量あたりおよび単位体積あたりの容量の比較

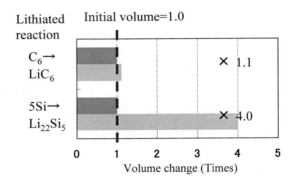

図2　Siと黒鉛とのLi挿入時における体積変化の比較

　この問題の対策として，電極の薄膜化や炭素材料などとの複合化がある[2〜5]。前者はSi薄膜層を電子ビーム蒸着法やスパッタリング法で銅箔上に直接形成する[2,3]。電子ビーム蒸着で形成したSi薄膜はアモルファス状の柱状組織で構成され，厚さ$5.5\,\mu m$（$4\,mAh/cm^2$）の薄膜を利用率50%で使用すると，250サイクル後も容量低下や構造変化はないことが報告されている[2]。後者は炭素マトリックス中にナノSi粒子を含む非晶質SiO_2相を分散した複合材料である。この構造はSi微粒子の膨張収縮に伴う応力を緩和するため，電極の劣化を抑制することができる[4,5]。このような複合材料は東芝や日立マクセルから報告されており，日立マクセルは2010年6月にナノSi複合材料を使ったスマートフォン用角形二次電池の出荷を開始した。また，一酸化珪素（SiO）もSi系合金材料に分類される材料である。SiO負極は$1200\,mAh/g$以上もの高い可逆容量を有していながら，Si負極より体積変化が小さい[6〜8]。SiO負極は1000サイクル以上も充放電サイクルが可能であると報告されている[8]。現在，純Si負極の実用化に向けた研究開発が進められている。

1.2　Si負極を用いたセルの作製と評価

　現在，Si粒子のナノサイズ化や形状を変化させ，擬似的な薄膜電極を作製することにより，長

第3章　シリコン系材料の研究開発

寿命化が試みられている。ここではTMC社製とElkem社製とのSi粒子について[9, 10]，初期特性やサイクル特性について紹介する。

　Si粉末，アセチレンブラック（AB），結着力の強いポリイミド（PI）バインダーとを80：5：15（wt％）の重量比で秤量し，スラリーの固形分濃度が38～42 wt％となるようにN-メチル-2-ピロリドン（N-methyl-2-pyrrolidone；NMP）を加えた。得られたスラリーは膜厚30 μmのドクターブレードを用いて，厚さ20 μmの高強度銅箔板上に塗布した後，減圧下において250℃以上で1時間乾燥した。その後，箔板からハンドパンチを用いて直径11 mmの負極板を取り出した。合金負極の詳細な電極作製方法は文献を参照していただきたい[11]。作製した負極板，対極としてLi箔またはLiFePO$_4$およびLi過剰正極板，セパレータとしてガラス不織布（Advantec製 GA100），電解液として1 mol/L LiPF$_6$/EC：DEC（1：1 vol％）を用いて，CR2032型コインセルを作製した。様々な物性を有するSi粒子の特性を比較するためにSi負極／Li半セルと，LiFePO$_4$正極およびLi過剰正極と組み合わせた高出力形および高エネルギー密度形セルを作製し，それらの特性を評価した。

1.3　Si粉末の製造法について

　Si粉末は製造方法により様々な形状，粒子径，結晶性，物性とが変化する。図3には，TMC社

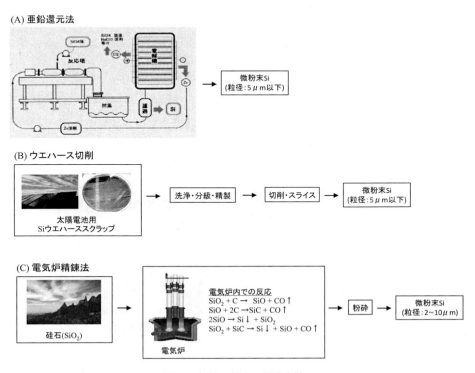

図3　各種Si粉末の製造方法

製の亜鉛還元法により作製したSi粉末，Siウエハースの切削加工時に発生するSi粉末，さらに電気炉精錬法により作製したElkem社製のSi粉末（Silgrain e-Si）について紹介する。

亜鉛還元法では，原料のSiCl$_4$液を反応塔に投入し，そこへ亜鉛を加えて還元させる。その後，ろ過して直接Si粉末を採取する。得られたSi粒子は粒子径5μm以下，純度は6～7Nである。反応後に残った塩化亜鉛は電解によって金属亜鉛と塩素とに分離し，回収する。亜鉛は還元材として再利用し，塩素も原料であるSiCl$_4$として利用する。この方法はシーメンス法に比べて消費エネルギーが1/5以下で済む。

Siウエハース切削の場合，最初から微粉末で得られる。太陽電池用Siの製造工程から発生するスクラップを調達した後，洗浄，分級，精製を行い，負極材料として使用できる品質に仕上げる。品質としては粒子径5μm以下，純度は6N以上である。両方法ともにインゴットの粉砕工程を通さずに微粉末が得られるために，微粉化工程を省略でき，加工コストを低減できる。

NorwayのElkem社では，開発したゼーダーベルグ電極法（図の電気炉）を利用し，原料の硅石（SiO$_2$）をカーボン電極で還元し金属Siを製造する（図に反応式を示す）。一般に生成される金属Siは99％程度であるが，Silgrain e-Siを製造する場合は添加する不純物と凝固とをコントロールする。最後にリーチングプロセスを施すために，機械的な粗砕や粉砕工程を経ずに顆粒状の一様な品質を持った金属Siを得ることができる。Silgrain e-Siはこれを原料とし，特殊な粉砕機で粉砕汚染と酸化を防ぎ微粉砕したものである。

1.4　各種Si負極の特性

図4には，TMC社製の亜鉛還元法により作製したSi粉末とウエハース切削により得られたSi粉末とのSEM写真を示す。前者の粒径はD$_{50}$：4.5μm以下で不定形な粒子から成り，そのため粒度分布はブロードである。後者は切削により得られた微粒子を分級しているために粒度分布はシャープである。この写真ではD$_{50}$：1.5μmの微粒子が観察できる。これら粉末を用いて同じ容量密度の電極を作製した場合，Si層の厚みは前者で35μm，後者で15μmとなり，後者で充填密度が高

亜鉛還元法で作製したSi粉末
(Si：98.8 %, Cl：2.61 %, Al：2.65 %, Zn：0.92 %)

ウエハース切削で得られたSi粉末
(Si：92.8 %, SiO$_2$：4.56 %, C：4.06 %)

図4　亜鉛還元法とSiウエハース切削により得られたSi粉末のSEM画像

第3章　シリコン系材料の研究開発

くなることが容易にわかる。図5にはこれら粉末を用いて作製した電極の初期特性およびサイクル特性を示す[12]。初期容量は前者で3400 mAh/g, 後者で2700 mAh/gとなり, 前者で高容量を示した。初回充放電時の不可逆容量は前者で600 mAh/g, 後者で900 mAh/gであった。後者では8 wt％もの非導電性の不純物（SiO_2など）が含まれており, 原料の純度により初期特性に差異が現れた。100サイクル後, 両電極ともに容量は1800 mAh/g以上もの高い容量が維持された。微粒子（ナノ化）は膨張・収縮に対して安定であり, 100サイクル後に高容量を示したのは粒子の崩壊が低減されたためである。

次にElkem社製の3種類のSi粉末を用いて, サイクル特性と粒径との相関を検討した。図6には, Elkem社製の3種類のSilgrain e-Si粉末のSEM写真を示す。それぞれ粒径の異なる粒子であり, 粒径はD_{50}：2.1 µm, D_{50}：12.5 µm, D_{50}：23.8 µmであった。それぞれの粒子は微粒子, 中粒子, 大粒子と記載する。図7にはこれら粉末を用いて作製した電極の初期特性およびサイクル特性を示す。この図から初期特性と粒径とには相関があり, 粒径が小さくなると初期容量が増加した。微粒子Siは充電で4200 mAh/g, 放電で3600 mAh/gもの高容量を示した。また, 初回充放電時の不可逆容量は全ての電極において600 mAh/gとなり, 粒径は不可逆容量の増減に影響しないことがわかる。サイクル特性について, 微粒子と中粒径Siとは100サイクルにおいても1800 mAh/g以上もの高容量を維持し, 良好なサイクル特性を示した。一方, 大粒径Siは数サイクルまでの間に急激に容量が低下し, 100サイクルにおいて1000 mAh/gまで容量が減少した。Si粒子の微粒子

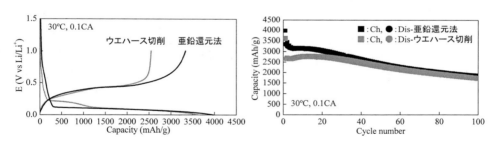

図5　各種Si負極の充放電特性とサイクル特性
電極サイズ：φ11 mm, 負極容量密度：2.9 mAh/cm^2, 電位範囲：0.01〜1.0 V, 電流値：0.1 CA

微粒子　　　　　　　　　中粒子　　　　　　　　　大粒子

図6　電気炉精錬法により得られた各種Si粉末のSEM画像

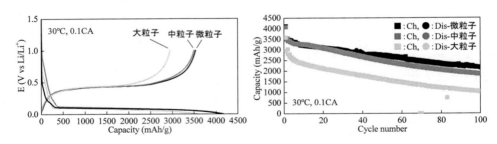

図7　各種Si負極の充放電特性とサイクル特性
電極サイズ：φ11mm，負極容量密度：3.0mAh/cm^2，電位範囲：0.01～1.0V，電流値：0.1CA

化は電極の劣化を低減できることがこの結果からも理解できる。

1.5　Si負極の体積変化

　Si負極の長寿命化には，充放電過程における電極の体積変化について定量的データを得ることは重要である。幸らは対極の変化を排除することができる変位測定装置を開発し，SiO負極単体の充放電に伴う電極厚み変化を詳細に検討した[13,14]。ここでもその装置を用い，Si負極のみの厚み変化をin-situで観察した。図8には充放電に伴う黒鉛負極とSi負極との電極厚み変化を示す。初期充電において，初期27μmの黒鉛負極の厚みは3μm（11％）増加した。一方，初期5μmのSi負極の厚みは9.76μmも増加した。初期放電後において両電極ともに初期状態にまで戻らず，黒鉛負極の厚みは28μm，Si負極は8μmとなった。初期充放電過程における厚み変化は，黒鉛負極よりSi負極で大きくなった。2サイクル目の厚み変化は初期ほど大きくない。Si負極のさらなる長寿命化には，初期過程における厚み変化を緩和するような材料設計や電極作製技術の革新が必要である。

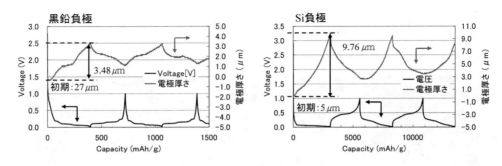

図8　黒鉛負極とSi負極との充放電における電極厚み変化
電位範囲：0.01～1.0V，電流値：0.05CA

第3章　シリコン系材料の研究開発

1.6　LiFePO$_4$正極／Si負極セル
1.6.1　入出力特性

正極にはLiFePO$_4$，負極にはプレドープ済みのSi（Silgrain e-Si，D$_{50}$：2.1μm）を用いてセルを作製した。Siは初期充放電時に不可逆容量を有するために，正極と組み合わせる際にはあらかじめ不可逆容量分に相当するLi量をドープしておく必要がある。Liプレドープ方法としては，①電気化学ドープ，②Li金属薄膜の貼り付けドープ，③高速遊星ボールミルを用いたメカニカルLiドープなどが既に報告されており，詳細は文献を参照していただきたい[15,16)]。ここではLi箔と組み合わせたSi／Li半セルを作製し，電気化学的ドープ法によりLiプレドープを行った。プレドープ後，半セルからSi負極を取り出し，LiFePO$_4$正極と組み合わせて，LiFePO$_4$正極／Si負極セルを作製した。正極と負極との可逆容量における容量密度は1 mAh/cm^{2}と2.2 mAh/cm^{2}となるように電極を設計した。図9には30℃におけるLiFePO$_4$正極／Si負極セルの入出力特性を示す。1C率における各特性に対して，10C率での放電は120 mAh/g，20C率での充電は130 mAh/gもの高い容量を示した。Si負極は黒鉛負極と比較すると，単位グラムあたりの容量が10倍以上と大きく，同容量密度の電極を作製する際に電極層を薄くすることができる。そのために優れた入出力特性を示した。

1.6.2　高温・低温特性

一般的に，黒鉛を用いたセルでは−5～45℃の範囲でのみ使用することが可能である。黒鉛負極は45℃以上の高温下になると，表面に電解質塩や有機溶媒の分解生成物などの皮膜が形成し，サイクル特性が顕著に低下する。また−5℃以下の充電過程において，表面にLiデンドライトが

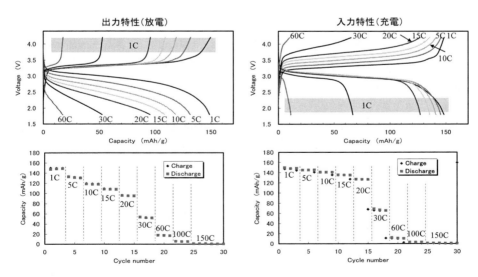

図9　LiFePO$_4$正極／Si負極セルの入出力特性
LiFePO$_4$正極：1.0 mAh/cm^2，Si負極：2.2 mAh/cm^2，電圧範囲：1.7～4.2 V，電流値：1～150 CA

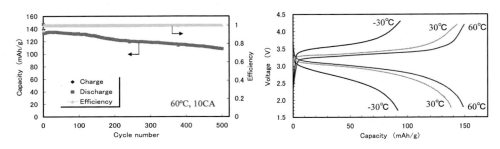

図10　LiFePO₄正極／Si負極セルの高温・低温特性
LiFePO₄正極：1.0 mAh/cm²，Si負極：3.5 mAh/cm²，電圧範囲：1.7～4.2 V，
電流値：0.1 CA（-30℃），1 CA（30℃），10 CA（60℃）

生成するため，セパレータを貫通し，短絡するリスクがあった。一方，SiO系合金負極はPC系電解液を使用することができるため，-30～100℃までの広い温度域でも作動することが報告されている[6]。図10に60℃におけるLiFePO₄正極／Si負極セルのサイクル特性と，-30℃における低温特性とについて示す。60℃，10 CAにおける急速充放電にもかかわらず，初期充放電において130 mAh/gと高い容量を示した。500サイクル目の充放電容量は110 mAh/gを示し，初期容量を82％も維持していた。また，Si負極を用いると-30℃のような低温環境下においてもセルは作動する。0.1 CAの充放電において90 mAh/g以上の容量を示した。Si負極を用いると高温・低温特性が向上することがわかる。Si負極は高温・低温特性に優れた負極材料であるといえる。

1.7　高エネルギー密度形Li過剰正極／Si負極セル
1.7.1　初期特性とサイクル特性

図11には各種正極と負極とを組み合わせた積層ラミネートセルのエネルギー密度を示す。Si負極はLiプレドープ後の状態でセルを設計した。黒鉛負極からSi負極へ替えるだけで高エネルギー密度となることがわかる。Si負極は黒鉛負極より電極厚みが薄いため，同体積のセル内に占める正極が増加し，高エネルギー密度となった。さらに正極を従来のLiCoO₂からリチウム過剰層状酸化物材料（Li rich NCM）へ替えたLi rich NCM正極／Si負極セルは，従来のLiCoO₂正極／黒鉛負極セルと比較すると1.5倍もの高エネルギー密度化が可能となる。

図12には30℃におけるLi rich NCM正極／Si負極セルの初期特性とサイクル特性とを示す[12]。Si負極は上述のように半セルでプレドープした後のものであり，正極と負極との可逆容量における容量密度は1 mAh/cm²と2.0 mAh/cm²となるように電極を設計した。電流値は0.1 CAとし，電位範囲は初期充放電において1.6～4.5 V，2サイクル目以降は1.6～4.25 Vとした。初期充電過程では充電開始から4.3 Vまで急激に電圧が増加し，その後4.5 Vまで穏やかに電圧が増加した。放電過程では下限電圧まで平坦部がなく緩やかに低下した。初期充放電容量は300と255 mAh/gとであった。2サイクル目に充電電圧を4.25 Vまで低下させた場合でも200 mAh/gもの充放電容量

第3章　シリコン系材料の研究開発

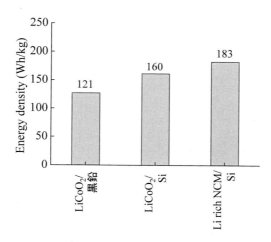

図11　各種セルの重量エネルギー密度の比較

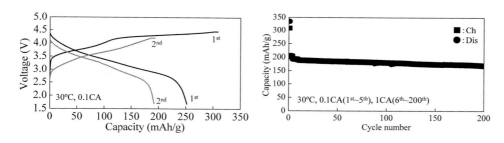

図12　Li rich NCM正極／Si負極セルの充放電特性とサイクル特性
Li rich NCM正極：1.0 mAh/cm^2, Si負極：2.0 mAh/cm^2,
電圧範囲：1.6〜4.5 V（1st），1.6〜4.25 V（2nd〜）

が得られた。Li rich NCM正極／Si負極セルは，正極重量あたりの容量において従来のLiCoO$_2$正極／黒鉛負極セルより高容量であることがわかる。このセルのサイクル特性について，200サイクル目の充放電容量は170 mAh/gであり，2サイクル目の容量（200 mAh/g）を85％も維持していた。正極と負極との容量比を従来のセルより大きく設計することで，Si負極の充放電過程における体積変化が緩和され，優れたサイクル性を示した。

1.7.2　釘刺し試験

図13には1.0 Ah Li rich NCM正極／Si負極セルの釘刺し試験におけるセル電圧，釘内部温度，セル表面温度を示す[17]。釘刺し試験では捲回式の電極を用いて，図に示すような容量1.0 Ahの角型セルを作製した（外装はアルミラミネートカバーした）。試験条件について，4.25 Vまで充電したセルに，鉄丸釘N65（長さ；65 mm，胴部径；3 mm）を降下速度1 mm/sで貫通させ，10分以上その状態を維持した。釘内部には熱電対を設置しており，短絡による釘近傍の発熱をモニタ

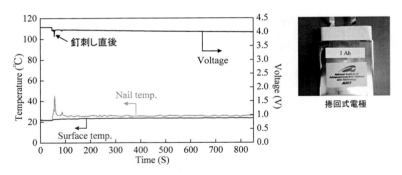

図13 Li rich NCM正極／Si負極セルの釘刺し試験
容量：1.0 Ah, Li rich NCM正極：1.0 mAh/cm^2（55×700 mm）, Si負極：2.0 mAh/cm^2（52×650 mm）, 電解液：LiPF$_6$/EC：DEC（1：1 vol%），セパレータ：セラミックコート不織布（日本バイリーン製）

一できるようにした。セルに釘を刺した直後，電圧は4.13Vから3.9Vまで急激に低下したが，その後に4.0Vまで上昇し，釘を刺した状態にもかかわらず高い電圧を維持した。釘温度は刺した直後に50℃まで上昇したが，その後40℃まで低下し，熱暴走には至らなかった。Si負極は釘近傍のみで短絡し，部分的にリチウムイオンを放出する（放電状態）。部分的に放電したSi負極は，低電子導電相となり絶縁化するため，放電反応の進行を抑制する効果を発現する。このため，Si負極を用いると釘刺し試験に対して高い安全性を示した。

1.8 おわりに

Si系負極材料は実用化に向けた研究開発が進められており，将来的に電池材料として需要の増加が見込まれる。ここで紹介したSi微粉末の製造法は，半導体や太陽電池用Siの製造工程で発生するスクラップや，安価で資源的に豊富なSiO$_2$を原料として利用するため，材料の安定供給や原料コスト削減が可能な製造技術である。また，純Si負極は微粒子化やバインダーや集電体などの電極構成材料の最適化により長寿命化が可能になりつつある。従来の黒鉛負極より高容量であり，高温や低温特性が向上し，釘刺し試験では高い安全性を有しているために，携帯機器用途ばかりではなく，自動車用や電力貯蔵用などの大型機器用途での利用も期待される。リチウムイオン電池のエネルギー密度の向上が求められている中，Si負極の採用は不可欠であり，様々な技術の組み合わせによりSi負極のさらなる高性能化が期待される。

第 3 章　シリコン系材料の研究開発

文　　　献

1) 境哲男，電池ハンドブック，電気化学会 電池技術委員会編，2 章 5 節，p.388，オーム社（2010）
2) J. Yin, M. Wada, K. Yamamoto, Y. Kitano, S. Tanase and T. Sakai, *J. Electrochem. Soc.*, **153**, A472（2006）
3) 藤谷伸，米津育郎，電池技術，**18**, 53（2006）
4) T. Morita and N. Takami, *J. Electrochem. Soc.*, **153**, A425（2006）
5) 長井龍，喜多房次，山田将之，片山秀昭，日立評論，**92**, 38（2010）
6) 幸琢寛，境哲男，粉体技術と次世代電池開発，第 7 章 2 節，p.162，シーエムシー出版（2011）
7) T. Miyuki, Y. Okuyama, T. Sakamoto, Y. Eda, T. Kojima and T. Sakai, *Electrochemistry*, **80**, 401（2012）
8) 幸琢寛，小島敏勝，境哲男，第53回電池討論会要旨集，3C28, p.203（2012）
9) TMC HP, http://www.townmining.co.jp/pdf/paper.pdf
10) Elkem HP, http://www.elkem.co.jp/sub（Silgrain %20e-Si）.html
11) 向井孝志，境哲男，リチウム二次電池部材の測定・分析データ集，第28章，p.187，技術情報協会（2012）
12) 江田祐介，幸琢寛，森下正典，小島敏勝，境哲男，田中一誠，吉田一馬，中田隆博，電気化学会第79回大会要旨集，1C21, p.72（2012）
13) T. Miyuki, Y. Okuyama, T. Kojima and T. Sakai, *Electrochemistry*, **80**, 405（2012）
14) 幸琢寛，境哲男，リチウム二次電池部材の測定・分析データ集，第29章，p.197，技術情報協会（2012）
15) 坂本太地，幸琢寛，小島敏勝，柳田昌宏，境哲男，電気化学会第79回大会要旨集，1C27, p.75（2012）
16) 幸琢寛，坂本太地，境哲男，リチウム二次電池部材の測定・分析データ集，第30章，p.200，技術情報協会（2012）
17) 森下正典，向井孝志，坂本太地，柳田昌宏，境哲男，第53回電池討論会要旨集，1A24, p.16（2012）

2　ケイ酸塩系正極材料の合成と電極特性

小島敏勝[*1]，小島　晶[*2]，境　哲男[*3]

2.1　はじめに

　近年の大地震や原発事故により引き起こされた電力確保への不安から，家庭用蓄電池への需要が喚起され，自然エネルギーの発展，電気の有効利用技術への期待が高まっている。自然エネルギーは太陽光や風力に代表されるように天候に左右される不安定な電源であるため電源系統への接続には停電の防止などの注意が必要であるとされる。これに大型の蓄電池を介在させれば安定した利用を図ることができる。また，化石燃料の枯渇の懸念，燃料の高騰と不安定な値動きなどから，電気自動車などの普及が期待されている。家庭の太陽光発電で得た電気を電気自動車に蓄えて移動に用いるというガソリンのいらない生活への志向も高まっている。これらを実現するためにはこれまで携帯電話の電源に用いていた電池（たとえば電圧3.7 V，容量1 Ah，エネルギー3.7 Wh）の1万倍前後（現状24 kWh：携帯電話用電池の7000倍の容量，将来は72 kWh：21000倍）の容量を有する電池電源が必要とされている。

　一方これまでリチウムイオン二次電池正極材料には，$LiCoO_2$，$LiNi_{0.5}Mn_{1.5}O_4$，$LiNi_{1/3}Co_{1/3}Mn_{1/3}O_2$などのコバルトやニッケルなどのレアメタルを用いた電池正極材料が検討されてきた。これらの希少金属は，資源量が少ないことや産出国の思惑，投機の対象になるなどして価格が乱高下することもあり，その安定供給が将来的に不透明である。このように資源量，供給の安定性，かつてない二次電池への需要などから，レアメタルを用いない二次電池用正極材料が注目されている。そのような開発の代表例として鉄という安価で豊富な材料を用いた$LiFePO_4$が1997年Padhiらの報告からおよそ15年を経て近年商用化に至った。$LiCoO_2$などの酸化物系の材料の多くは，充電状態で電解液と反応する酸素を発生しやすく，経年劣化によって電池の発煙・発火を起こす事故があった。$LiFePO_4$正極は酸素原子がリン原子と共有結合で結びついてポリアニオン$PO_4{}^{3-}$となっているため酸素の放出が起こりにくい。ポリアニオンを有する正極材料候補にはLi_2FeSiO_4，Li_2MnSiO_4，$LiFeBO_3$，$LiMnBO_3$などが知られており，これらの材料への関心が高まっている。しかしながら本書の主題でもある資源の面から見た場合，リンやホウ素は日常肥料やガラスなどで見かけるありふれた材料ではあるものの，存在量という観点から見ればごく少ない元素である。地球地表の元素の割合（％）を示すクラーク数によれば，リン（クラーク数0.08）やホウ素（同

---

*　1　Toshikatsu Kojima　�産業技術総合研究所　ユビキタスエネルギー研究部門
　　　　　　　　　　　　イオニクス材料研究グループ　主任研究員

*　2　Akira Kojima　神戸大学大学院　工学研究科　応用化学専攻

*　3　Tetsuo Sakai　�産業技術総合研究所　ユビキタスエネルギー研究部門　上席研究員㈮
　　　　　　　　　電池システム研究グループ　グループ長㈮エネルギー材料標準化グループ
　　　　　　　　　グループ長；神戸大学大学院　併任教授；㈳日本粉体工業技術協会
　　　　　　　　　電池製造技術分科会　コーディネーター

第3章　シリコン系材料の研究開発

0.001）は珪素（同25.8）より圧倒的に少なく，ホウ素はリチウム（同0.006）並の希少元素といえる。後半で示すようにリンは世の中に電気自動車をあまねく普及させるに足りるほどの供給量はなく，希少資源として主要な産出国である中国や米国により禁輸指定がなされている。一方，大地は酸素，シリコン，鉄からなる，といっても過言ではない。大容量電池利用社会のために資源的に豊富で安価な材料を用いシリケート系正極材料の検討を今後真剣に進める必要がある。

シリケート系正極材料の検討は2005年前後に始まり，2013年時点では電池材料として注目され始めてから8年を経過したことになる。1997年から広く知られるようになったLiFePO$_4$が商用化されるまで15年かかっていることを鑑みればまだ半分の時間しか経っておらず，導電性を付与するためのカーボンなどとの複合化技術や，多量生産に適した生産技術の検討は緒についたばかりである。

また，シリケート材料Li$_2$MSiO$_4$（M = Fe, Mn, Co）は，2つのリチウムを充放電に利用できれば理論容量約330 mAh g^{-1}もの高容量正極材料となる可能性がある。しかしこれまで2つあるリチウムのうち1つのリチウムしか充放電に利用されてこなかった。近年，シリケート材料に関する研究が進展し，1つ以上のリチウムを充放電可能とした報告がなされてきている。今後この材料の容量をさらに引き出し，シリケート材料が最も魅力ある正極材料となる可能性がある。

本稿では，資源的に豊富なリチウムシリケート系材料の研究開発経緯と進展，実用化に至るまでの課題を概観する。また，我々が新規開発した溶融炭酸塩法を用いた合成とその電極としての特性と性能，実電池への展開について述べる。

2.2　リチウムシリケート系材料の開発経緯

本項ではリチウムシリケート材料に関して行われてきた材料研究に関するこれまでと，近年2005年頃から行われてきたリチウムイオン二次電池用材料としての研究について概要を紹介する。

2.2.1　リチウムシリケートの材料研究

本稿で述べるリチウムシリケート材料は，リチウムイオンと種々の2価カチオンM^{2+}（M：Mg, Ca, Fe, Mn, Co, Znなど），およびポリアニオンの一種であるオルトシリケートイオンSiO$_4^{4-}$からなり，一般式としてLi$_2$MSiO$_4$と表される。オルトシリケートイオンは，シリカSiO$_2$やメタ珪酸イオンSiO$_3^{2-}$などに見られるような-[Si-O]-結合の繰り返しがなく，珪素に結合した4つすべての酸素原子が負電荷をもっている独立した陰イオンである。オルトシリケートイオンは，天然にはカンラン石（代表的な組成としてMgFeSiO$_4$）として存在し，玄武岩などに多く含まれ地球に多量に存在している。

リチウムシリケート系材料は，ガラスセラミックス材料，リチウムイオン導電性材料として1950年代から研究開発がなされてきた。今日までのリチウムシリケート材料に関する研究開発の経緯を図1に示す。Murthyら[1]およびStewartら[2]は固相反応法によりLi$_2$ZnSiO$_4$，Li$_2$MgSiO$_4$を合成した。1970年代，WestらはLi$_2$ZnSiO$_4$の結晶相の相関係，相変化[3,4]およびLi$_2$MgSiO$_4$との固溶系[5,6]について報告した。さらに，Li$_2$CoSiO$_4$の系を加えて，これらのリチウムシリケート系材料の結晶

137

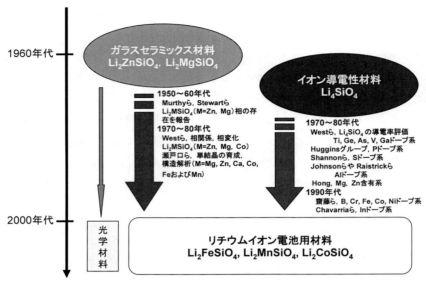

図1　リチウムシリケート材料の研究・開発経緯

構造および相変化などについて，詳細に報告している[7]。大阪工業技術試験所（現 （独）産業技術総合研究所関西センター）の瀬戸口らはLi$_2$MoO$_4$-Li$_2$WO$_4$-LiClフラックスを用いてLi$_2$ZnSiO$_4$，Li$_2$MgSiO$_4$の単結晶を育成し，その構造を解析していくつかある相の同定を行った[8]。その後，Li$_2$ZnSiO$_4$，Li$_2$MgSiO$_4$の相変化，結晶構造の詳細解析が行われた[9～11]。また瀬戸口らはLi$_2$FeSiO$_4$およびLi$_2$CoSiO$_4$の単結晶を育成し，その結晶構造を報告し[12,13]，リチウムシリケート系材料Li$_2$MSiO$_4$（M = Mg, Zn, Ca, Co, FeおよびMn）に関して詳細かつ包括的な報告をまとめている[14]。2000年代になってからLi$_2$ZnSiO$_4$，Li$_2$MgSiO$_4$材料は光学材料としても注目されるようになった[15]。

一方，リチウムシリケート系材料は，リチウムイオン導電体としても重要であり，多くの研究開発が行われてきた。WestらはLi$_4$SiO$_4$がリチウムイオン導電性を示し，室温および300℃においてそれぞれ10^{-9} S cm^{-1}，10^{-5} S cm^{-1}であることを報告した[4]。彼らはLi$_4$SiO$_4$の導電性を向上させるために，Siサイトの元素置換（Ti, Ge）やLiサイトの元素置換（Zn）を固相反応法により行い，その導電率を報告した[16]。その後As[17]，V[18]，Ga[19]ドープLi$_4$SiO$_4$の相関係とその導電率が評価された。Li$_4$SiO$_4$の導電率検討において，HugginsのグループがPドープ系[20,21]，ShannonらがSドープ系[22]，Johnsonら[23]およびRaistrickら[24]がAlドープ系の材料を報告した。また，HongらはMg, Zn含有したLi$_{3.5}$M$_{0.25}$SiO$_4$，Li$_{3.0}$M$_{0.5}$SiO$_4$，Li$_{2.5}$M$_{0.75}$SiO$_4$（M = Mg, Zn）を合成し，300～400℃におけるリチウムイオン導電性を評価した[25]。Mg含有したLi$_4$SiO$_4$について，WakiharaらによりLi$_{4-2x}$Mg$_x$SiO$_4$のリチウムイオン導電率の組成依存性の評価が行われ，$x = 0.4$においてLi$_4$SiO$_4$の場合よりも2～3桁高い導電率を示すことが報告された[26]。1990年代産総研の齋藤らはLi$_{4.2}$M$_x$Si$_{1-x}$O$_4$へのドープ元素（M = B^{3+}, Al^{3+}, Ga^{3+}, Cr^{3+}, Fe^{3+}, Co^{2+}, Ni^{2+}）のイオン半径と導

第3章　シリコン系材料の研究開発

電率の関係について系統的な検討を行った[27]。Chavarriaらにより Li サイトへの In ドープした Li_4SiO_4 系は高いリチウムイオン導電性を示すことが報告された[28]。以上の研究から Li_4SiO_4 へのドープ元素は B, Mg, Al, P, S, V, Cr, Fe, Co, Ni, Zn, Ga, As, In など種々検討が行われてきた。これらの系の中には，ガラスセラミックス材料に共通する材料も含まれている。

2.2.2　リチウムシリケートの電極材料としての検討

2005年Nyténらは，固相反応法により合成した Li_2FeSiO_4 が正極材料として利用可能であることを見出し，その充放電挙動を報告している[29~31]。以来この材料がリチウムイオン電池の正極材料として広く世界に知られ，今日までに多くの研究がなされてきた。また，スロベニアのDominkoらの研究グループにより，Li_2MnSiO_4 や $Li_2Fe_xMn_{1-x}SiO_4$ などの充放電と結晶構造，レドックス機構に関する詳細な研究が今日まで継続して行われてきた[32~34]。

表1にこれまで報告されてきた Li_2FeSiO_4, Li_2MnSiO_4 および種々のリチウムシリケート系正極材料の充放電特性に関する概要を整理した[29~87]。Li_2FeSiO_4 については放電電圧2.8 V, 150 mAh g^{-1} 前後の容量が報告されており，充放電サイクルも190まで行われた報告があり，安定して長期間充放電可能な材料であるといえる。

一方，Li_2MnSiO_4 については，放電電圧2.9 V, 140 mAh g^{-1} 程度の容量が報告されているものの，Li_2FeSiO_4 に比べて顕著なサイクル劣化を示す例が多く，これまで100サイクルを超えて安定した容量を示す報告はない。しかしながら40サイクル程度まで劣化を伴わずに充放電を行った例はある[52,63,64,67,70]。Mn は4価を取りやすい元素であるため，Mn^{2+}/Mn^{3+} のレドックスに加えて Mn^{3+}/Mn^{4+} レドックスにより高い容量が得られる可能性がある。あとで述べるように合成方法や，特殊なカーボンコーティング手法によりその容量や特性を格段に高めた報告がなされている。

また，比較的安定にサイクルできる Li_2FeSiO_4 に，放電電圧を高める目的で Mn を添加した $Li_2Fe_{1-x}Mn_xSiO_4$ について種々検討が行われており，$Li_2Fe_{0.8}Mn_{0.2}SiO_4$ について電圧が向上し50サイクルにおいて容量143 mAh g^{-1} を示した[80]。

このほか，シリケート系正極材料の中でも Cr, Cu および Ni などの添加物を添加したもの[35,83,85]，SiO_4^{4-} イオンを PO_4^{3-} イオンで置き換えたもの[78]などについて検討されている。これらの添加によって容量の増加などは報告されていないものの，サイクル特性が比較的良好となった報告が多い。ニッケルについては Li_2NiSiO_4 の合成や，ニッケルを添加した Li_2MSiO_4 の結晶中にニッケルが組み込まれたと認め得る結果は報告されておらず，不純物として NiO が生じるなどの報告がある[84]。著者らもシリケート系正極へのニッケル添加は様々な検討を行ってきたが，望ましい結果は得られていない。このことは，ニッケルイオンが，シリケート系正極材料に基本的に存在する酸素イオン4つが取り囲んだ四面体サイトに入りにくいためと考えられる。また，マグネシウムや亜鉛は，シリケート材料として Li_2MgSiO_4 や Li_2ZnSiO_4 などが以前から知られており，これらの元素が結晶中に取り込まれたシリケート材料が報告されている[83,84]。レドックスに寄与しないため，添加により容量は減少すると考えられるものの，結晶の安定化などの何らかの効果が期待し得る。また，Li_2CoSiO_4 については，高電圧正極としての利用が期待されていたが，充放電は可能である

レアメタルフリー二次電池の最新技術動向

表1 リチウムシリケート系正極材料の充放電特性の概要

材料系	活物質	初回充電容量 /mAh g^{-1}	初回放電容量 /mAh g^{-1}	サイクル後容量/ mAh g^{-1}(サイクル数)	合成法	文献	主著者
Fe系	Li_2FeSiO_4	165	110	140(8)	焼成法	29	A. Nytén
		160	150	137(10)		35	L. Li
		150	145	137(13)		36	H. Guo
		150	142	116(100)		37	X. Huang
		150	131	115(100)		38	X. Huang
		125	150	–		39	S. Nishimura
		120	120	116(120)		31	A. Nytén
		120	117	115(10)		40	Z. Peng
		100	82	–		41	D. Ensling
		200	154	135(100)		42	B. Shao
		140	140	130(19)	水熱法	43	M. Nadherna
		150	150	125(30)		44	N. Yabuuchi
		143	135	–		45	C. Sirisopaporn
		180	150	140(30)		46	N. Yabuuchi
		235	204	200(20)		47	T. Muraliganth
		170	140	151(80)	ゾルゲル法	48	S. Zhang
		140	134	155(190)		49	X. Fan
		71	95	92(10)		50	K. Kam
		75	67	60(85)		51	A. Kokalj
		185	153	150(50)		52	C. Deng
		90	100	–		34	R. Dominko
		170	160	130(50)		53	Z. Gong
		140	125	125(20)		54	C. Deng
		125	130	130(10)		55	A. Armstrong
		138	138	130(40)		56	Z. Yan
		89	89	50(3)		32	R. Dominko
		225	225	170(30)		57	D. Lv
		125	166	162(20)	溶融炭酸塩法	58	T. Kojima
		120	178	160(5)		59	A. Kojima
		243	182	140(20)		60	A. Kojima
Mn系	Li_2MnSiO_4	256	129	3.2(10)	焼成法	61	W. Liu
		420	181	160(14)		62	V. Aravindan
		–	160	140(40)		63	V. Aravindan
		320	160	140(40)		64	V. Aravindan
		208	150	110(15)		65	K. Gao
		333	210	–	水熱法	66	小川大輔
		335	250	38(20)		47	T. Muraliganth
		300	226	130(50)		67	S. Luo
		313	313	240(20)	(超臨界法)	68	D. Kempaiah
		415	285	85(6)	ゾルゲル法	51	A. Kokalj
		200	142	60(50)		52	C. Deng
		154	100	91(3)		32	R. Dominko
		248	116	96(10)		33	R. Dominko
		310	209	140(10)		69	Y. Li
		240	164	120(80)		70	R. Ghosh
		219	132	108(10)		71	W. Liu
		–	113	72(15)		72	V. Aravindan
		177	134	68(20)		73	Q. Zhang
		176	156	86(20)	溶融炭酸塩法	74	A. Kojima
Fe-Mn固溶系	$Li_2Fe_{0.9}Mn_{0.1}SiO_4$	162	158	149(30)	焼成法	75	H. Guo
			155	143(30)		76	C. Deng
	$Li_2Fe_{0.8}Mn_{0.2}SiO_4$	244	244	180(17)/0(30)	水熱法	77	R. Dominko
	$Li_2Fe_{1-y}Mn_ySiO_4$	200($y=0.5$)	200($y=0.5$)			78	安富実希
	$Li_2Fe_{1-x}Mn_xSiO_4$	235($x=0.5$)	214($x=0.5$)	122(10)($x=0.5$)	ゾルゲル法	79	Z. Gong
	$Li_2Fe_{0.8}Mn_{0.2}SiO_4$	233	224	143(50)		80	S. Zhang
	$Li_2Fe_{1-x}Mn_xSiO_4(x=0,0.3,0.5,0.7,1)$	195	163	100(50)		81	C. Peng
	$Li_2Fe_{1-y}Mn_ySiO_4$	–	193($y=0.25$)	145(9)($y=0.25$)		82	R. Dominko
元素置換	$Li_2Fe_{0.9}Ni_{0.1}SiO_4$	170	160	154(10)	焼成法	35	L. Li
	$Li_2Fe_{0.97}M_{0.03}SiO_4(M=Zn, Cu, Ni)$	190	155	121(55)	ゾルゲル法	83	C. Deng
	$Li_2Fe_{0.97}Mg_{0.03}SiO_4$	155	153	151(50)		84	S. Zhang
	$Li_2Fe_{1-x}Cr_xSiO_4(x=0,0.03,0.06,0.12)$	190($x=0.03$)	157($x=0.03$)	157(20)		85	S. Zhang
アニオン置換	$Li_{1.95}Mn(SiO_4)_{0.95}(PO_4)_{0.05}$		160	150(3)	水熱法	78	安富実希
Co系	Li_2CoSiO_4	234	75	–	ゾルゲル法	86	Z. Gong
		170	60	40(10)	水熱法	87	C. Lyness

第3章　シリコン系材料の研究開発

もののその容量は低く，サイクル劣化が顕著であるという結果が報告されている[86, 87]。

　これまでLi$_2$FeSiO$_4$，Li$_2$MnSiO$_4$，Li$_2$Fe$_{1-x}$Mn$_x$SiO$_4$および種々の添加が行われてきた材料について充放電試験が行われ，組成式あたり含まれる遷移金属1モルの酸化還元相当の充放電容量（理論容量166 mAh g^{-1}前後，実測値として160 mAh g^{-1}以下）が観察されてきた。リチウムシリケート材料は，組成式に2モルのリチウムが存在し，そのうち1モルしかこれまで充放電に利用できていなかった。当初これら2モルのリチウムをすべて利用できれば330 mAh g^{-1}前後の理論容量となる高容量正極材料となることが期待されてきた。近年高い容量を示す結果がいくつか報告されている。Muraliganthらは，有機溶媒を利用した水熱法の変法により合成した材料で，Li$_2$FeSiO$_4$，Li$_2$MnSiO$_4$についてそれぞれ250 mAh g^{-1}を超える容量を報告している[47]。また，Dominkoらは，Li$_2$Fe$_{1-x}$Mn$_x$SiO$_4$についておなじく250 mAh g^{-1}もの容量を示し，18サイクルまで容量180 mAh g^{-1}を保った結果を報告した[77]。このような高い容量についてMuraliganthらは，鉄またはMnの2価から4価への酸化還元によるものと述べている。一方Dominkoらは，鉄のメスバウアーや，含まれる遷移金属の価数を調べたXAFSなどの結果から鉄およびマンガンイオンが2価または3価で存在していると報告しており，このような大きな容量が得られる原因について，広い電位範囲を採用したことで引き起こされた電極表面反応に起因すると述べている[77]。一方，Lvらは，ゾルゲル法により合成したLi$_2$FeSiO$_4$について225 mAh g^{-1} [57]もの可逆電容を示すことを報告した。彼らはメスバウアー分光法により，充電時の正極にFe^{4+}が存在することを示している。さらに，Kempaiahらは，超臨界法によりLi$_2$MnSiO$_4$合成し，Poly(3,4-ethylenedioxythiophene)(PEDOT)をコートすることで313 mAh g^{-1}もの充放電容量を持ち，20サイクル後も240 mAh g^{-1}の容量を保持した材料を得ている[68]。彼らは，充電状態の電極においてXPSにより4価のマンガンを見出しており，Mn^{2+}/Mn^{3+}のレドックスに加えてMn^{3+}/Mn^{4+}レドックスにより高い容量が得られたとしている。このように粒子の微小化と表面修飾をキーワードとして今後300 mAh g^{-1}を超える容量を安定して示す材料が得られる可能性があり，シリケート材料は，種々知られている正極材料の中では極めて魅力的な材料の一つであるといえる。

　電極材料としてのシリケート材料を正極として見てきたが，逆転の発想としてこれらを負極で用いる検討も行われている。AravindanらはLi$_2$MnSiO$_4$を負極として用い容量140 mAh g^{-1}を示すことを報告した[88]。またXuらはLi$_2$FeSiO$_4$負極が30サイクル後でも498 mAh g^{-1}もの容量を示すことを報告している[89]。このことから，正極と負極の両方を安価なシリケート材料だけで作製した電池が構成できる可能性がある。

2.2.3　リチウムシリケート正極の熱的安定性

　LiCoO$_2$のような従来の正極材料は，充電状態で150℃程度の高温にさらされると酸素を放出して電解液がその酸素と反応し，熱暴走に至ることが知られている。一方LiFePO$_4$は，このような酸素放出がなく熱暴走しにくい材料であることが種々の実験結果から示されてきた。シリケート材料の安全性について，前述のMuraliganthらは，Li$_2$FeSiO$_4$，Li$_2$MnSiO$_4$について充電状態で電解液に浸し，熱量測定を行った結果を示している[47]。LiCoO$_2$やLiFePO$_4$について報告されている

141

放出熱量はそれぞれ1000 J/gと220 J/g（4.5 Vまでの充電）であるが，4.7 Vまで充電を行ったLi_2FeSiO_4およびLi_2MnSiO_4はそれぞれ330 J/gと1060 J/gもの熱量を放出した。Li_2FeSiO_4については，$LiFePO_4$並に安定な材料と考えられるが，Li_2MnSiO_4については$LiCoO_2$同様酸素放出への配慮が必要と考えられる。

2.2.4 リチウムシリケートの合成方法とカーボン付与方法

$LiFePO_4$の特性を引き出すために，種々の合成方法やカーボンコーティングの方法が検討されてきた。一方シリケート材料についての検討は，現時点で$LiFePO_4$のように100 C（1 Cは1時間で充電または放電が完了する電流，100 Cでは電流は100倍，充電または放電完了までの時間は1/100，すなわち36秒となる）以上の高速充放電は達成されておらず，今後より一層の検討が必要である。

シリケート系正極材料の合成方法について見ると，表1に示すように焼成法，ゾルゲル法（溶液法），水熱法が大半を占めている。生成された正極材料は，シリケート系材料の導電率がLi_2FeSiO_4では$2 \times 10^{-12} Scm^{-1}$，$Li_2MnSiO_4$では$3 \times 10^{-14} Scm^{-1}$[48]程度であることを考えると，結晶粒子はできうる限り細かく，またその表面はできる限り薄く緻密にカーボンに接触していることが望ましい。

材料特性に合成方法が及ぼす影響は大きく，異なる合成方法により得られた材料特性が数多く報告されている。合成方法は大別すると，焼成法，ゾルゲル法，水熱法などが試みられてきた。

焼成法は，均一に混ぜた原料を600℃以上に加熱し固体内部でのイオンの拡散により反応を進行させて目的物を得る方法で，固相反応法とも呼ばれる。結晶性のよい試料が得られるものの結晶粒子が大きくなる傾向があり，そのような粒子を細かく粉砕して十分にカーボンを接触させるための工程が別途必要となる。

また，ゾルゲル法は，溶液法とも呼ばれ，硝酸塩や有機塩原料にクエン酸などを添加し，水溶液として均一に混合し，水分を飛ばして得られたゾルを焼成する焼成法の一種である。添加した有機物によりカーボンが生成し，粒子の成長を防ぐためか比較的細かい結晶粒子が得られ，カーボンとの複合化が焼成と同時に行われる点に特徴がある。原料に用いる有機塩（酢酸塩，クエン酸塩）や硝酸塩，有機物（クエン酸，アジピン酸，ショ糖，グルコースなど）が比較的高価であり，ゲルの作製処理や乾燥のプロセスに時間がかかるなど量産に向けての課題がある。

水熱法は，圧力容器中で水に溶かした原料を200℃前後の30気圧程度の圧力下で反応させ100 nmより小さい細かい目的物粉体を得る方法である。温度が比較的低いため後で述べるように焼成法で合成したものと異なる構造の生成物が得られる場合がある。また，生成物が少量であることや反応時間が比較的長いなど量産に課題がある。

水熱法の変法として，Muraliganthらは，水のかわりに有機溶媒を用い，マイクロウエーブ加熱により300℃で細かい粒子の目的物を得ており，$200 mAh\ g^{-1}$を超える充放電特性を報告している[47]。

これらよく知られた焼成法，ゾルゲル法，水熱法以外にも多くの変法があり，$LiFePO_4$の合成

第3章　シリコン系材料の研究開発

においては種々報告されているもののシリケート系についてあまり多く試みられていない。数少ない例として，原料水溶液を噴霧して加熱し，細かい粒子を得る方法がShaoらにより報告されている[42]。また，水熱法よりもさらに高温高圧を利用した超臨界法により313 mAh g^{-1}もの充放電容量を示す平均粒径15 nmのLi$_2$MnSiO$_4$が得られている[68]。著者らは，2.3項で述べるように溶融炭酸塩をフラックスに用いる方法により焼成法よりも比較的低い500℃で特性のよい目的物を得る方法を見出している。シリケート材料は純粋なものを合成するのが比較的難しい材料であり，多くの報告にはXRDに不純物相としてLi$_2$SiO$_3$や遷移金属酸化物などの明瞭なピークが見出されている。純粋なものを合成するには後で述べるように溶融炭酸塩法が適している。

　得られたシリケート系正極材料は，導電性が低く，カーボンによるコーティングや複合化により導電性を付与しなければ正極として十分に特性を引き出すことはできない。このようなカーボンによる修飾は，ショ糖，アジピン酸，ブドウ糖，クエン酸などの有機物を原料とともに混合して焼成し目的物の生成と同時にカーボンとの複合化を行う方法（添加焼成）や[29,36,37]，ゾルゲル法では有機塩や有機物を均一に混合させたゾルを焼成する方法（ゾル焼成）[32,49,57,64]，種々の方法で合成したリチウムシリケート材料にカーボン源となる有機物を添加し焼成する方法（有機再焼成）[47,77]，カーボンとボールミルで混合したのち焼成する方法などが報告されている（炭素混合焼成）[42,58,74]。変法としてPEDOTをコーティングする方法も報告されている[68]。現状シリケート材料について最良の結果の一つとして，ゾルゲル法により合成したLi$_2$FeSiO$_4$について10 Cにおいて100 mAh g^{-1}もの容量を示した結果がLvらにより報告されている[57]。有機物はシリケート粒子に焼成時付着し600〜750℃程度の温度で導電性のあるカーボンとして粒子を修飾する。これらカーボン修飾の方法はLiFePO$_4$のそれに一日の長があり，シリケート系材料で試されている以上の方法が報告されている[90]。その技術を参考にしながらシリケート材料の容量，耐久性，レート特性を引き出す検討と量産に適した技術開発が最も重要な課題として残されている。

2.2.5　リチウムシリケート正極材料の構造の研究

　結晶構造の知見は，シリケート材料を同定するために必須であり，正極材料の特性，状態の把握に有効である。シリケート系正極材料の構造は，温度などの合成条件によって種々の多形が報告されている[91]。主要なリチウムシリケート材料の結晶構造パラメータを表2にまとめた。

　Li$_2$FeSiO$_4$の結晶構造はNishimura[39]，Boulineau[92]，薮内[46]，Sirisopanaporn[45,93]らによって精密な測定により調べられてきた。合成温度により空間群の異なる相が得られ，通常電極材料によく用いられている700℃で得られたものは空間群$P2_1/n$，900℃では空間群$Pmnb$，200℃の水熱法による合成では空間群$Pmn2_1$の構造をとることが報告されている[45]。Nyténは充放電時のLi$_2$FeSiO$_4$の結晶構造の変化について報告しており[30]，充放電サイクル後の放電時の構造についてArmstrongら[94]が，また充電時および放電時の構造[59]のみならず空気暴露により酸化された際の構造が充電時の構造と等しいことを[60]A. Kojimaらが報告している。

　Li$_2$MnSiO$_4$については，Politaevらが1000℃前後の焼成法により合成したものについてその空間群が$P2_1/n$となる構造を報告している[95]。一方Dominkoらは，ゾルゲル法により700℃で合成した

143

レアメタルフリー二次電池の最新技術動向

表2　主なリチウムシリケート材料Li_2MSiO_4の構造パラメータ

Li_2MSiO_4	結晶系	空間群（No.）	格子定数	合成条件	文献
Li_2FeSiO_4	斜方晶 (orthorhombic)	$Pmnb$ （62-2）	$a = 6.286$, $b = 10.659$, $c = 5.0368$	水熱法＋アニール900℃	45
	単斜晶 (monoclinic)	$P2_1/n$ （14）	$a = 8.231$, $b = 5.022$, $c = 8.232$, $\beta = 99.18°$	水熱法＋アニール700℃	45
	斜方晶 (orthorhombic)	$Pmn2_1$ （31）	$a = 6.270$, $b = 5.345$, $c = 4.96240$	水熱法200℃	45
Li_2MnSiO_4	斜方晶 (orthorhombic)	$Pmnb$ （62-2）	$a = 6.307$, $b = 10.754$, $c = 5.009$	焼成法900℃	96
	斜方晶 (orthorhombic)	$Pmn2_1$ （31）	$a = 6.315$, $b = 5.375$, $c = 4.969$	ゾルゲル法700℃	32
	単斜晶 (monoclinic)	$P2_1/n$ （14-2）	$a = 6.337$, $b = 10.915$, $c = 5.073$, $\beta = 90.99°$	焼成法950～1150℃	95
$Li_2Fe_{0.8}Mn_{0.2}SiO_4$	斜方晶 (orthorhombic)	$Pmn2_1$ （31）	$a = 6.289$, $b = 5.375$, $c = 4.966$	水熱法180℃	77
	単斜晶 (monoclinic)	$P2_1/n$ （14-2）	$a = 8.248$, $b = 5.018$, $c = 8.245$, $\beta = 99.17°$	水熱法＋アニール700℃	77
Li_2CoSiO_4	単斜晶 (monoclinic)	$P2_1/n$ （14-2）	$a = 6.274$, $b = 10.685$, $c = 5.016$, $\beta = 90.60°$	焼成法1100℃	97
	斜方晶 (orthorhombic)	$Pmn2_1$ （31）	$a = 6.256$, $b = 5.358$, $c = 4.936$	焼成法700℃	97
	斜方晶 (orthorhombic)	$Pbn2_1$ （33-2）	$a = 6.260$, $b = 10.689$, $c = 4.929$	水熱法150℃	97
Li_2MgSiO_4	単斜晶 (monoclinic)	$P2_1/n$ （14-2）	$a = 4.992$, $b = 10.681$, $c = 6.289$, $\beta = 90.46°$	フラックス法	98
Li_2CaSiO_4	正方晶 (tetragonal)	I-42 m （121）	$a = b = 5.047$, $c = 6.486$	焼成法900℃	99
Li_2ZnSiO_4	単斜晶 (monoclinic)	$P2_1/n$ （14-2）	$a = 6.262$, $b = 10.602$, $c = 5.021$, $\beta = 90.51°$	フラックス法1300℃	11

ものが斜方晶（orthorhombic）の$Pmn2_1$と報告した[32]。また，Gummowらは焼成法により900℃で得た試料についてその空間群が$Pmnb$となる構造を報告している[96]。充放電時のLi_2MnSiO_4の結晶構造の変化について，Kokaljらは，アモルファス化が充放電サイクルに伴って進行することを報告しており，これがサイクル劣化の原因の一つであるとしている[51]。

　$Li_2Fe_{1-x}Mn_xSiO_4$についてはDominkoら[77]が，Li_2CoSiO_4についてはArmstrongら[97]が，Li_2MgSiO_4についてはIskhakovaら[98]が，Li_2ZnSiO_4についてはYamaguchiら[11]がそれぞれ詳細な結晶学的データを報告している。表2において唯一Li_2CaSiO_4は他のリチウムシリケートとは異なり，対象性のよい正方晶（tetragonal），空間群I-42 mをとっている[99]。

　また，Maliらは，放射光X線回折法や中性子回折法などの精密な構造データに加え，リチウムのNMRを調べることで構造についての様々な知見を報告している[100～102]。

第3章 シリコン系材料の研究開発

2.2.6 リチウムシリケート正極材料の計算化学研究

材料特性の研究や材料創製のために理論計算を用いた検討もシリケート系材料について種々行われている。理論計算では，実物の構造モデルを元に，充放電電圧，リチウムの移動経路，起こりえる構造変化などについて調べられている。また，実験的に合成が困難な仮想的な材料についてその特性の予測がなされてきた。

Arroyo-de Dompabloらは，900℃での高圧合成などの手法を使ってLi_2MnSiO_4などの種々の空間群が異なる相の探索や，第一原理計算により多形の空間群の予想を行っている[103,104]。また，充電時にリチウムイオンを引き抜いて生成すると考えられる$LiFeSiO_4$の安定性を計算し，合成を試みたが，$LiFeSiO_4$のかわりに$LiFeSi_2O_6$を得ている[105]。P. Zhangらは，上述のLi_2FeSiO_4の3種の多形について，充電時リチウムを取り去った場合でもSi-O結合は安定であり酸素放出を伴わないという計算結果を示している[106]。Y. Liらは，計算により$Li_xFe_{0.5}V_{0.5}SiO_4$の充放電電圧について報告しており，Liを全部取り去って4V以下で充放電可能という見積もりを示している[107]。Armandらは，仮想的にNまたはFを添加したLi_2FeSiO_4の電圧や構造について理論計算を行っており，F添加はあまり利得がない一方N添加は種々利得があるとしている[108]。ウプサラ大のLarssonらは，Li_2FeSiO_4の鉄をMnで1／8置換した場合，構造の不安定化が起きるという予想を示している[109]。また，Liivatらは，密度汎関数法を用いてLi_2FeSiO_4のSiO_4をVO_3で置換した系の電圧，構造，安定性について報告している[110]。Zhouらは，GGA＋U法により$LiMPO_4$および$LiMSiO_4$（M＝Fe, Mn, Co, Ni）のLiを引き抜く際の電圧と体積変化の計算結果を報告している[111]。また，KokaljらはLi_2MnSiO_4を合成し，充放電によりアモルファス化する挙動を報告するとともに，アモルファス化について計算により構造が壊れることを予測した結果を示している[51]。

2.2.7 リチウムシリケート正極材料の世界的研究動向

これまで述べてきた研究内容を行っている研究機関は，欧米では，スウェーデン，スロベニア，フランス，スペイン，イギリス，アメリカ，カナダ，オーストラリアにおいて活動を行っている。中でもスウェーデン，ウプサラ大Thomas研（Nytén[29~31]，Ensling[41]，Kam[50]，Larsson[109]，Liivat[110]ら）では，合成，構造解析，理論計算などによる論文とアイデアの発信が活発に行われている。またスロベニアのDominko[32~34,77,82]，Kokalj[51]，Mali[100~102]らは，材料合成，構造解析，理論計算，NMR，電気化学特性に関する報文を多く送り出している。シリケート材料の構造に関する研究がフランスCNRSのMasquelier研（Boulineau[92]，Sirisopanaporn[45,93]）では盛んであり，英国のArmstrong[55,94]，Lyness[87]らとの連携も見られる。またスペインのArroyo-de Dompablo[103~105]は計算科学的な手法でのシリケート材料に関する報告が多い。

一方アジアでは，日本，韓国，中国，インドから報告がある。日本では，東大山田研の西村ら[39]，東京理科大駒場研の藪内ら[44,46]，東工大谷口研のShaoら[42]，東北大本間研のKempaiahら[68]，産総研環境研—神戸大学のA. Kojima[59,60,74]およびT. Kojima[58]ら，ほか安富[78]や小川[66]らのGSユアサなどの企業において，材料創製，合成法の研究開発が行われている。韓国のAravindanら[62~64,72,88]（2012年にシンガポールへ移った）とインドGhoshら[70]では，合成方法により特性を引き出すため

の研究に注力している。アジアでは中国の報文数が多く，もっぱらよりよい特性を引き出すための微粉化を狙った合成方法やドープ元素の検討，カーボン複合化処理などの研究がハルビンのDeng[52, 54, 76, 83]およびZhang[48, 80, 84, 85]ら，中国科学院のHuangら[37, 38]，西安のFanら[49]，天津のYanら[56]，アモイのGong[53, 79, 86]およびY. X. Li[69]ら，長沙のGuo[36, 75]およびPeng[40, 81]らによって行われており，実用化への意欲がうかがえる。今後シリケート系正極材料の分野でさらなる世界的な発展がなされるものと期待される。

2.3　シリケート系正極材料の特性

本項では著者ら独自の合成方法である溶融炭酸塩をフラックスに用いた方法やキャラクタリゼーションおよび電気化学的手法により，純粋なシリケート正極材料の合成，カーボンとの複合化，結晶構造とその充放電に伴う変化，電極特性および実電池作製などを検討した結果について述べる。

2.3.1　溶融炭酸塩を用いたリチウムシリケート系正極の合成

これまでのリチウムシリケート系正極材料の合成方法は，前駆体作製にゾルゲル法などの種々の方法を用いる場合も含めて，従来法としてよく知られている固相反応法や水熱法によって行われてきた。これらの合成方法と溶融炭酸塩法の比較を図2に示す。溶融炭酸塩法では，固相反応法よりも200℃程度低く，水熱法よりも200℃程度高い，いわゆる中温領域を用いている（ただし溶融炭酸塩が利用できる温度領域は400℃から1000℃と広い）。また，水熱法と違い常圧で行う方法であり，水ではなく溶融炭酸塩をフラックスとして用いている。

リチウムイオン二次電池用正極材料の合成に種々の溶融塩が用いられる例は$LiFePO_4$[112]，$LiNi_{0.5}Mn_{1.5}O_4$[113]，$LiNi_{0.8}Co_{0.2}O_2$[114]などの報告があるものの，溶融炭酸塩をフラックスに用いる合成方法は少なく，$LiCoO_2$について著者らの知る限り溶融Li_2CO_3-$LiCl$フラックスを用いた例が知られているのみである[115]。我々は，溶融炭酸塩形燃料電池用材料を探索する過程でランタンペロブスカイト（$LaMO_3$：M = Al, Cr, Mn, Fe, Co, Ni, GaおよびIn）を400℃から900℃という通常の合成方法よりも比較的低温で合成する方法を見出しており[116]，この方法をLi_2MSiO_4の合成に適用した。

合成に用いた反応容器の模式図を図3（右）に示す。溶融炭酸塩の腐食に強い高純度アルミナの炉心管を用い，反応容器にはアルミナまたは金坩堝を用いて合成を行った。合成には酸化しやすい遷移金属元素を原料として用いているため雰囲気調整が不可欠である。反応容器は，ガス雰囲気を保つため気密であり，水素雰囲気のような還元雰囲気から，酸化雰囲気の酸素雰囲気まで，100℃から1000℃での熱処理に対応できる。

前述のランタンペロブスカイトの合成反応では，溶融炭酸塩中に溶け込んだランタン種が酸化物原料まで運ばれ，炭酸イオンから酸化物イオンの供給を受けることで反応が完結する。Li_2MSiO_4の合成においては，原料であるLi_2SiO_3が酸化物イオンを受け取り，構造中にあるSi-O-Si結合が切れて，最終的にオルトシリケートイオンSiO_4^{4-}が生成する過程を含んでいる。この反応に供給

第3章 シリコン系材料の研究開発

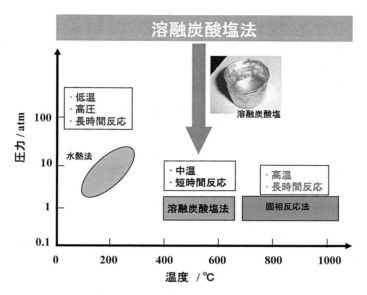

図2　従来の合成方法と溶融炭酸塩法の比較

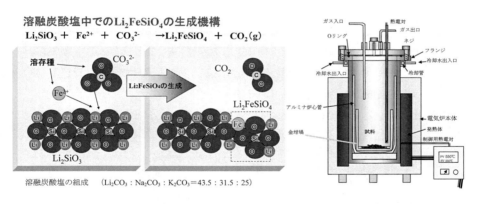

図3　溶融炭酸塩中でのLi₂FeSiO₄生成反応機構および溶融炭酸塩法に用いる雰囲気制御反応容器の模式図

される酸化物イオンは，固相反応法での場合のように原料酸化物（FeOやMnOなど）のみならず，溶融炭酸塩中に存在する炭酸イオンの分解によっても供給されると考えられる。加えて，鉄またはマンガンが溶融炭酸塩に比較的よく溶解し，反応サイトに運搬されることで固相反応法よりも低温でLi₂MSiO₄の生成反応が進行するものと考えられる。この過程の模式図を図3（左）に示す。

図4（左）に電極材料Li₂MSiO₄（M：FeおよびMn）/C合成プロセス例を示す。使用する炭酸塩は炭酸リチウム，炭酸ナトリウム，炭酸カリウムを共晶組成として知られる43.5：31.5：25のモル比で混合した混合炭酸塩（以下(Li$_{0.435}$Na$_{0.315}$K$_{0.25}$)$_2$CO$_3$と表記）を用いた。この混合炭酸塩は，

融点397℃を示し，1000℃までの幅広い温度範囲で透明な液体として存在する（図4（右）の相図を参照のこと）。これを原料であるLi$_2$SiO$_3$と，鉄もしくはマンガンを含む原料（金属鉄粉，シュウ酸鉄，シュウ酸マンガン，塩化マンガン水溶液に水酸化リチウム水溶液を加えて調製したマンガン沈殿物など）とを混合し，水素と二酸化炭素の混合気体を通じて反応させた。反応後水洗により炭酸塩を除去し，乾燥後単相のLi$_2$FeSiO$_4$およびLi$_2$MnSiO$_4$を得ることができた。Li$_2$FeSiO$_4$の原料（鉄粉＋Li$_2$SiO$_3$）に1.2モル倍(Li$_{0.435}$Na$_{0.315}$K$_{0.25}$)$_2$CO$_3$を加えたものと炭酸塩を加えないものを500℃，CO$_2$：H$_2$＝100：3 Vol.％の雰囲気で13時間加熱して得られた生成物のXRDを図5に示す。炭酸塩を添加した場合，不純物の少ない目的物Li$_2$FeSiO$_4$が得られ，炭酸塩を添加しない場合，目的物がほとんど得られず，Li$_2$SiO$_3$は未反応のまま存在し，鉄は大半がFe$_3$O$_4$に変化した。このように炭酸塩フラックスが存在することで反応が促進され，焼成法では進行しにくい温度であってもLi$_2$FeSiO$_4$が得られることがわかった。

　合成雰囲気は種々の合成において純粋な生成物を得るために重要な条件である。図6に種々の雰囲気で合成したLi$_2$FeSiO$_4$のXRDを示す。ArやCO$_2$雰囲気では不純物の多い生成物しか得られなかった。また，H$_2$雰囲気では炭酸塩とLi$_2$SiO$_3$が反応して水溶性のLi$_4$SiO$_4$が生成し，鉄は炭化鉄に変化したため目的物は得られなかった。CO$_2$＋H$_2$雰囲気（H$_2$は30％まで）の雰囲気でのみ純粋な目的物を得ることができた。

　異なる温度でLi$_2$FeSiO$_4$の合成を行った際の生成物のXRDを図7に示す。450℃付近からLi$_2$FeSiO$_4$の生成が見られ，500℃からほぼ純粋なものが得られている。温度の増加に伴いピークがシャープになっており，結晶粒子の増大がうかがえる。異なる温度で合成したLi$_2$FeSiO$_4$のSEM写真を図8に示す。温度の増加に伴い結晶粒子が大きく成長していることがわかる。

　溶融炭酸塩法に用いる原料には，金属の鉄またはマンガン，シュウ酸鉄，シュウ酸マンガン，

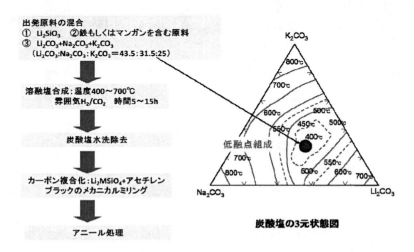

図4　電極材料Li$_2$MSiO$_4$（M：FeおよびMn）/C合成プロセス例と炭酸リチウム—ナトリウム—カリウム三成分系の相図

第3章　シリコン系材料の研究開発

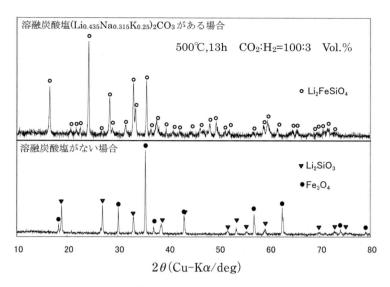

図5　Li$_2$FeSiO$_4$合成における炭酸塩の有無による生成物の違い

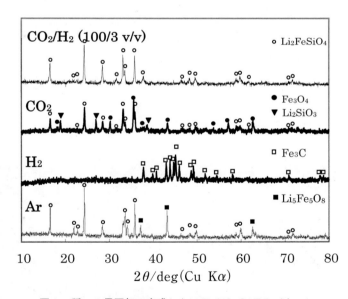

図6　種々の雰囲気で合成したLi$_2$FeSiO$_4$のXRDパターン

酸化鉄（III），酸化マンガン（II），二酸化珪素，Li$_2$SiO$_3$，テトラエトキシオルトシリケート（TEOS）などを用いることができた．硫酸マンガン水溶液に水酸化リチウム水溶液を加えて得たマンガンの沈殿（主成分はMnOOH）を用いることで，より細かい生成物が得られ，後述するようにシュウ酸マンガンを原料とした場合よりも特性のよい電極を作製することができた．一方鉄

149

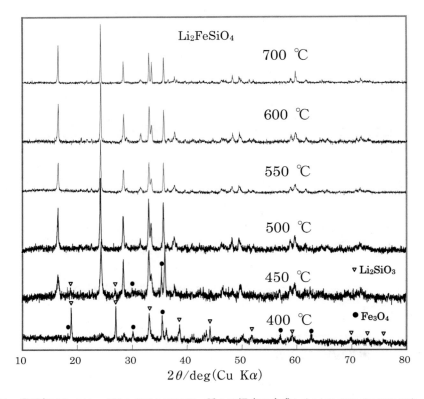

図7 雰囲気CO₂：H₂＝100：3 Vol.％にて，種々の温度で合成したLi₂FeSiO₄のXRDパターン

図8 異なる温度（700℃と500℃）で合成したLi₂FeSiO₄のSEM像
（CO₂：H₂＝100：3 Vol.％雰囲気）

第3章　シリコン系材料の研究開発

表3　Li_2FeSiO_4の合成条件

生成物[*]	出発原料	合成温度 /℃	合成雰囲気	Feと溶融塩のモル比 Fe:$(Li_{0.435}Na_{0.315}K_{0.25})_2CO_3$
溶融塩のあり／なし				
Li_2FeSiO_4	$Li_2SiO_3 + Fe$	500	CO_2/H_2 (100/3 v/v)	1 : 1.2
$Li_2SiO_3 + Fe_3O_4$	$Li_2SiO_3 + Fe$	500	CO_2/H_2 (100/3 v/v)	1 : 0　（固相反応法）
合成雰囲気				
Li_2FeSiO_4	$Li_2SiO_3 + FeC_2O_4 \cdot 2H_2O$	550	CO_2/H_2 (100/3 v/v)	1 : 1.2
$Li_2FeSiO_4 + Li_2SiO_3 + Fe_3O_4$	$Li_2SiO_3 + FeC_2O_4 \cdot 2H_2O$	550	CO_2	1 : 1.2
$Fe_3C + Li_4SiO_4$	$Li_2SiO_3 + FeC_2O_4 \cdot 2H_2O$	550	H_2	1 : 1.2
$Li_2FeSiO_4 + LiFeO_2$	$Li_2SiO_3 + FeC_2O_4 \cdot 2H_2O$	550	Ar	1 : 1.2
Li_2FeSiO_4	$Li_2SiO_3 + FeC_2O_4 \cdot 2H_2O$	550	CO_2/H_2 (60/40 v/v)	1 : 1.2
$Li_2FeSiO_4 + Fe_3C$	$Li_2SiO_3 + FeC_2O_4 \cdot 2H_2O$	550	CO_2/H_2 (50/50 v/v)	1 : 1.2
$Li_2SiO_3 + Fe_3C$	$Li_2SiO_3 + FeC_2O_4 \cdot 2H_2O$	550	CO_2/H_2 (5/95 v/v)	1 : 1.2
溶融塩フラックス量				
Li_2FeSiO_4	$Li_2SiO_3 + Fe$	500	CO_2/H_2 (100/3 v/v)	1 : 3
Li_2FeSiO_4	$Li_2SiO_3 + Fe$	500	CO_2/H_2 (100/3 v/v)	1 : 0.7
$Li_2FeSiO_4 + Li_2SiO_3$	$Li_2SiO_3 + Fe$	500	CO_2/H_2 (100/3 v/v)	1 : 5　フラックス過剰
$Li_2FeSiO_4 + Li_2SiO_3 + Fe_3O_4$	$Li_2SiO_3 + Fe$	500	CO_2/H_2 (100/3 v/v)	1 : 0.5　フラックス過少
合成温度				
$Li_2SiO_3 + Fe_3O_4 + Li_2FeSiO_4$	$Li_2SiO_3 + Fe$	400	CO_2/H_2 (100/3 v/v)	1 : 1.2
$Li_2FeSiO_4 + Li_2SiO_3 + Fe_3O_4$	$Li_2SiO_3 + Fe$	450	CO_2/H_2 (100/3 v/v)	1 : 1.2
Li_2FeSiO_4	$Li_2SiO_3 + Fe$	700	CO_2/H_2 (100/3 v/v)	1 : 1.2
Fe原料				
$Li_2SiO_3 + Fe_3O_4$	$Li_2SiO_3 + Fe_2O_3$	500	CO_2/H_2 (100/3 v/v)	1 : 1.2
Li_2FeSiO_4	$Li_2SiO_3 + Fe_2O_3$	700	CO_2/H_2 (70/30 v/v)	1 : 1.2
$Li_2FeSiO_4 + Li_2SiO_3 + Fe_3O_4$	$Li_2SiO_3 + FeCl_2 \cdot 4H_2O$	500	CO_2/H_2 (100/3 v/v)	1 : 1.2
湿度条件				
$Li_2FeSiO_4 + Fe_3O_4$	$Li_2SiO_3 + Fe$	500	Humidified at 303 K CO_2/H_2 (100/3 v/v)	1 : 1.2

[*] XRD（CuKα）により判別した。

原料には，金属鉄が適していた。シュウ酸鉄からも合成できるが不純物としてFe_3O_4が比較的多く見られた。これは，含まれる結晶水などにより混合中に原料のFe^{2+}が酸化し，生じたFe^{3+}によりFe_3O_4が生成しやすくなるためと考えられる。この不純物であるFe_3O_4は，合成温度を細かい粒子が得られる500℃よりも高めて700℃にすることで少なくできることがわかった。Li_2FeSiO_4の合成条件の詳細をそれぞれ表3に整理した。

　種々の検討から得られたLi_2FeSiO_4の純度を評価するため，エネルギーの高い単色X線を利用した放射光XRDにより生成物の測定を行った。得られたデータを結晶構造モデルにフィッティングさせるリートベルト法により解析を行い[117]，結晶構造パラメータおよび不純物相との量比を求めた（図9）。Li_2FeSiO_4相は98.7 wt％であり，不純物相Li_2SiO_3とFe_3O_4はそれぞれ1.1 wt％と0.2 wt％程度含まれていることがわかり，これまで報告された中では最も高い純度の材料を得ることが

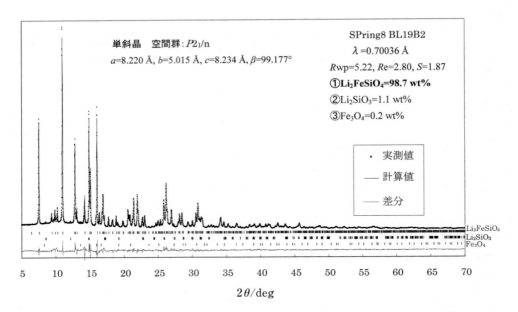

図9 溶融炭酸塩法により合成したLi$_2$FeSiO$_4$の放射光XRDパターンのリートベルト解析結果

表4 Li$_2$MnSiO$_4$の合成条件

生成物*	出発原料	合成温度/℃	合成雰囲気	Mnと溶融塩のモル比 Mn:(Li$_{0.435}$Na$_{0.315}$K$_{0.25}$)$_2$CO$_3$
溶融塩なし				
Li$_2$SiO$_3$ + MnO	Li$_2$SiO$_3$ + MnC$_2$O$_4$·2H$_2$O	550	CO$_2$/H$_2$(100/3 v/v)	1:0（固相反応法）
合成雰囲気				
Li$_2$MnSiO$_4$ + MnO	Li$_2$SiO$_3$ + MnC$_2$O$_4$·2H$_2$O	550	Ar	1:1.2
Li$_2$MnSiO$_4$ + Li$_2$SiO$_3$	Li$_2$SiO$_3$ + MnC$_2$O$_4$·2H$_2$O	550	CO$_2$	1:1.2
MnO + Li$_4$SiO$_4$	Li$_2$SiO$_3$ + MnC$_2$O$_4$·2H$_2$O	550	H$_2$	1:1.2
Li$_2$MnSiO$_4$	Li$_2$SiO$_3$ + MnC$_2$O$_4$·2H$_2$O	550	CO$_2$/H$_2$(100/3 v/v)	1:1.2
合成温度				
Li$_2$MnSiO$_4$ + Li$_2$SiO$_3$	Li$_2$SiO$_3$ + MnC$_2$O$_4$·2H$_2$O	450	CO$_2$/H$_2$(100/3 v/v)	1:1.2
Li$_2$MnSiO$_4$	Li$_2$SiO$_3$ + MnC$_2$O$_4$·2H$_2$O	500	CO$_2$/H$_2$(100/3 v/v)	1:1.2
Li$_2$MnSiO$_4$	Li$_2$SiO$_3$ + MnC$_2$O$_4$·2H$_2$O	650	CO$_2$/H$_2$(100/3 v/v)	1:1.2
マンガン原料				
Li$_2$MnSiO$_4$ + Li$_2$SiO$_3$ + MnO + Li$_2$CO$_3$	Li$_2$SiO$_3$ + MnCl$_2$·4H$_2$O	500	CO$_2$/H$_2$(100/3 v/v)	1:1.2
Li$_2$MnSiO$_4$ + Li$_2$SiO$_3$ + MnO + Li$_2$CO$_3$	Li$_2$SiO$_3$ + Mn	500	CO$_2$/H$_2$(100/3 v/v)	1:1.2
Li$_2$MnSiO$_4$ + Li$_2$SiO$_3$	Li$_2$SiO$_3$ + MnO	500	CO$_2$/H$_2$(100/3 v/v)	1:1.2
Li$_2$MnSiO$_4$	Li$_2$SiO$_3$ + Manganese hydroxide	500	CO$_2$/H$_2$(100/3 v/v)	1:1.2

* XRD（CuKα）により判別した。

第3章　シリコン系材料の研究開発

できた。解析により得られたLi_2FeSiO_4の結晶学的データは，報告されているものとよく一致した値を得ることができた[45]。

　このような正極材料は実験室規模では約１ｇ程度の合成にとどまっていたが，後で述べる実電池による安全試験などを行う場合，多量の材料が必要となる。我々は検討を重ね，現在では電池に必要な特性を持った粉をキログラム単位で合成する技術を確立できた。

　Li_2MnSiO_4の合成においてもほぼ同様な検討を行い，その合成条件を表４に整理した。放射光XRDにより評価した結果，不純物の存在を示すピークが見られない単相の材料を得ることができた[74]。

２.３.２　シリケート系正極材料の特性評価

　合成したままのLi_2FeSiO_4粉体に導電助剤（アセチレンブラック：AB）と結着剤（ポリテトラフルオロエチレン：PTFE）を添加して充放電容量を評価した場合，40 mAh g^{-1}程度の容量しか得られなかった。そこで，Li_2FeSiO_4の導電性を高めるため，カーボンとのコンポジット化を検討した。得られたLi_2FeSiO_4の粉末をそれぞれアセチレンブラック（AB）とボールミルにより450 rpm，５時間メカニカルミリングさせることにより混合（活物質：AB＝５：４重量比）し，水素：二酸化炭素（３：100体積比）雰囲気，700℃，２時間アニール処理により活物質カーボンコンポジットを作製した。得られたコンポジット80 wt％，AB13 wt％，PTFE７ wt％を混合し，電極を作製した。電解液にはエチレンカーボネート（EC）／ジエチルカーボネート（DEC）またはジメチルカーボネート（DME）（体積比１：１）に１モル濃度の$LiPF_6$を溶解した溶液を用いた。セパレータに微多孔膜（Celgard2400），対極にリチウム箔を用いた半電池（CR2032タイプのコインセル）を作製した。この半電池について30℃または60℃において，電流密度２～10 mAg^{-1}，電圧範囲1.5～4.5Vにて充放電特性を評価した。

　図10(a)と(b)にそれぞれLi_2FeSiO_4の充放電特性とサイクル特性を示す。溶融炭酸塩法より得られたLi_2FeSiO_4正極は，種々報告されている値としては良好な容量約160 mAh g^{-1}を示し，２サイクル以降では安定した充放電を繰り返し，放電平均電圧は2.5Vであった（図10(a)）。またサイクル数の増加に伴う容量の低下が少なく，80サイクルにおいても容量維持率が86％と，良好なサイクル特性を示した（図10(b)）。さらに，放電電流の大きさを変化させて容量の変化を調べるレート特性も良好で５Cレートでの放電においても50 mAh g^{-1}以上の容量を保持しており，レート特性試験後に容量低下は見られなかった。

　Li_2FeSiO_4正極は，初回充電時に見られた一定した電圧を示す領域（プラトー）の電圧が3.1Vであったものが，２サイクル目では2.8Vにまで低下した（図10(a)）。この電圧変化を詳細に調べるため，初回充電3.1V（図10(a)B），初回充電末4.2V（図10(a)C），初回放電末1.5V（図10(a)D），２サイクル目充電末4.2V（図10(a)E）のサンプルの放射光XRD測定を行った。図11に得られた回折パターンを示す。Li_2FeSiO_4を3.1Vまで充電すると，新しい回折パターンが現われ，4.2Vまで充電すると完全に新しい回折パターンに変化した。その後，1.5Vまで放電しても充電前の初期の回折パターンには戻らず，充電時とも異なる回折パターンを示した。再び，4.2Vまで充電

153

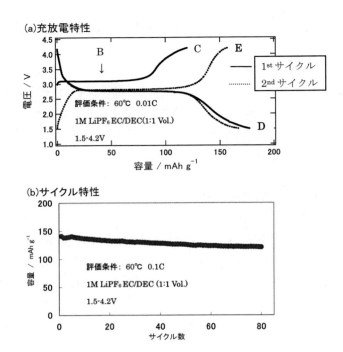

図10 溶融炭酸塩を用いて合成したLi$_2$FeSiO$_4$正極の(a)充放電特性，(b)サイクル特性

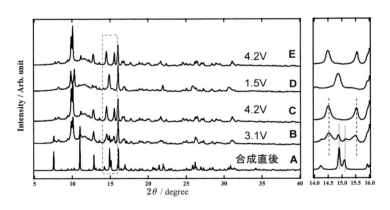

図11 Li$_2$FeSiO$_4$の充放電過程の放射光XRDパターン
（記号BからEは，図10(a)中の充・放電状態にそれぞれ対応）

すると，初期充電後4.2Vの場合と同様な回折パターンが得られた。これらの変化を回折角14～16度の拡大図（図11右図）に示した。つまり，Li$_2$FeSiO$_4$結晶相は，充放電することにより初期構造とはまったく異なる充電相および放電相に変化することがわかった。瀬戸口によるLi$_2$ZnSiO$_4$の構造変化の研究[14]からLi$_2$FeSiO$_4$では，初回充電時鉄イオンとリチウムイオンの無秩序な配置への

第3章 シリコン系材料の研究開発

変化が示唆された。この2種類のカチオンの無秩序モデルを構築することで，充電相と放電相の結晶構造を決定することができた。充電相と放電相の格子定数および結晶構造モデルをそれぞれ表5および図12に示す。初期構造から充電してリチウムを脱離させると，鉄イオンがそれまで占有していたサイトからもともとリチウムが存在したサイトに移動し，残ったリチウムイオンと鉄イオンがそれぞれのサイトを無秩序に占有した充電相を形成する。充電相を放電させてリチウムイオンを挿入する際，初回充電時に鉄イオンが移動して空いていたサイトをリチウムイオンが占有して放電相となる。以後出入りするリチウムイオンは，初回充電時に鉄イオンが移動して空いたサイトだけを使って出入りを繰り返す。解析により得られた構造モデルから，合成した相から充電相への体積変化は2.1%増と比較的小さく，さらに充放電時の体積変化が0.2%と，知られている正極材料の中ではきわめて低いことがわかった。このような充放電に伴う体積変化の小さな物質は，体積変化に伴う電極のストレスが少なく，このため安定したサイクル特性（図10(b)）を示すと考えられる[59]。

図13(a)と(b)にそれぞれLi_2MnSiO_4の充放電特性とサイクル特性を示す。Li_2MnSiO_4とカーボンのコンポジットは，Li_2FeSiO_4の場合と同様な処理により得た。Li_2MnSiO_4正極は，初期充電容量約

表5 Li_2FeSiO_4合成直後と充電相，放電相の格子パラメータ

	a (Å)	b (Å)	c (Å)	β (°)	体積 (Å^3)
合成直後	8.2256(4)	5.01441(9)	8.2303(4)	99.143(2)	335.16
充電相	8.3811(6)	5.0258(2)	8.3564(3)	103.459(6)	342.33
放電相	8.3089(2)	5.0378(1)	8.276(1)	98.01(1)	343.06

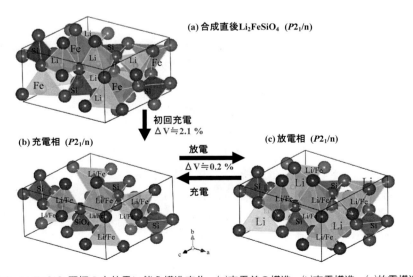

図12 Li_2FeSiO_4正極の充放電に伴う構造変化，(a)充電前の構造，(b)充電構造，(c)放電構造

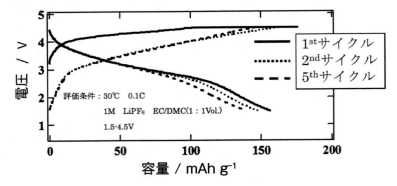

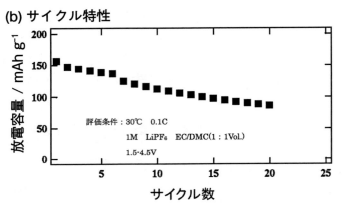

図13 溶融炭酸塩を用いて合成したLi₂MnSiO₄正極の(a)充放電特性, (b)サイクル特性

176 mAh g^{-1}，初期放電容量約156 mAh g^{-1}を示した。初期効率は約89％と，報告されているLi₂MnSiO₄正極の中では比較的高い値であった。また，放電平均電圧は約2.9 Vであり，Li₂FeSiO₄の場合よりも0.4 V高い値を示した。Li₂MnSiO₄はサイクルに伴う容量の低下が大きく，20サイクル後には初期放電容量の約55％の容量となったため，サイクル特性の向上が課題である。この劣化の程度は合成時の原料によって変化し，シュウ酸マンガンよりも水酸化リチウムを用いて硫酸マンガン水溶液から得たマンガン沈殿物を用いて得られたLi₂MnSiO₄のほうが放電容量が大きく，高い容量保持率を示した。このように合成方法を工夫することでLi₂MnSiO₄正極の特性を改善し得ると考えられる[74]。さらに，近年カーボン付与方法を工夫することでLi₂MnSiO₄のサイクル特性を改善できた報告がAravindanら[63,64]，Ghoshら[70]，Kempaiahら[68]によってなされており，今後Li₂MnSiO₄のサイクル特性のより一層の改善が可能になると考えられる。

2.3.3 Li₂FeSiO₄を用いた実電池の作製と評価

サイクル特性が安定しているLi₂FeSiO₄を用いて，コインセル型の実電池による充放電特性を評価した。負極にはリチウムをあらかじめドープ（プリドープ）[118]したSiO負極を用いた。SiO負極

第3章　シリコン系材料の研究開発

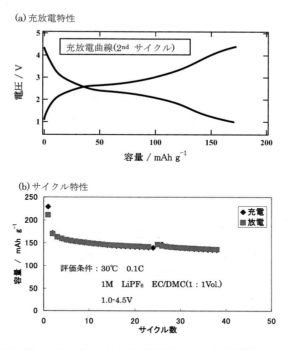

図14　Li$_2$FeSiO$_4$正極とSiO負極による実電池形式での(a)充放電特性と(b)サイクル特性

へのリチウムプリドープ量は，リチウム箔とSiO負極を用いた半電池を作製し，充放電試験により電気化学的に制御した。得られたLi$_2$FeSiO$_4$/SiO電池の充放電特性を図14に示す。充放電条件は，0.1Cレート，電圧範囲1.0〜4.7V（初期充電のみ4.7Vにおいて10時間保持。2サイクル目から1.0〜4.5Vに変更。），温度30℃，電解液1M LiPF$_6$ EC/DMC（体積比1：1）である。初期サイクルにおいて200 mAh g^{-1}を超える放電容量が観察された。数サイクルののち150 mAh g^{-1}程度の容量で安定したサイクル特性を示した。この電池の平均放電電圧は約2.3Vであった。このように溶融炭酸塩法で合成したLi$_2$FeSiO$_4$は，半電池のみならず実電池の形式においても良好な容量・サイクル特性を示すことがわかった。

このLi$_2$FeSiO$_4$正極とSiO負極からなる実電池の設計指針を基に，500 mAh級セルの作製・評価を検討した。我々が開発した大量合成に適した方法により，約1 kgのLi$_2$FeSiO$_4$正極用粉末を得た。この粉末をLi$_2$FeSiO$_4$正極に用い，SiO負極と組合わせた500 mAh級巻回式ラミネート型セルを作製・評価した（図15）。電池電圧は，取り付けた参照極により測定した正極と負極の電位差に対応しており，電池として正常な作動を確認した。この電池は，電圧範囲1.4〜3.6Vにおいて，容量約480 mAh，放電平均電圧約2.4Vを示した。今後，安全性試験（釘刺し試験，過充電試験，圧壊試験など）を行い，この電池系の安全性評価を行う。

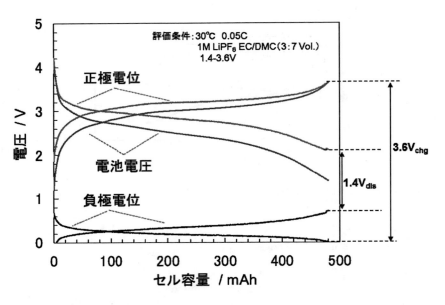

図15 Li₂FeSiO₄正極とSiO負極による500 mAh級巻回式ラミネート型セルの充放電特性

2.4 シリケート系正極材料の今後

　安価で大容量な二次電池が製造されるようになれば飛躍的に多量の電池が利用されるようになると考えられる。そのためには冒頭で述べたように、いかに安価で資源量豊富な原料を用いるかという点が重要になってくる。

　日本の年間の乗用車生産台数は約700万台で，世界ではおよそ7000万台が生産されている。ガソリン車並の走行距離450 kmを実現した本格的な電気自動車を考えた場合，現行の電気自動車（24 kWhの充電で160 kmを走行）から単純な比例計算で必要な電気容量を67.5 kWhと見積もった。この容量から，主要な正極材料についてそれぞれに必要な重量，さらに700万台分の重量を表6に試算した。

表6 450 km走行可能な電池を積載した電気自動車への各種正極材料の必要量の試算

正極材料	容量 Ah/kg	平均電圧 V	材料あたり Wh/kg	クルマ1台の活物質量 /kg	乗用車700万台に必要な活物質量/万t	乗用車700万台に必要なリチウム/万t
LiCoO₂	140	3.7	518	130	91	6.5
LiMn₂O₄	100	4.1	410	165	115	4.4
LiFePO₄	150	3.4	510	132	93	4.1
Li₂FeSiO₄	150	2.5	375	180	126	5.4
Li₂MnSiO₄	150	2.9	435	155	109	4.7

第3章　シリコン系材料の研究開発

　ここでLiFePO$_4$正極について考えた場合（PO$_4$換算で約56万トン），リンは肥料としての需要が高く，輸入しているリンの量（鉱石として50万トン）を大きく超えてしまうことがわかった。また，これまでリンの供給国であった中国や米国は自国の肥料を確保するために禁輸に踏み切っており，リン資源自体の枯渇が危惧されていることから，自動車分野に限ってさえ日本しいては世界的な需要をまかなうだけの電池をリンに頼ることは困難と考えられる。

　一方，Li$_2$FeSiO$_4$は「錆と砂から作られる正極材料」と表現されるように[91]，鉄とシリコンといった資源豊富な元素から構成されていることから，資源の確保が容易と考えられる。実際，性能面において，Li$_2$FeSiO$_4$は225 mAh g^{-1}を超える容量が発現されつつあり，Li$_2$MnSiO$_4$との固溶系により容量かつ電圧を向上できる可能性があることから，LiFePO$_4$を超える魅力的な材料となりえる。リチウムシリケート系材料のポテンシャルを引き出すため，今後のさらなる研究・開発が期待される。

　シリケート系正極材料のうち特に安価なLi$_2$FeSiO$_4$は，将来的に極めて安価なシリカ，炭酸リチウム，鉄粉などを原料に生産することができると考えられる。炭酸リチウムはキログラムあたり500円と材料の中では最も高く，シリカや鉄は原料粉の細かさにもよるが100円程度と考えると，将来キログラムあたり1000円以下の正極材料が得られる可能性がある。

　シリケート系正極材料をより安価にするという観点から，比較的高価なリチウムの量を減らし，Mgと置き換えた組成の材料を選択するという方法もある。たとえばLiMg$_{0.5}$FeSiO$_4$のような組成の材料である。我々は溶融MgCl$_2$-NaCl-KCl（2：1：1モル比）中500℃でLi$_2$SiO$_3$と鉄粉から一般にカンラン石として知られるMgFeSiO$_4$が生成することを見出している。さらに，このMgFeSiO$_4$は，対極をリチウムとして充放電することが可能であり，約100 mAh g^{-1}の容量を示した[119]。カンラン石は上部マントルの主成分であり，地表にも多く存在する。カンラン石を原料にリチウムを加えて作製した正極材料はきわめて安価かつ資源量豊富な正極材料となりえる。

　Thomasらは，Li$_{1.33}$Fe$_{1.33}$SiO$_4$のようにリチウムを減らしてレドックス種である鉄を増やすことにより容量を増加（203 mAh g^{-1}）させる方法について述べているが[120]，このような組成のシリケートはまだ合成されていない。また彼らは，Li$_2$FeP$_2$O$_7$が開発されたことを受けて[121]，オルトシリケートイオンSiO$_4^{4-}$ではなく，Si$_2$O$_7^{6-}$イオンからなるリチウム鉄シリケートLi$_2$Fe$_2$Si$_2$O$_7$を提唱しており，これが合成できれば容量190 mAh g^{-1}の正極材料となる可能性がある[120]。

　また，先の表6で述べたようにいずれの正極材料についても700万台程度の電気自動車を生産する際に使用するリチウムの量は，世界の年間生産量（2008年）の2倍程度と試算されており[122]，今後リチウム原料の高騰が予想される。このため今日ではリチウムをナトリウムに置き換えたナトリウムイオン二次電池の研究開発が盛んになっている。ナトリウムを充放電できる正極材料としては，NaCrO$_2$，NaFeO$_2$，Na(Fe-Mn)O$_2$や，本書別章で述べられている硫黄系正極材料や有機系正極材料が知られている。ナトリウムを充放電に用いることのできるシリケート系材料の検討もなされつつある[120]。

2.5 まとめ

本稿では，リチウムシリケート系正極材料であるLi_2FeSiO_4やLi_2MnSiO_4がコバルトやニッケルといったレアメタルを使用しない安価な正極材料であり，資源量の豊富さ，安全性，安定性を示す優れた正極材料であることを述べてきた。Li_2FeSiO_4およびLi_2MnSiO_4についてそれぞれ225 mAh g^{-1} [57]，313 mAh g^{-1} [68] もの可逆電容を示すことが報告されており，リチウムシリケート材料は，粒子の微小化と表面修飾をキーワードとして今後300 mAh g^{-1}を超える容量を安定して示す材料が得られる可能性があることから，正極材料の中では極めて魅力的な材料であるといえる。

また，Li_2FeSiO_4については，充放電時には合成時とまったく異なる結晶構造に変化し，体積変化の少ない充電および放電時の構造で高いサイクル安定性を示すことや，今後さらに容量を高められる可能性について述べた。さらに正極材料は携帯電話サイズの実電池が充放電可能となる段階まで我々は開発を進めてきた。

今後この電池を市場に投入するためには，その優れた安全性を実電池により実証し，特性を引き出せるより安価かつ多量な合成およびカーボン付加方法を開拓することが重要となる。より多くの研究者および開発者らが，今後この材料により一層研究と開発努力を注力するものと考えている。

文　　献

1) M. K. Murthy and F. A. Hummel, *J. Am. Ceram. Soc.*, **38**, 55 （1955）

2) I. M. Stewart and G. J. P. Buchi, *Trans. Brit. Ceram. Soc.*, 615 （1962）

3) A. R. West and F. P. Glasser, *J. Mater. Sci.*, **5**, 557 （1970）

4) A. R. West and F. P. Glasser, *J. Mater. Sci.*, **5**, 676 （1970）

5) A. R. West and F. P. Glasser, *J. Mater. Sci.*, **6**, 1100 （1971）

6) A. R. West and F. P. Glasser, *J. Mater. Sci.*, **7**, 895 （1972）

7) A. R. West and F. P. Glasser, *J. Solid State Chem.*, **4**, 20 （1972）

8) M. Setoguchi and C. Sakamoto, *J. Crystal Growth*, **24-25**, 674 （1974）

9) 瀬戸口正宏，坂本千秋，窯業協会誌，**84**, 490 （1976）

10) 瀬戸口正宏，窯業協会誌，**87**, 51 （1979）

11) H. Yamaguchi, K. Akatsuka and M. Setoguchi, *Acta Cryst.*, **B35**, 2678 （1979）

12) 瀬戸口正宏，小林祥一，山口弘，坂本千秋，赤塚久兵衛，大阪教育大学紀要，28巻，第1号 （1979）

13) H. Yamaguchi, K. Akatsuka, M. Setoguchi and Y. Takaki, *Acta Cryst.*, **B35**, 2680 （1979）

14) 瀬戸口正宏，大阪工業技術試験所報告，第374号，1 （1988）

15) C. Jousseaume, D. Vivien, A. K. Harari and B. Z. Malkin, *Opt. Mater.*, **24**, 143 （2003）

16) A. R. West, *J. Appl. Electrochem.*, **3**, 327 （1973）

第3章　シリコン系材料の研究開発

17) A. Khorassani and A. R. West, *Solid State Ionics*, **7**, 1 (1982)

18) A. Khorassani and A. R. West, *J. Solid State Chem.*, **53**, 369 (1984)

19) P. Quintana, F. Velasco and A. R. West, *Solid State Ionics*, **34**, 149 (1989)

20) Y. W. Hu, J. D. Raistrick and R. A. Huggins, *Mat. Res. Bull.*, **11**, 1227 (1976)

21) R. A. Huggins, *Electrochim. Acta*, **22**, 773 (1977)

22) D. Shannon, B. E. Taylor, A. D. English and T. Berzins, *Electrochim. Acta*, **22**,783 (1977)

23) R. T. Johnson, R. M. Biefeld, M. L. Knotek and B. Morosin, *J. Electrochem. Soc.*, **123**, 680 (1976)

24) I. D. Raistrick, C. Ho and R. A. Huggins, *J. Electrochem. Soc.*, **123**, 1469 (1976)

25) H. Y-P. Hong, *Mat. Res. Bull.*, **13**, 117 (1978)

26) M. Wakihara, T. Uchida and T. Gohara, *Solid State Ionics*, **31**, 17 (1988)

27) Y. Saito, T. Asai, K. Ado, H. Kageyama and O. Nakamura, *Solid State Ionics*, **40-41**, 34 (1990)

28) J. B. Chavarria, P. Quintana and A. Huanosta, *Solid State Ionics*, **83**, 245 (1996)

29) A. Nytén, A. Abouimrane, M. Armand, T. Gustafsson and J. O. Thomas, *Electrochem. Comm.*, **7**, 156 (2005)

30) A. Nytén, S. Kamali, L. Häggström, T. Gustafsson and J. O. Thomas, *J. Mater. Chem.*, **16**, 2266 (2006)

31) A. Nytén, M. Stjerndahl, H. Rensmo, H. Siegbahn, M. Armand, T. Gustafsson, K. Edströma and J. O. Thomas, *J. Mater. Chem.*, **16**, 3483 (2006)

32) R. Dominko, M. Bele, M. Gaberšcek, A. Meden, M. Remškar and J. Jamnik, *Electrochem. Comm.*, **8**, 217 (2006)

33) R. Dominko, M. Bele, A. Kokalj, M. Gaberšcek and J. Jamnik, *J. Power Sources*, **174**, 457 (2007)

34) R. Dominko, D. E. Conte, D. Hanzel, M. Gaberšcek and J. Jamnik, *J. Power Sources*, **178**, 842 (2008)

35) L. M. Li, H. J. Guo, X. H. Li, Z. X. Wang, W. J. Peng, K. X. Xiang and X. Cao, *J. Power Sources*, **189**, 45 (2009)

36) H. J. Guo, K. X. Xiang, X. Cao, X. H. Li, Z. X. Wang and L. M. Li, *Trans. Nonferrous Met. Soc. China*, **19**, 166 (2009)

37) X. B. Huang, X. Li, H. Y. Wang, Z. L. Pan, M. Z. Qu and Z. L. Yu, *Electrochim. Acta*, **55**, 7362 (2010)

38) X. B. Huang, X. Li, H. Y. Wang, Z. L. Pan, M. Z. Qu and Z. L. Yu, *Solid State Ionics*, **181**, 1451 (2010)

39) S. Nishimura, S. Hayase, R. Kanno, M. Yashima, N. Nakayama and A. Yamada, *J. Am. Chem. Soc.*, **130**, 13212 (2008)

40) Z. D. Peng, Y. B. Cao, G. R. Hu, K. Du, X. G. Gao and Z. W. Xiao, *Chinese Chemical Letters*, **20**, 1000 (2009)

41) D. Ensling, M. Stjerndahl, A. Nytén, T. Gustafsson and J. O. Thomas, *J. Mater. Chem.*, **19**, 82 (2009)

42) B. Shao, I. Taniguchi, *J. Power Sources*, **199**, 278 (2012)

43) M. Nadherna, R. Dominko, D. Hanzel, J. Reiter and M. Gaberšček, *J. Electrochem. Soc.*, **156**, A619 (2009)

44) N. Yabuuchi, Y. Yamakawa, K. Yoshii and S. Komaba, *Electrochemistry*, **78**, 363 (2010)

45) C. Sirisopanaporn, C. Masquelier, P. G. Bruce, A. R. Armstrong and R. Dominko, *J. Am. Chem. Soc.*, **133**, 1263 (2011)

46) N. Yabuuchi, Y. Yamakawa, K. Yoshii and S. Komaba, *Dalton Trans.*, **40**, 1846 (2011)

47) T. Muraliganth, K. R. Stroukoff and A. Manthiram, *Chem. Mater.*, **22**, 5754 (2010)

48) S. Zhang, C. Deng and S. Yang, *Electrochem. Solid-State Lett.*, **12**, A136 (2009)

49) X. Y. Fan, Y. Li, J. J. Wang, L. Gou, P. Zhao, D. L. Li, L. Huang and S. G. Sun, *J. Alloy Comp.*, **493**, 77 (2010)

50) K. C. Kam, T. Gustafsson and J. O. Thomas, *Solid State Ionics*, **192**, 356 (2011)

51) A. Kokalj, R. Dominko, G. Mali, A. Meden, M. Gaberšček and J. Jamnik, *Chem. Mater.*, **19**, 3633 (2007)

52) C. Deng, S. Zhang, B. L. Fu, S. Y. Yang and L. Ma, *Mater. Chem. Phys.*, **120**, 14 (2010)

53) Z. L. Gong, Y. X. Li, G. N. He, J. Li and Y. Yang, *Electrochem. Solid-State Lett.*, **11**, A60 (2008)

54) C. Deng, S. Zhang, Y. Gao, B. Wu, L. Ma, Y. H. Sun, B. L. Fu, Q. Wu and F. L. Liu, *Electrochim. Acta*, **56**, 7327 (2011)

55) A. R. Armstrong, N. Kuganathan, M. S. Islam and P. G. Bruce, *J. Am. Chem. Soc.*, **133**, 13031 (2011)

56) Z. Yan, S. Cai, X. Zhou, Y. Zhao and L. Miao, *J. Electrochem. Soc.*, **159**, A894 (2012)

57) D. P. Lv, W. Wen, X. K. Huang, J. Y. Bai, J. X. Mi, S. Q. Wu and Y. Yang, *J. Mater. Chem.*, **21**, 9506 (2011)

58) T. Kojima, A. Kojima, T. Miyuki, Y. Okuyama and T. Sakai, *J. Electrochem. Soc.*, **158**, A1340 (2011)

59) A. Kojima, T. Kojima and T. Sakai, *J. Electrochem. Soc.*, **159**, A525 (2012)

60) A. Kojima, T. Kojima, M. Tabuchi and T. Sakai, *J. Electrochem. Soc.*, **159**, A725 (2012)

61) W. G. Liu, Y. H. Xu and R. Yang, *J. Alloy Comp.*, **480**, L1 (2009)

62) V. Aravindan, K. Karthikeyan, S. Amaresh, H. S. Kim, D. R. Chang and Y. S. Lee, *Ionics*, **17**, 3 (2011)

63) V. Aravindan, K. Karthikeyan, K. S. Kang, W. S. Yoon, W. S. Kimf and Y. S. Lee, *J. Mater. Chem.*, **21**, 2470 (2011)

64) V. Aravindan, K. Karthikeyan, S. Amaresh and Y. S. Lee, *Electrochem. Solid-State Lett.*, **14**, A33 (2011)

65) K. Gao, C. Dai, J. Lv and S. Li, *J. Power Sources*, **211**, 97 (2012)

66) 小川大輔，安富実希，藤井明博，川部佳照，奥山良一，境哲男，GS Yuasa テクニカルレポート，**7**, 12-18 (2010)

67) S. Luo, M. Wang and W. Sun, *Ceram. Int.*, **38**, 4325 (2012)

68) D. M. Kempaiah, D. Rangappa and I. Honma, *Chem. Commun.*, **48**, 2698 (2012)

69) Y. X. Li, Z. L. Gong and Y. Yang, *J. Power Sources*, **174**, 528 (2007)

70) R. Ghosh, S. Mahanty and R. N. Basu, *J. Electrochem. Soc.*, **156**, A677 (2009)

71) W. G. Liu, Y. H. Xu and R. Yang, *RARE METALS*, **29**, 511 (2010)

72) V. Aravindan, S. Ravi, W. S. Kim, S. Y. Lee and Y. S. Lee, *J. Colloid Interface Sci.*, **355**, 472 (2011)

73) Q. Q. Zhang, Q. C. Zhuang, S. D. Xu, X. Y. Qiu, Y. L. Cui, Y. L. Shi and Y. H. Qiang, *Ionics*, **18**, 487 (2012)

74) A. Kojima, T. Kojima, M. Tabuchi and T. Sakai, *J. Electrochem. Soc.*, **159**, A532 (2012)

75) H. Guo, X. Cao, X. Li, L. Li, X. Li, Z. Wang, W. Peng and Q. Li, *Electrochim. Acta*, **55**, 8036 (2010)

76) C. Deng, S. Zhang and S. Y. Yang, *J. Alloy. Comp.*, **487**, L18 (2009)

77) R. Dominko, C. Sirisopanaporn, C. Masquelier, D. Hanzel, I. Arcon and M. Gaberscek, *J. Electrochem. Soc.*, **157**, A1309 (2010)

78) 安富実希，遠藤大輔，片山禎弘，温田敏之，村田利雄，GS Yuasa テクニカルレポート，**6**, 21 (2009)

79) Z. L. Gong, Y. X. Li and Y. Yang, *Electrochem. Solid-State Lett.*, **9**, A542 (2006)

80) S. Zhang, Y. Li, G. J. Xu, S. L. Li, Y. Lu, O. Toprakci and X. W. Zhang, *J. Power Sources*, **213**, 10 (2012)

81) C. L. Peng, J. F. Zhang, X. Cao and B. Zhang, *J. Cent. South Univ. Technol.*, **17**, 504 (2010)

82) R. Dominko, *J. Power Sources*, **184**, 462 (2008)

83) C. Deng, S. Zhang, S. Y. Yang, B. L. Fu and L. Ma, *J. Power Sources*, **196**, 386 (2011)

84) S. Zhang, C. Deng, B. L. Fu, S. Y. Yang and L. Ma, *J. Electroanal. Chem.*, **644**, 150 (2010)

85) S. Zhang, C. Deng, B. L. Fu, S. Y. Yang and L. Ma, *Electrochim. Acta*, **55**, 8482 (2010)

86) Z. L. Gong, Y. X. Li and Y. Yang, *J. Power Sources*, **174**, 524 (2007)

87) C. Lyness, B. Delobel, R. Armstrong and P. G. Bruce, *Chem. Commun.*, 4890 (2007)

88) V. Aravindan, K. Karthikeyan, S. Amaresh, H. S. Kim, D. R. Chang and Y. S. Lee, *Ionics*, **17**, 3 (2011)

89) Y. Xu, Y. Li, S. Liu, H. Li and Y. Liu, *J. Power Sources*, **220**, 103 (2012)

90) W. Zhang, *J. Electrochem. Soc.*, **157**, A1040 (2010)

91) M. S. Islam, R. Dominko, C. Masquelier, C. Sirisopanaporn, A. R. Armstrong and P. G. Bruce, *J. Mater. Chem.*, **21**, 9811 (2011)

92) A. Boulineau, C. Sirisopanaporn, R. Dominko, A. R. Armstrong, P. G. Bruce and C. Masquelier, *Dalton Trans.*, **39**, 6310 (2010)

93) C. Sirisopanaporn, A. Boulineau, D. Hanzel, R. Dominko, B. Budic, A. R. Armstrong, P. G. Bruce and C. Masquelier, *Inorg. Chem.*, **49**, 7446 (2010)

94) A. R. Armstrong, N. Kuganathan, M. S. Islam and P. G. Bruce, *J. Am. Chem. Soc.*, **133**, 13031 (2011)

95) V. V. Politaev, A. A. Petrenko, V. B. Nalbandyan, B. S. Medvedev and E. S. Shvetsova, *J. Solid State Chem.*, **180**, 1045 (2007)

96) R. J. Gummow, N. Sharma, V. K. Peterson, Y. He, *J. Solid State Chem.*, **188**, 32 (2012)

97) A. R. Armstrong, C. Lyness, M. Ménétrier and P. G. Bruce, *Chem. Mater.*, **22**, 1892 (2010)

98) L. D. Iskhakova and V. B. Rybakov, *Crystallography Reports*, **48**, 39 (2003)

99) J. A. Gard and A. R. West, *J. Solid State Chem.*, **7**, 422 (1973)

レアメタルフリー二次電池の最新技術動向

100) G. Mali, A. Meden and R. Dominko, *Chem. Commun.*, **46**, 3306 (2010)

101) G. Mali, C. Sirisopanaporn, C. Masquelier, D. Hanzel and R. Dominko, *Chem. Mater.*, **23**, 2735 (2011)

102) G. Mali, M. Rangus, C. Sirisopanaporn and R. Dominko, *Solid State Nuclear Magnetic Resonance*, **42**, 33 (2012)

103) M. E. Arroyo y de Dompablo, U. Amador, J. M. Gallardo-Amores, E. Morán, H. Ehrenberg, L. Dupont and R. Dominko, *J. Power Sources*, **189**, 638 (2009)

104) M. E. Arroyo y de Dompablo, R. Dominko, J. M. Gallardo-Amores, L. Dupont, G. Mali, H. Ehrenberg, J. Jamnik and E. Morán, *Chem. Mater.*, **20**, 5574 (2008)

105) M. E. Arroyo y de Dompablo, J. M. Gallardo-Amores, J. García-Martínez, E. Morán, J.-M. Tarascon and M. Armand, *Solid State Ionics*, **179**, 1758 (2008)

106) P. Zhang, C. H. Hu, S. Q. Wu, Z. Z. Zhu and Y. Yang, *Phys. Chem. Chem. Phys.*, **14**, 7346 (2012)

107) Y. Li, X. Cheng and Y. Zhang, *J. Electrochem. Soc.*, **159**, A69-A74 (2012)

108) M. Armand, J.-M. Tarascon, M. E. Arroyo-de Dompablo, *Electrochem. Comm.*, **13**, 1047 (2011)

109) P. Larsson, R. Ahuja, A. Liivat, J. O. Thomas, *Compu. Mater. Sci.*, **47**, 678 (2010)

110) A. Liivat and J. O. Thomas, *Compu. Mater. Sci.*, **50**, 191 (2010)

111) F. Zhou, M. Cococcioni, K. Kang and G. Ceder, *Electrochem. Comm.*, **6**, 1144 (2004)

112) J. Ni, H. Zhou, J. Chen and X. Zhang, *Mater. Lett.*, **61**, 1260 (2007)

113) J. Kim, S. Myung and Y. Sun, *Electrochim. Acta*, **49**, 219 (2004)

114) H. Tang, Z. Zhu, Z. Chang, Z. Chen, X. Yuan and H. Wang, *Electrochem. Solid-State Lett.*, **11**, A34 (2008)

115) C. Han, Y. Hong, C. Park and K. Kim, *J. Power Sources*, **92**, 95 (2001)

116) T. Kojima, K. Nomura, Y. Miyazaki and K. Tanimoto, *J. Am. Ceram. Soc.*, **89**, 3610 (2006)

117) F. Izumi and T. Ikeda, *Mater. Sci. Forum*, **321-324**, 198 (2000)

118) 矢田静邦，リチウムイオン電池・キャパシタの実践評価技術，技術情報協会 (2006)

119) 小島敏勝，小島晶，幸琢寛，境哲男，電気化学第79回大会，3M30 (2012)

120) J. Thomas, A Quantum Leap Forward for Li-Ion Battery Cathodes, Global Climate and Energy Project Technical Report (2009, 2010 and 2011)

121) S. Nishimura, M. Nakamura, R. Natsui and A. Yamada, *J. Am. Chem. Soc.*, **132**, 13596 (2010)

122) 河本洋，玉城わかな，科学技術動向，12月号，p.17 (2010)

第4章　有機系材料の研究開発

1　有機ラジカル正極

岩佐繁之[*]

1.1　まえがき

　スマートフォンやノートPCといった携帯情報端末は，私たちの仕事や日常生活において，欠くことのできない重要なツールとなっている。これは，携帯情報端末が，機器やネットワークの高度化により簡便に情報のやりとりができ，またネットワーク上から様々な情報を収集できるためだと考えられる。携帯電子機器の持ち運びの便利さや使い勝手の良さは，機器の小型化，高機能化によるものであるが，この実現には，リチウムイオン二次電池が大容量電源として大きな役割を果たしている。一方で，携帯情報端末は今後も進化をつづけ，新たな機能や形状を持つ多様な電子機器の出現も予測されている。これにより，電源として用いられている二次電池には，二次電池の本質である大きな電力を蓄える機能に加え，形状や放電特性に対し多様な要求が出てくると考えている。例えば，形状では小型，薄型，フレキシブルなど，放電特性では，高出力性，低高温でも放電可能といった要求である。

　従来の二次電池には，鉛，マンガン，カドミウム，ニッケル，コバルトといった重金属化合物が電極材料に用いられてきた。このうち，マンガン，ニッケル，コバルトはレアメタルにも分類される元素である。一方，新たな二次電池用電極材料の開発もなされており，このなかで有機化合物への蓄電の可能性も盛んに検討されてきた。これは有機化合物には，分子構造により様々な特性の発現が期待できるからである。有機材料を用いた電極材料の代表例としては，導電性高分子が挙げられる。1970年代後半に導電性高分子が最初に合成されて以来，導電性に加え，その蓄電材料としても研究されてきた[1]。しかし，導電性高分子では同一分子内に複数の電荷を持たせた場合，それらの電荷の反発が起きる。このため，蓄電できる容量は限られることや，充電時に深い深度で充電を行うためには電圧が高くなるなどの理由により，実用的な電極材料の開発には至らなかった。

　一方で，有機材料を電極に用いた電池として，安定ラジカルの酸化還元により充放電を行う二次電池『有機ラジカル電池』が提案された[2,3]。ここでのラジカルは不対電子を意味し，一般の有機化合物上の不対電子は極めて不安定であり，ごく短時間の寿命しか持たない。一方，安定ラジカルは長期間安定な不対電子を持つ，極めて特殊な有機化合物である。この安定ラジカルは酸化還元においても特殊な性質を持つ。一般の有機化合物は電荷を蓄えようとするとすぐに分解する性質を持つ。これは，中性である分子が，酸化還元により不対電子を持つイオン性分子（イオン

---

[*]　Shigeyuki Iwasa　日本電気㈱　スマートエネルギー研究所　主任研究員

ラジカル）へ変化するためである。イオンラジカルは導電性高分子上でのみ安定に存在し，一般の有機化合物上では極めて不安定である。一方，安定ラジカルは，もともと不対電子を持つ安定な中性分子であり，電荷を蓄えたときに不対電子を持たないイオン性分子となる。このイオン性分子が安定に存在できれば，安定ラジカルとイオン性分子間で酸化還元を繰り返すことが可能となる。有機ラジカル電池は，安定ラジカルと安定なイオン性分子間の酸化還元を電極に利用した二次電池である。安定ラジカルの酸化還元は，比較的電位が高いため，有機ラジカル電池において，安定ラジカル材料を用いた電極は特に正極に利用されている。

1.2　ラジカルポリマー正極

　安定ラジカル化合物は古くからその存在が知られており，有機合成触媒や有機磁性体の分野で盛んに研究対象として扱われてきた。しかし，二次電池用電極材料として必要な酸化還元の繰り返しの安定性についての報告例はほとんどなかった。NECにおける有機ラジカル電池の研究開発では，最初に種々の安定ラジカル化合物の酸化還元の安定性がサイクリックボルタンメトリー（CV）により評価された[4]。CVは，電気化学分野で最も基本的な測定法の1つであり，電極電位を適当な電位間で掃引し，電流の電位変化を測定するものである。これにより，物質の電極反応における可逆性，安定性などの情報を得ることができる。この評価において，特に2,2,6,6-テトラメチルピペリジン-N-オキシル（TEMPO）（図1）など脂肪族環状ニトロキシルラジカルが，酸化還元に優れた安定性を示した。TEMPOの場合，1電子酸化によりオキソアンモニウムに変化し，さらに1電子還元によりTEMPOに戻る。このNOラジカル—オキソアンモニウム（NOカチオン）（図2）との間の酸化還元が，非常に安定して繰り返し可能であり，また，酸化還元電位もLi/Li$^+$比で約3.6 Vと，Liイオン電池の正極材料に近い，高い値を示した。酸化還元の繰り返しにおける安定性は，充放電の繰り返しの安定性に必要な条件となる。さらに，その後早稲田大学の西出教授らによる電気化学速度論的研究で，TEMPOが極めて大きな酸化還元速度を持つことも見出された[5]。これは，TEMPOが，一度に大きな電流を放電できる可能性，すなわち高出力電池の電極活物質になりうる可能性を示すものである。NECではその後高出力電池の開発を目的に，電極材料として，TEMPO構造を持つラジカル材料を正極材料として検討している。

　電極材料には特殊な電池用の材料を除いて，電解液に不溶であることが求められる。これは，

図1　2,2,6,6-テトラメチルピペリジン-N-オキシル（TEMPO）。黒丸は不対電子を表す。

図2　ニトロキシルラジカルの酸化還元

第4章　有機系材料の研究開発

電極材料が電解液に溶出すると，電極上で電気を蓄えられなくなるからである。また，溶出した材料が負極に接触すると，分解が起こるなどの理由により電池特性を大きく劣化することも予想できる。しかし，TEMPOに代表される市販の安定ラジカル材料はすべて低分子材料であり，これらは電解液に容易に溶解するという性質を持っていた。そこで，TEMPOの電解液に対する溶解性を低くするために，TEMPOをポリマーの側鎖にぶら下げたポリマー材料が合成された。これは，ポリマーが一般に低分子に比べ低い溶解性を示すためである。また，ポリマー材料は架橋させることも可能であり，これにより，完全な不溶性材料を得ることもできる。これまでに数種類のTEMPO構造を有するポリマー（TEMPOポリマー）が合成されている。また，TEMPOに類似した構造として5員環ニトロキシルラジカル（ピロリン環ニトロキシル）を有するポリマーも合成されている。TEMPOポリマーのうち最も代表的なのは，ポリメタクリレート骨格を有するポリ(4-メタクリロイルオキシ-2,2,6,6-テトラメチルピペリジン-N-オキシル)(PTMA)[2]とポリビニルエーテル骨格を有するポリ(4-ビニルオキシ-2,2,6,6-テトラメチルピペリジン-N-オキシル)(PTVE)[6]の2種類である（図3）。PTMAは，ラジカルの前駆体であるアミンモノマーを，アゾビスイソブチロニトリル(AIBN)を開始剤としてラジカル重合し，さらに得られたポリマーのアミノ基(NH基)を酸化反応により，ニトロキシルラジカル基(NO・基)に変換することにより合成された。また，PTVEは，まず4-ヒドロキシTEMPO(TEMPO-OH)と酢酸ビニルを原料として，イリジウム触媒存在下でビニル化し，次に得られたTEMPO置換ビニルエーテルモノマーを三フッ化ホウ酸―ジエチルエーテル錯体($BF_3 \cdot Et_2O$)でカチオン重合することにより合成された。PTMA，PTVEともに比較的安価な原料から少ないステップで合成可能である。これは，材料のコスト面で有利となり，量産面での実用性のポテンシャルを示すものである。

　一般にラジカルは極めて不安定であり，極めて短時間で分解することが知られているが，TEMPOポリマーのラジカルは極めて高い安定性を示した。PTMAのラジカルの安定性を，電子スピン共鳴スペクトル(ESR)にてスピン濃度（ラジカル濃度）を測定することにより評価したところ，室温大気下において半年放置してもスピンの減少はまったく見られなかった。実際にPTMA，PTVE

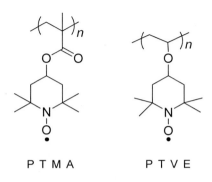

図3　ニトロキシルラジカルポリマー

はともに年単位で安定であり，合成後3年以上経過したものを電極活物質に適用しても，充放電が可能であり，電池特性の劣化も見られない。図4にはPTMAの熱重量分析（TGA）曲線，および1分間所定の温度で加熱後にESRより測定したラジカル残存率を示す。TGAよりポリマー骨格は220℃まで安定であり，また加熱後のESR測定でもラジカルの失活は200℃まで見られない。TEMPOポリマーは長期の保存安定性，および熱安定性にも優れていた。

　TEMPOポリマー，PTMA，PTVEは，ともに代表的な非水系電解液であるジエチルカーボネートやアセトニトリルなどに対して不溶であった。ただし，電解液を吸収しやすく，体積膨張を伴いゲル状に変化した。これはラジカルポリマーを主成分として構成される電極自体が，電池の中で電解液を吸収し非常に柔軟な状態になることを意味している。ラジカル材料の蓄電はラジカルサイトにおいて行われるため，理論的な容量密度は，1つのラジカルを担持する分子の分子量の大きさにより決まる。ラジカル1個あたりに1電子を蓄電したときのPTMAの理論容量は111 mAh/g，PTVEの理論容量は135 mAh/gとなる。ラジカルポリマーはLiイオン電池の正極活物質に近い理論容量を示した（Liイオン電池の電極活物質の理論容量：LiCoO$_2$ 140 mAh/g[7]）。

　ポリメタクリレートやポリビニルエーテルを主鎖に持つTEMPOポリマーは，脂肪族材料であり，それ自体に導電性はない。すなわち，TEMPO構造が蓄電能力を持つ一方で，蓄電部へ電子を受け渡す能力を持っていない。このため，TEMPOポリマーのみからなる電極は，抵抗が大きくなり電極として働かない。そこで，導電性材料との複合化を検討した。この導電性材料として有機材料と相溶性が良いこと，またリチウムイオン電池でも導電補助剤として用いられており電池用材料としての実績があることより炭素を選択した。ここに用いる炭素の種類や複合電極の作製法も，電極の抵抗に大きな影響を与えるため有機ラジカル正極の高出力性を発現するために重要な要素となる。様々な炭素材料が検討された結果，直径150 nmと極めて細い炭素繊維である気

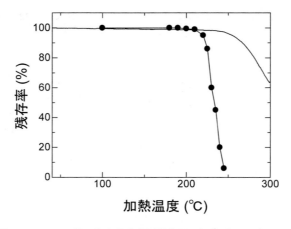

図4　PTMAの熱分解率曲線（曲線）［昇温速度10℃／分］および
　　　1分間加熱後のラジカル残存率（●）

第4章　有機系材料の研究開発

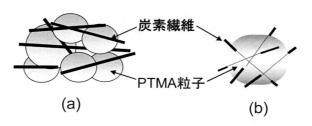

図5　(a)通常法により得られたPTMA／炭素電極（概念図），
　　　(b)PTMA／炭素複合体（概念図）

相成長炭素繊維(VGCF)が電極抵抗の低減に効果的であった。これは，この材料が比較的高い導電性を持ち，形状は極めて細いことで体積あたり表面積が大きくなり，その結果ラジカル材料とより大きな接触面積を取れるためである。PTMA／炭素正極において，その構造も電池特性に大きな影響を与える。通常の電極の作製は，通常溶媒に構成成分を分散し，金属箔上に塗布，乾燥させることにより行われる。PTMA／炭素正極の場合，通常の電極作製法では，導電性材料である炭素繊維がPTMA粒子の周囲に付着した構造となる（図5(a)）。この場合，電子の受け渡しをする導電性材料がPTMA粒子内にはないため，粒子内部のPTMA分子から導電性材料への電子の受け渡しの効率は悪くなる。これは電池の抵抗が高くなることを意味する。そこで，有機溶媒により膨潤させたPTMAに炭素を混ぜ合わせることにより，炭素繊維がPTMA内にある程度取り込まれた複合体（図5(b)）とし，これを正極材料として用いた。

1.3　PTMA有機ラジカル電池の特性[8]

　PTMA／炭素複合体より作製した薄型の有機ラジカル電池の特性を評価した。有機ラジカル電池（縦26mm×横24mm，厚さ0.7mm）（図6）は，PTMA／炭素複合電極，ポリオレフィン系セパレータ，炭素負極を2層（面積5.3cm^2×2層）に重ね合わせ，さらに電解液として1M-LiPF$_6$を含むエチレンカーボネート／ジエチルカーボネート混合溶媒を加え，これらをアルミラミネートで封止することにより作製した。PTMA／炭素複合体より作製した電極を用いた薄型有機ラジカル電池を0.5mAおよび50mAで放電した結果を図7(a)に示す。0.5mA放電において電圧平坦

図6　薄型有機ラジカル電池

性の高い放電曲線を示し，平均電圧は3.6V，放電容量は5mAhだった。また比較的大きな電流である50mAで放電した場合でも，高い電圧平坦性は維持され，放電容量は4.1mAh（0.5mA放電時の82％）を示した。複合体を用いずに作製した有機ラジカル電池の放電曲線を図7(b)に示す。0.3mA放電時の放電容量は3mAであり，複合体を用いた有機ラジカル電池の0.5mA放電時の容量の6割程度だった。また，30mA放電時では，容量は0.5mAhと極端に少なくなった。PTMA／炭素複合体を用いることにより，用いなかった場合に比べ，電池の容量が大きくなり，また大きな電流での放電も可能であった。

　電子デバイスにおいて，電源に対してパルス的な大きなエネルギー供給を要求する例が多く見られる。例えば，電子ペーパーの書き換え，暗号などの高機能なLSIの動作，高輝度LEDの発光などである。そこで20℃でパルス放電試験（パルス放電時間1秒間）を行った。結果を図8に示

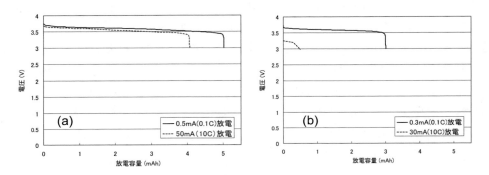

図7　(a)PTMA／炭素複合体より作製した有機ラジカル電池および(b)炭素複合体を用いずに作製した有機ラジカル電池の放電曲線

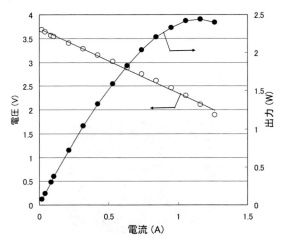

図8　有機ラジカル電池の出力特性。1秒間パルス放電。

第4章　有機系材料の研究開発

す。1秒パルス放電試験では，放電電流1.2Aの時に最大出力2.5Wを示した。このときの電極面積あたりの放電電流は113 mA/cm^2，出力は0.24 W/cm^{2}となる。セル体積より算出したこの電池の出力密度は，アルミラミネート封止材を除いた場合9.5 kW/L，封止材を含めた場合5.7 kW/Lとなった。体積あたりの出力は，市販のエネルギーデバイスで最も大きな出力を持つ電気二重層キャパシタと同等レベルだった。繰り返しパルス放電を行った場合の安定性を評価するために，1分おきに1秒間100 mAの放電を10000回繰り返した。結果を図9に示す。繰り返しパルス放電試験の結果，10000回のパルス放電後もセルの抵抗上昇はほとんどなく，また容量の減少は見られなかった。有機ラジカル電池は，繰り返しパルス放電に対し高い安定性を示した。

　PTMAは電解液を吸収しゲル状（図10(a)）となる性質がある。したがって，PTMA／炭素複合電極も有機ラジカル電池の中では，炭素繊維を含有するゲル状電極となっている。電池の中から取り出した電極は，複数回曲げ伸ばしを行ってもひび割れなどは観察されず，非常にフレキシブルだった（図10(b)）。炭素繊維が電極の骨格的な役割を果たし，丈夫な電極になっている。また，

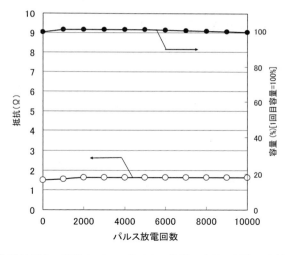

図9　有機ラジカル電池のパルスサイクル特性。左軸：抵抗，右軸：容量。

図10　電解液を吸収したPTMA(a)，電池より取り出した電極(b)

レアメタルフリー二次電池の最新技術動向

電池自体もフレキシブルであり，曲げ伸ばしをしても電池特性の変化は見られなかった。

　この性質は，曲げ伸ばしの安定性が求められるICカードやウエアラブルデバイスなどの電源に適していると思われる。また，釘刺しなどでショートをさせた場合でも，急激な発熱が起こらず安全である。このような薄型な電源を持たせることで，ICカードなどに表示やセンサをつけたり，自ら信号を発信したりできるようになり，高機能なカードとすることが可能となる。また衣服に電源を持たせることで，ディスプレイ，発光デバイス，通信デバイスなどの組み込みが可能となる。

1.4　エネルギー密度の向上（n型ラジカル材料）

　ラジカル材料の酸化還元の形態には，中性ラジカルとカチオン間で行うp型酸化還元と，中性ラジカルとアニオン間で行うn型酸化還元の2種類がある（図11）。

　PTMA正極電池ではp型酸化還元を充放電反応に用いている。これは，p型酸化還元の電極反応速度が大きいために，この反応を利用して高出力電池の開発が行われたためである。一方で，p型酸化還元を用いた二次電池では，電解液を多く必要とし，電解液の電池に占める重量，体積の割合が多くなる。この結果，エネルギー密度を大きくすることは難しくなる。p型酸化還元において電解液が多く必要となる理由は，充放電の動作メカニズムにおいて電解質塩のアニオンが充電時にラジカル材料にドープし，放電時にラジカル材料から脱ドープするためであり，この電解質塩をあらかじめ電解液中に蓄えておく必要があるからである。

　一方，n型酸化還元を用いた二次電池では，充放電反応に伴いリチウムイオンは正極と負極間を往復する形態（いわゆる，ロッキングチェア型）となる。Liイオン電池でのリチウムイオンの

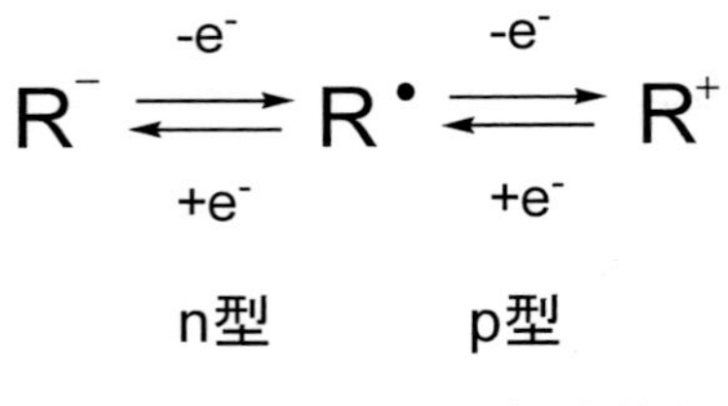

図11　ラジカルのn型およびp型酸化還元

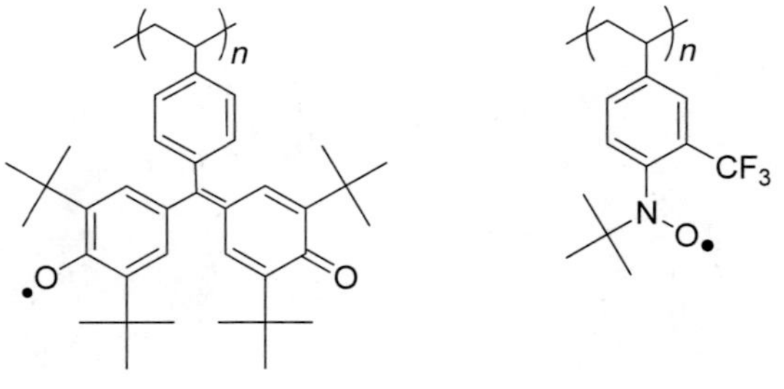

図12　n型酸化還元を示すラジカル材料の例

第 4 章　有機系材料の研究開発

動きはこの形態である。この場合，充放電の深度にかかわらず電解液濃度は一定となり，電解液
は少量（＝理論的には電極間を満たすだけの量）でよいこととなる。有機ラジカル電池において
大きなエネルギー密度を持つ二次電池の開発を目指す場合，安定なn型酸化還元を示すラジカル
材料の使用が有利となる。n型酸化還元を安定に示すラジカル材料は，これまでに数種類開発さ
れている。例えば，ガルビノキシル構造を持つラジカルポリマー[9]，電子吸引性基によりn型酸化還
元の安定性を増したニトロキシルラジカルポリマー[10]である（図12）。いまのところn型酸化還元
を用いた有機ラジカル電池では，主に基礎的な材料合成と酸化還元挙動の解析が研究対象とされ
ているが，将来的には実用的な材料が開発されていくと考えられる。

1.5　むすび

　有機材料を電極材料として用いた二次電池として，安定ラジカル材料を用いた有機ラジカル電
池が提案された。ニトロキシルラジカルのp型酸化還元を利用したPTMA有機ラジカル電池は，
放電特性としては高出力，形状としてはフレキシブルという性質を持つ。また，有機ラジカル電
池の高エネルギー密度化にはn型酸化還元の利用が有効であり，n型酸化還元の安定性を高めたラ
ジカル材料がいくつか開発されている。

文　　　献

1)　D. MacInnes, M. A. Druy, P. J. Nigrey, D. P. Nairns, A. G. MacDiarmid, A. J. Heeger, *J. Chem. Soc. Chem. Commun.*, 317（1981）

2)　中原謙太郎，岩佐繁之，佐藤正春，入山次郎，森岡由紀子，須黒雅博，長谷川悦雄，第42回電池討論会，**1A21**, 124（2001）

3)　K. Nakahara, S. Iwasa, M. Satoh, Y. Morioka, J. Iriyama, M. Suguro, E. Hasegawa, *Chem. Phys. Lett.*, **395**, 351（2002）

4)　K. Nakahara, S. Iwasa, J. Iriyama, Y. Morioka, M. Suguro, M. Satoh, E. Cairns, *Electrochimica Acta*, **52**, 921（2006）

5)　T. Suga, Y. J. Pu, K. Oyaizu, H. Nishide, *Bull. Chem. Soc. Jpn.*, **77**, 220（2004）

6)　M. Suguro, S. Iwasa, Y. Kusachi, Y. Morioka, K. Nakahara, *Macromol. Rapid. Commun.*, **28**, 1929（2007）

7)　J. M. Tarascon, M. Armand, *Nature*, **414**, 359（2001）

8)　岩佐繁之，安井基陽，西教徳，中野嘉一郎，NEC技報，**65**, 97（2012）

9)　T. Suga, Y.-J. Pu, S. Kasatori, H. Nishide, *Macromolecules*, **40**, 3167（2007）

10)　T. Suga, H. Ohshiro, S. Sugita, K. Oyaizu, H. Nishide, *Adv. Mater.*, **21**, 1627（2009）

2 多電子系有機二次電池

佐藤正春[*1]，目代英久[*2]，鋤柄　宜[*3]

2.1　はじめに

　1990年代初めに実用化されたリチウムイオン二次電池（LIB）は高エネルギー密度の最先端電池としてノート型PCや携帯電話などの普及に大きな役割を果たした。開発当初より活発な研究開発が展開され，エネルギー密度の向上が進められたが，その伸びは2000年代以降停滞し，ここ数年は技術的な限界に直面している[1]。また最近では，鉱物資源であるCoやMnなどの遷移金属を利用することから，資源価格の高騰や囲い込み，枯渇と言った政治的，経済的リスクを受けやすいという課題も浮上し，さらに電気自動車（EV）や大規模蓄電システムのような大型の蓄電システムが普及した場合にはその使用量の増加による価格高騰や安定供給の面での不安も指摘されている。このため，LIBの限界を打ち破る低コストでレアメタルフリーの高エネルギー密度電池が求められている。

　本節で取り扱う多電子系有機二次電池は有機化合物の酸化還元反応を利用して充放電を行う有機二次電池の1つである。活物質1分子，あるいは1ユニット当たり複数の電子が充放電反応に関わるため，1電子反応を利用した有機二次電池に比べて高容量が期待される[2,3]。1980年代後半から検討されてきたジスルフィド電池[4,5]やリチウム硫黄電池などの硫黄系化合物を利用したものと類似しているが，多電子系有機二次電池ではより多様な構造を有する有機化合物全体を活物質開発の対象としている。現在，研究開発が開始されたばかりの段階であるが，すでに様々な化合物系で充放電動作が確認されており，高容量密度化合物の可能性や分子設計による電圧制御の可能性からポストリチウムイオン二次電池の候補と考えられている。

　多電子系有機二次電池は他の遷移金属化合物を用いる二次電池にはない様々な特徴を持っている。主なものとしては，①レアメタルや重金属を含まないため資源的な制約がなく，原材料コストの変動や投機などの政治的，経済的リスクを受けにくい，②廃棄が容易で，活物質自体は焼却も可能であり環境にも優しい，③従来の遷移金属酸化物とは異なり，二次電池の熱暴走が始まる200℃までに分解，あるいは失活することから安全性に優れている，④活物質として用いられる有機化合物は大量生産が可能で，電気自動車や大規模蓄電システムの普及にも対応でき，さらに生産量が増大すればコストダウンしやすくなる，⑤最近の精密有機合成や分子設計のノウハウ，さらには計算化学，分析技術の進歩により，多様な有機化合物や有機化学反応の中から活物質や充放電反応に適したものを選択することが可能である，などが挙げられる。

　ここでは有機化合物を正極活物質とする多電子系有機二次電池の状況について最近の研究を中心にまとめる。

＊1　Masaharu Satoh　㈱村田製作所

＊2　Hidehisa Mokudai　㈱本田技術研究所　四輪R＆Dセンター

＊3　Toru Sukigara　㈱本田技術研究所　四輪R＆Dセンター　主任研究員

第4章　有機系材料の研究開発

2.2　高エネルギー密度有機二次電池の開発戦略

　二次電池は正極と負極から構成され，それぞれに含まれる電極活物質の酸化還元反応で充放電が進行する。蓄積できる電荷量，すなわち容量はこれら活物質の容量密度に依存し，高容量密度の二次電池を開発しようとすればそれらの高容量密度化が必要となる。負極に関して言えば，現状のLIBでは容量密度360 Ah/kgの黒鉛系材料が用いられており，SiやSiO，Sn-Niなどの600～1600 Ah/kgの高容量密度材料の研究開発も進んでいる[6,7]。ただし負極の容量密度が4倍になっても電池全体では10～20%の容量の増加にとどまると試算される。一方，正極活物質の容量密度は150～160 Ah/kgにとどまっている。そのため，二次電池の高容量化には正極活物質の高容量密度化が不可欠であり，正負極とも活物質の容量が4倍になれば電池の容量も単純に4倍になることになる。

　有機化合物で高エネルギー密度電池を実現するためには酸化還元電位が高く，高容量密度の活物質を開発しなければならない。酸化還元電位は分子軌道計算などである程度予測可能であるが，分子骨格におおむね依存し，電子供与性置換基や電子吸引性置換基による影響は小さい。有機活物質の容量密度は1分子当たり，高分子の場合には1ユニット当たりの分子量と反応電子数から計算でき，分子量が小さく反応電子数が多いほど高容量となる。また，二次電池では，質量エネルギー密度だけでなく体積エネルギー密度も優位性を左右する重要な要素である。有機化合物の比重はLIB活物質に比べて大幅に小さいため，質量当たりのエネルギー密度はLIBの2.5倍の1500 Wh/kg以上が目標となる。負極も合わせて考えると400 Ah/kgを超える高容量正極は高容量負極との組み合わせも容易であるため，その場合には1000 Wh/kg程度以上でも高エネルギー密度電池としての優位性が確保できると考えられる。

2.3　有機二次電池と多電子反応

　有機化合物は原子のs軌道，p軌道に由来する共有結合で形作られており，これらの軌道は通常は安定な閉殻構造を形成している。このような有機化合物から電子を引き抜いたり（酸化），与えたり（還元）すると閉殻構造が崩れ，荷電ラジカルが生じる。こうして生じる荷電ラジカルは反応性が高く，一般には自己反応や溶媒などとの接触で即座に分解する。このため，有機化合物を電気化学的に可逆的に酸化還元する，つまり電池活物質として利用するにはこの荷電ラジカルを様々な工夫を凝らして安定化し，可逆的に反応するようにしなければならない。

　図1に荷電ラジカルを安定化する方法を系統的に分類した例を示す。安定化の方法は大きく分けて分子内，分子間，および他の化合物（安定化剤）に分類される。これまでに提案，検討された方法としては，共役系を利用して荷電ラジカルを非局在化する方法（導電性高分子電池）[8]や荷電ラジカル同士を分子間あるいは分子内で再結合したりカップリングする方法（ジスルフィド電池）[4,5]，安定な中性ラジカルを出発物質とすることで，酸化還元しても荷電ラジカルではなく安定なイオンが生成するようにする方法（有機ラジカル電池）[9~11]など，あるいは，他の分子などで一時的に反応を制御（ドーマント）する方法（ここでは有機配位子を金属で安定化するものとし

175

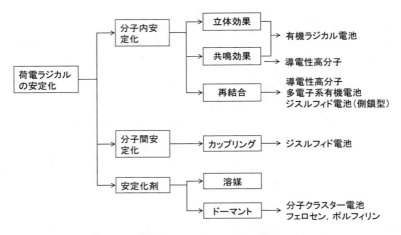

図1　有機化合物の荷電ラジカル安定化方法の例

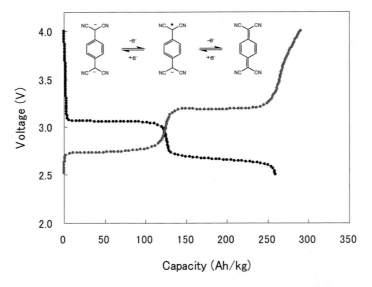

図2　TCNQを正極活物質とするセルの充放電曲線と予想される酸化還元反応
対極：金属Li，電解質：1.0 M-LiPF$_6$ in EC(30 vol.%)/DEC(70 vol.%)。25℃。

て分子クラスター電池[12,13]を挙げた）などがある。

　多電子系有機二次電池は当初は2電子同時に反応させれば荷電ラジカルが生成することなく可逆な充放電反応が進行するのではないかという考えから試みられたものである。図2に電気化学的に活性な材料として1980年代から知られているテトラシアノキノジメタン（TCNQ）を導電性の繊維状炭素と混合して電極に成形し，金属Li負極と電解質塩としてヘキサフルオロリン酸リチウム（LiPF$_6$）を溶解したエチレンカーボネート（EC），ジエチルカーボネート（DEC）混合溶媒電解

第4章　有機系材料の研究開発

液を用いて構成したセルの充放電曲線[14]を示す。TCNQの場合は図中に示した2電子反応が予想されるが，充放電曲線からは2段階の反応が可逆に進行することがわかる。これは反応が1電子ずつ進行し，しかも荷電ラジカルはセル中では必ずしも不安定ではないことを示している。この結果は，最初に考えた荷電ラジカル安定化の方法に限らず，様々な有機化合物が二次電池の活物質として利用できる可能性を示唆している。

有機化学反応の中で多電子反応は特に珍しいものではない。ただし，研究は始まったばかりであり，電池への利用を目的に調べられた反応は限られている。現状は多電子反応する様々なタイプの有機化合物を合成して動作を確認し，多電子反応を安定かつ可逆的に進行させる技術の研究開発が行われている段階である。

これまでに二次電池を構成して多電子反応が確認された有機化合物は，ニトロニルニトロキシドラジカル化合物[15]，トリキノキサリニレン[16]，フェナジンジオキシド[17]，各種のキノン系[18〜20]，およびラジアレン系化合物[21]，トリオキソトリアンギュレン[22]，ルベアン酸[23]などである。表1

表1　多電子系有機活物質の容量密度

化合物	(TCNQ構造)	(キノン構造)	(ニトロニルニトロキシド)	(トリキノキサリニレン)	(ルベアン酸)
電子数	2	4	6	6	2
容量密度（Ah/kg）	260	260	500	420	650

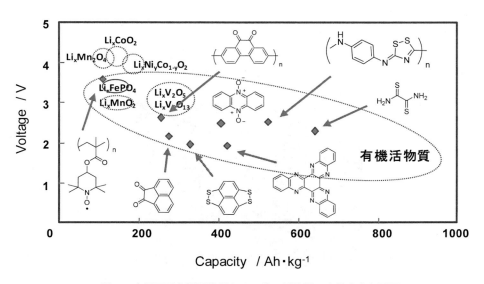

図3　多電子系有機活物質とその他の活物質の容量密度と電圧

にはこれらを正極活物質として測定した容量密度をまとめる。400 Ah/kgを超える容量密度を示すものもあり，特にルベアン酸ではLIB活物質の4倍となる650 Ah/kgの高容量が確認されている。

　図3は研究開発中のものも含めた多電子系有機活物質と無機系の活物質を容量密度と電圧でプロットしたものである。リチウムイオン電池には遷移金属の酸化物が用いられているが，遷移金属自体が重いため，容量密度には限界がある。それに対し，有機化合物は軽元素から構成されるので高容量密度化が可能であり，さらに多電子反応を利用すれば600 Ah/kgを超える高容量も期待される。次項からは研究が進んでいるルベアン酸を活物質とする二次電池についてまとめる。

2.4　ルベアン酸を活物質とする多電子系有機二次電池

　ルベアン酸は橙色の分子結晶性化合物[24]であり，比重はその結晶構造から1.65 g/cm^{3}と計算される。この値は無機系活物質の1/2～1/3程度であるが，通常の有機化合物の中では大きな部類に入り，二次電池を構成した場合には体積エネルギー密度の点で有利となる。図4にルベアン酸のSEM写真を示す。空気中で測定した熱分析では熱分解温度は190℃付近であり，二次電池の活物質としては十分な熱安定性を有している。また，その製造方法はH$_2$SとHCNを溶液中，1段で反応させるものであり，これらの原料が石油精製の脱硫過程やアクリル樹脂の製造過程で副生成物として生成することを考えると大量生産にも対応可能で大幅な低コスト化も期待できる。ルベアン酸は反応触媒も含めてレアメタルフリーの材料であると言える。

　ルベアン酸は配位子として多くの金属と安定な錯体を形成することが知られている。これはルベアン酸が電子を安定に授受できることを意味しており，二次電池の活物質として利用できることを示唆している。事実，ルベアン酸を電気化学的に還元して生成したラジカルアニオンはきわめて安定であるという記述が1970年代の文献[25]に記載されており，分子間水素結合によるものと説明されている。

　ルベアン酸の分子量は120.2と小さく，容量密度は2電子反応の場合，446 Ah/kgという大きな

図4　ルベアン酸のSEM写真（D50＝1.1 μm）

第4章 有機系材料の研究開発

値となる。図5にルベアン酸と電解質塩ヘキサフルオロリン酸リチウム（LiPF$_6$）を溶解したEC, DEC混合溶媒について電位走査速度100 mV/sおよび1000 mV/sで測定したルベアン酸のサイクリックボルタモグラム（CV）を示す。図から明らかなように，酸化ピークは不明瞭で走査速度が大きい場合にのみ観察される。これは酸化反応生成物がこの溶液系では不安定であることを示唆している。実際にセルを作製してもEC/DEC系電解液を用いたものでは初回の放電容量は600 Ah/kgとなるが，2サイクル目以降は250 Ah/kg以下に減少して曲線の形状も変化する。一方，還元ピークはいずれの走査速度でも2.4 V，および3.0 V付近に認められ，2段階の反応が進行することがわかる。このことから，ルベアン酸は電解液を適切に選べば多電子反応を利用できると考えられ，実際にグライム類などでは比較的安定な充放電が進行する。

図6にリチウムビス（トリフルオロメタンスルホニル）イミド（LiTFSI）を含む電解質を用いて作製したセル（正極：ルベアン酸10 wt.%，繊維状炭素：80 wt.%，テフロン系バインダ：10 wt.%）の充放電曲線を示す。この測定では電流をルベアン酸の2電子反応を仮定して計算した446 Ah/kgの0.1 Cに当たる44.6 mA/gとしている。初回充電では3.9 Vに電圧平坦部を持つ440 Ah/kgの容量が認められる。この値は2電子反応の容量値とほぼ等しく，ルベアン酸が2電子酸化されていることを示している。また，放電では初回に750 Ah/kgという大きな容量を示し，2サイクル目以降，650 Ah/kgで安定する。曲線の形状も初回と2サイクル目以降では異なっており，初回に正極，あるいは負極上に固体－電解質界面（SEI）が形成されたか，あるいはルベアン酸に何らかの構造変化が起こっている可能性も考えられるが，現在のところ詳細は不明である。ここで測定された放電容量650 Ah/kgはLIB活物質の4倍以上であり，電圧の違い（LIB活物質

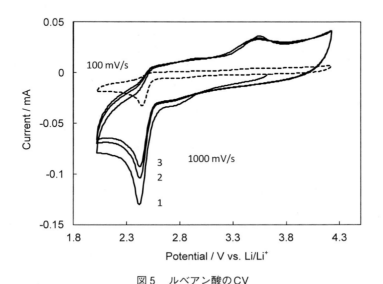

図5　ルベアン酸のCV
1 mMルベアン酸，1.0 M-LiPF$_6$ in EC（30 vol.%）/DEC（70 vol.%）。電位走査範囲：2.0～4.2 V vs. Li/Li$^+$。走査速度：100 mV/s，1000 mV/s。温度：25℃。

3.7Vに対してルベアン酸2.3V)を考慮したエネルギー密度においても活物質当たり1550 Wh/kgとLIB活物質(580 Wh/kg)の2.5倍に達する。また，この結果はルベアン酸の反応が2電子以上にわたって可逆的に進行していることを示している。開放電圧は充放電の履歴に応じて異なり，充電で終了したセルでは3.3V，放電で終了したセルでは2.3Vとなる。これはルベアン酸では反応電位の異なる2種類の反応が進行することを示している。

以上の結果から予想されるルベアン酸の充放電反応機構を図7に示す。還元側の2電子反応に加えて酸化側の2電子反応を考えることで，ルベアン酸は4電子反応することとなり，容量密度は892 Ah/kgとなる。酸化体であるカチオンラジカルは分子内，あるいは分子間でカップリングしてジカチオンになることも考えられるが詳細は解析中である。CV曲線で得られた2.5Vの還元ピーク，および3.5Vの酸化ピークはそれぞれルベアン酸がジアニオンになる反応，およびジカチオンになる反応に対応すると考えられる。

この反応機構によれば，還元側の反応はLi$^+$との反応となり，Li金属を対極とするハーフセルでは供給に問題はないが，黒鉛系などLi$^+$を持たない負極ではプレドープ，あるいはルベアン酸のLi塩などの形で系中にLi$^+$を導入する必要がある。一方，酸化側ではルベアン酸ジカチオンは

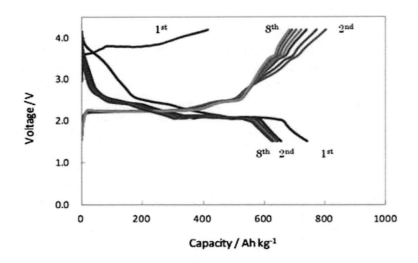

図6　ルベアン酸セルの充放電曲線
対極：金属Li。電圧範囲：1.5～4.2V。電流：4.46 mA/g。温度：25℃。

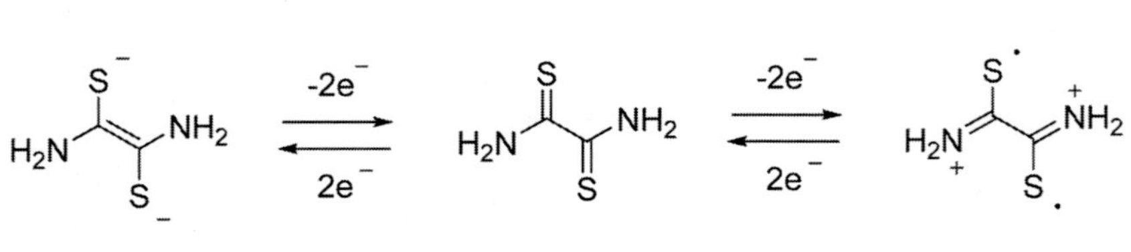

図7　ルベアン酸の予想される充放電反応機構

第4章　有機系材料の研究開発

電解質アニオンと反応することとなる。すなわち，反応の進行に伴って電解質塩の濃度が変化し，反応はその範囲内に限定されることになる。今回の活物質濃度10 wt.％電極では反応に必要なアニオンが存在しているが，活物質濃度を上げて実用的な電極を設計する場合には注意が必要であると予想される。

図8にルベアン酸を正極活物質とするセルの放電容量のサイクル依存性を示す[23]。充放電サイクルの進行に伴って容量は徐々に減少するが，100サイクル後においても400 Ah/kg（2サイクル目の容量に対して70％）を維持している。この値は実用的な電池としては十分なものとはいえないが，研究開発段階であることから改善の可能性は高い。充放電反応に伴う活物質の電解液への溶解によるものであるとすればLIBで検討された添加材などによるSEI形成などが有効であると考えられる。

次に，実用的なセルの作製を目的に実施した，ルベアン酸を活物質とする二次電池の検討結果を説明する。通常，LIBでは活物質を90 wt.％程度含むスラリーを電極（Al）箔に塗工，乾燥して電極を形成している。黒鉛などの導電助剤の割合は10 wt.％程度かそれ以下となるが，活物質との比重差から体積当たりで考えると20〜30 vol.％となる。ルベアン酸の場合は黒鉛と同程度の比重であることから，導電助剤による導電パスを維持するためには活物質濃度75 wt.％程度が最大であると考えられる。ルベアン酸を粉砕して粒径制御した粉末（D50＝8.5 μm）を用いて活物質濃度50 wt.％，60 wt.％および75 wt.％で塗工した電極では放電容量（電流密度44.6 mA/gで測定）は活物質濃度が大きくなるにつれて減少し，50 wt.％では350 Ah/kgとなり，75 wt.％では75 Ah/kgとなる。また，放電容量はルベアン酸の粒径に依存し，例えば試薬（Aldrich，D50＝150 μm）を用いた場合は75 wt.％電極で4.5 Ah/kgまで低下する。ただし，このような電極でも電流密度を小さく

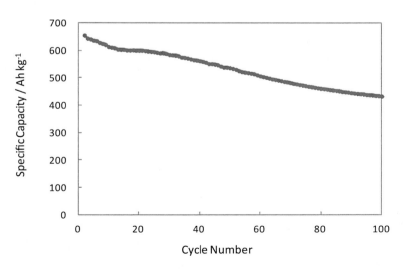

図8　ルベアン酸セルの放電容量のサイクル依存性
対極：金属Li。電圧範囲：1.5〜4.2 V。電流：4.46 mA/g。温度：25℃。

して4.0mA/g（0.08C）で測定すると容量密度は450Ah/kgまで増加する。これらの結果は，ルベアン酸の反応速度が小さいこと，および導電率が小さいことを示している。逆に言うと，粒径制御などで反応の場（比表面積）を増加させたり，何らかの方法で導電パスを形成できれば高濃度電極でも高容量が得られることを示唆している。今後の展開が期待される。

2.5 ルベアン酸誘導体

ルベアン酸で安定な充放電反応が認められたことから，ルベアン酸誘導体，あるいはルベアン酸と類似の基本骨格である直鎖ジケトン化合物についても電極活物質としての可能性が調べられている[26]。表2に得られた結果をまとめる。

ルベアン酸の2つのSがOに変わったOxamideでは容量はほとんど認められず，充放電は進行しないが，ルベアン酸のジメチル置換体である N, N'-Dimethyl dithiooxamide（MTOA）やルベアン酸のSの1つがOに変わったヘテロ系の化合物では400Ah/kgを超える容量密度が観察され，ルベアン酸と同様に高容量密度の活物質であることがわかる。また，この表では電圧を走査してセルに流れる電流を測定した電極CVにおいて，ヘテロ系のチオオキサミド，特に2-(Benzylamino)-N-(4-methylphenyl)-2-thioxoacetoamide（BTMA）が比較的高い電圧を示しており，高エネルギー密度の点から注目される。

図9，および図10にはMTOA，およびBTMAを正極活物質とするセルの充放電曲線を示す。どちらもルベアン酸と同様に初回の充放電で100Ah/kg以上の充電容量と，それを超える放電容量

表2 直鎖ジケトン化合物を正極活物質とするセルの容量密度と電極CVにおける酸化還元電圧

タイプ	化合物	分子構造	容量密度 （Ah/kg）	CV電圧 （V）
直鎖ジケトン	Oxamide		28	－
	N, N'-Dimethyl dithiooxamide, MTOA		530	2.2
ヘテロ系直鎖ジケトン	Ethylthiooxamate		420	3.3, 2.2
	2-(Benzylamino)-N-(4-methylphenyl)-2-thioxoacetoamide, BTMA		460	3.6, 2.4
	2,3-Butanediene Monoxime		385	2.4, 1.8

第4章　有機系材料の研究開発

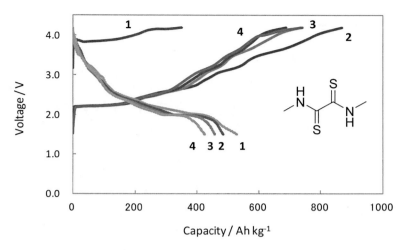

図9　MOTAセルの充放電曲線
電解液：4.8 M-LiTFSI in Tetraglyme。対極：金属Li。電圧範囲：1.5～4.2 V。
電流：4.45 mA/g。温度：25℃。

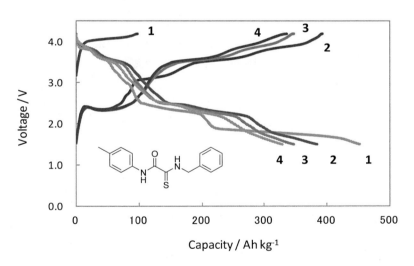

図10　BTMAセルの充放電曲線
電解液：4.8 M-LiTFSI in Tetraglyme。対極：金属Li。電圧範囲：1.5～4.2 V。
電流：4.45 mA/g。温度：25℃。

を示し，2段階以上の多電子が関与する充放電反応の進行が認められる。BTMAでは4電子反応として分子量から計算した容量密度377 Ah/kgを超える容量密度が初回放電で観察されており，さらに複雑な反応が進行していると考えられる。これらの化合物については，今後の検討が待たれる。同時に，ここで測定した以外にも高容量密度化合物が存在する可能性もあり，それらの探索

レアメタルフリー二次電池の最新技術動向

も進める必要があると考えている。

2.6　多電子系有機二次電池の可能性

　以上述べたように，ルベアン酸は容量密度が650 Ah/kg，エネルギー密度が1550 Wh/kgとそれぞれLIB活物質の4倍，および2.5倍の大きな値を有しており，比較的良好な（100サイクルで初期値の70%）サイクル寿命を示すことから，従来の二次電池を超える高エネルギー密度電池の活物質として期待される。また，レアメタルフリーや低コストの点でもルベアン酸やルベアン酸誘導体を活物質とする二次電池は優れている。低コストという点では例えば容量密度4倍で材料コスト1/2の活物質が開発できれば単位容量当たりの活物質コストは1/8となる。有機化合物は大量生産による低コスト化が容易であるため，正極活物質が占めるコストの割合をリチウムイオン二次電池の25〜30%から，大きく下げることができると考えられる。さらに，高容量密度の正極材料では正負極の容量バランスのために従来の活物質（150〜160 Ah/kg）では使用が難しかった高容量密度負極活物質（600〜1600 Ah/kg）の使用も可能となり，エネルギー当たりの電極面積を大幅に減少させることも可能となる。その結果，原材料費の大きな割合を占めるセパレーターや電極箔，バインダ，外装材の使用量を削減できる。その結果，本節で説明した高容量密度の多電子系有機活物質を用いることで電池価格は大幅に低減できると考えられる。以上のことから，ルベアン酸を活物質とする多電子系有機二次電池は従来の携帯IT機器ばかりでなく，電気自動車や家庭用蓄電システム，系統電力向け蓄電システムなど，大型の蓄電システムにも適したものになると予想される。

　ルベアン酸をはじめとする有機二次電池は実用化までに解決すべき課題は多く残されているが，他にない多くの特徴や優位性を有しており今後の発展が期待される。

文　　献

1) J.-M. Tarascon and M. Armand, *Nature*, **414**, 359 （2001）
2) M. Armand and J.-M. Tarascon, *Nature*, **451**, 652 （2008）
3) H. Nishide and K. Oyaizu, *Science*, **319**, 737 （2008）
4) M. Liu, S. J. Visco and L. C. De Jonghe, *J. Electrochem. Soc.*, **138**, 1896 （1991）
5) N. Oyama, T. Tatsuma, T. Sato and T. Sotomura, *Nature*, **373**, 598 （1994）
6) T. Takamura, S. Ohara, M. Uehara, J. Suzuki and K. Sekine, *J. Power Sources*, **129**, 96 （2004）
7) K. Ui, S. Kikuchi, Y. Jimba and N. Kumagai, *J. Power Sources*, **196**, 3916 （2011）
8) K. Kaneto, M. Maxfield, D. P. Nairns, A. G. MacDiarmid and A. J. Heeger, *J. Chem. Soc., Faraday Trans. 1*, **78**, 3417 （1982）

第4章　有機系材料の研究開発

9) K. Nakahara, S. Iwasa, M. Satoh, Y. Morioka, J. Iriyama, M. Suguro and E. Hasegawa, *Chem. Phys. Lett.*, **359**, 351 (2002)

10) K. Nakahara, J. Iriyama, S. Iwasa, M. Suguro, M. Satoh and E. J. Cairns, *J. Power Sources*, **165**, 398 (2007)

11) J. Qu, T. Katsumata, M. Satoh, J. Wada and T. Masuda, *Macromol.*, **40**, 3136 (2007)

12) H. Yoshikawa, C. Kazama, K. Awaga, M. Satoh and J. Wada, *Chem. Commun.*, 3169 (2007)

13) H. Yoshikawa, S. Hamanaka, Y. Miyoshi, Y. Kondo, S. Shigematsu, N. Akutagawa, M. Satoh, T. Yokoyama and K. Awaga, *Inorganic Chem.*, **48**, 9057 (2009)

14) S. Nishida, Y. Morita, M. Satoh, K. Nakasuji, T. Takui, 1st Russian-Japanese Workshop "Open Shell Compounds and Molecular Spin Devices", Novosibirsk, Russia (2007)

15) 重松, 芥川, 佐藤, 小泉, 大藤, 田中, 三浦, 第49回電池討論会, 3D20 (2008)

16) T. Matsunaga, T. Kubota, T. Sugimoto and M. Satoh, *Chem. Lett.*, **40**, 750 (2011)

17) 佐藤, 重松, 渡辺, 小泉, 大藤, 阿部, 三浦, 第50回電池討論会, 2D09 (2009)

18) M. Yao, H. Senoh, S. Yamazaki, Z. Siroma, T. Sakai and K. Yasuda, *J. Power Sources*, **195**, 8336 (2010)

19) 青沼, 荒木, 鎌田, 佐藤, 第51回電池討論会, 3G21 (2010)

20) Y. Shibata, H. Akutsu, J. Yamada, M. Satoh, U. H. Hiremath, C. V. Yelamaggad and S. Nakatsuji, *Chem. Lett.*, **39**, 671 (2010)

21) 武志, 古谷, 守岡, 第51回電池討論会, 2G07 (2010)

22) Y. Morita, S. Nishida, T. Murata, M. Moriguchi, A. Ueda, M. Satoh, K. Arifuku, K. Sato and T. Takui, *Nature Materials*, **10**, 947 (2011)

23) 佐藤, 小泉, 三浦, 目代, 鋤柄, 第51回電池討論会, 3G24 (2010)

24) P. J. Wheatley, *J. Chem. Soc.*, 396 (1965)

25) J. Voss, *Liebigs Ann. Chem.*, 1220 (1974)

26) 佐藤, 尾上, 小泉, 三浦, 第52回電池討論会, 4E03 (2010)

3　有機全固体電池

本間　格[*]

3.1　はじめに

　ハイブリッド車・電気自動車などのエコカーの世界市場が急速に拡大する経済状況において，安価・高容量・高出力の大型二次電池はグリーンイノベーションの最重要課題となっているが，これらの石油代替性を獲得するエネルギー貯蔵技術は低炭素化・脱原発のキーテクノロジーとして世界各国で最も熾烈な開発競争が繰り広げられている。既存型リチウムイオン電池部材の電極・電解質を使用せず，安価な有機分子とイオン液体を用いた高エネルギー貯蔵密度型二次電池が開発されれば安価大型リチウムイオン電池として有望であろう。本稿では，メタルフリー電極の観点から有機材料のリチウムイオン電池正極への適用を検討した。

　電気化学活性な有機分子ファミリーはコバルト，ニッケル，マンガンなどのレアメタルを含まない安価なリチウム電池電極材料の候補である上，さらには多電子反応に起因する大きな電気化学当量は現状の金属酸化物系活物質より本質的に大きいリチウム貯蔵容量を有した高エネルギー貯蔵密度タイプ電極としての可能性に満ちている。他方，これまで実用的な二次電池に応用できなかった理由の一つに還元状態のアニオン分子が有機電解液に可溶なため，充放電サイクルを行う際に分子性活物質が溶出して二次電池としては機能しなかった点が挙げられる。これらの課題の根本的解決を目的に全固体型の電池構造を設計し，準固体電解質を適用することにより有機活物質の溶出抑制に成功し，可溶性有機分子も二次電池の電極材料として利用できることを示した研究例を紹介する。実用的サイズで試作した全固体電池（有機正極厚さ＝300 μm）は170回以上の充放電サイクルが可能であり，全固体電池セルの蓄電エネルギー密度200 Wh/kg（ただしパッケージ重量は除く）は市販リチウムイオン電池性能を上回った。

　リチウムイオンを用いて有機分子に極めて大きな電力エネルギーを可逆的に貯蔵させることができれば多様性に満ちた有機化合物の電極材料への応用，並びに安価・高容量・高出力の大型リチウムイオン電池に資する革新的電池技術に新しい道筋を拓くものと期待できる。

3.2　有機活物質の多電子反応容量

　研究対象としたキノン系有機分子ファミリーは多電子レドックス反応を有しており，無機系活物質と比較して同等，あるいはそれ以上の電力エネルギー貯蔵ができる可能性がある。さらに，コバルト，ニッケル，マンガンなどのレアメタルを含まないために安価で資源的制約が無いといった特長も有しており電気自動車用およびスマートグリッド用の大型二次電池材料としての経済性に優れている。本研究開発に用いた図1の有機分子ファミリーは高い正極電位と2電子反応容量を有しており理論的には現在のリチウムイオン電池に利用される$LiCoO_2$，$LiFePO_4$などの無機系電極材料より大きな電力エネルギー密度貯蔵が可能である。

---

[*]　Itaru Honma　東北大学　多元物質科学研究所　教授

第4章　有機系材料の研究開発

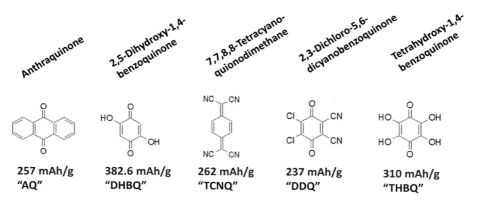

図1　2電子反応容量を有した有機分子ファミリー

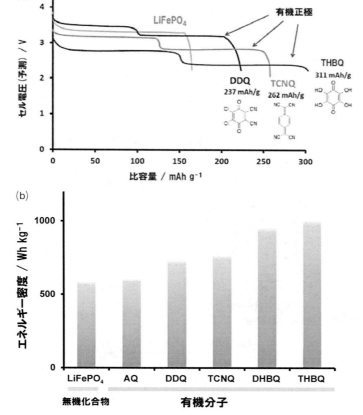

図2　(a)キノン系有機分子の放電プロファイル
有機分子でも無機系活物質に匹敵する高い電位が得られる。
(b)キノン系有機分子の蓄電エネルギー密度
2電子反応容量に起因した高いエネルギー密度が期待できる。

3.3 有機活物質の高エネルギー密度特性

リチウムイオン電池電極に有機分子材料を適用しても十分な蓄電エネルギー密度を得ることができる。図2(a)に示したようにキノン系有機分子はリチウムに対して3V前後の実用的な高い電極電位と，さらに2電子反応容量に起因した230～310 mAh/gレベルの高いリチウム貯蔵容量を有している。従って図2(b)に示したように無機化合物活物質より高エネルギー密度特性が期待できる。比較例としてLiFePO$_4$の蓄電エネルギー貯蔵密度を示したが，有機分子の方が活物質あたりの蓄電エネルギー密度が高いことが判る。

3.4 準固体電解質

イオン液体は高いイオン導電率と広い電位窓を有し，難燃性・難揮発性溶媒であることから近年，電池電解質材料への応用が期待されている。筆者らのグループは，近年の研究でイオン液体は固体表面との強い相互作用により擬似的に固体化することを明らかにしてきた。例えば比表面積の大きなナノサイズのシリカ粒子（粒径6 nm）を用いて75 vol.％のイオン液体が擬似的に固体化できる。これらのナノ界面に固定化されたイオン液体は粘性係数が3ケタ以上も上昇することから機械的性質としては事実上，固体電解質として扱える反面，ナノ空間に閉じ込められたイオン液体は並進性を失いつつも振動・回転の運動自由度は液体と同様に保存されているためイオン輸送メカニズムの中で最重要なGrotthuss機構が十分機能することから液体類似のイオン伝導特性を有した"みなし固体"電解質と考えることができる。このような固体でありながら液体的イオン伝導メカニズムを有する新材料を筆者らは準固体電解質（Quasi-Solid State Electrolyte）と提

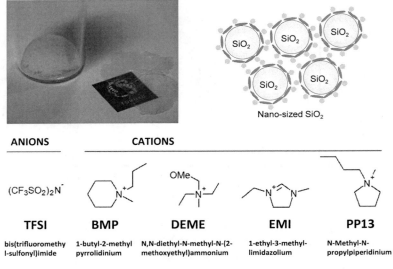

図3 シリカナノ粒子とイオン液体のハイブリッド型準固体電解質

第4章　有機系材料の研究開発

唱し，可溶性の有機分子正極材料に適用できるオリジナルな固体電解質として研究を行ってきた。図3に筆者らのグループが開発したイオン液体とシリカナノ粒子をハイブリッド化させ（シリカ粒子表面にイオン液体が固定化），さらに結着ポリマー（PTFE）でシート化した準固体電解質の写真を載せた。透明均一で機械的強度も良好な自立厚膜（100～300 μm）シートとして得ることができる。イオン液体の混合比率が75 vol.％の準固体電解質は機械的には固体電解質であるにも拘らずイオン液体バルクのイオン伝導度の約1/4の伝導性を有している。室温で $\sigma = 10^{-3}$ S/cm程度のイオン伝導度を有し，みなし固体でありながら液体と同程度のイオン伝導度を有した準固体電解質は有機分子の溶解抑制に有効であると考えられるため，これらの新規電解質を有機正極のサイクル特性を向上させる電解質として採用した。

3.5　有機分子の電極特性

図4は準固体電解質を用いて作製した全固体型電池デバイスにおける有機分子テトラシアノキノンジメタン（TCNQ）正極の初回放電プロファイルである。TCNQ分子は結晶状態でカーボン電極に結着されており単一の分子性活物質とは異なる凝集状態で担持されているが，1電子還元状態（モノアニオンラジカル）および2電子還元状態（ジアニオン）に起因する電位プラトーがそれぞれ3.1Vと2.5Vに観測される。これらの電気化学活性分子の2電子反応容量に起因してほぼ理論容量263 mAh/gに近い活物質容量を得ることができた。図中にTCNQの2電子反応容量の発現機構を示したが，TCNQ分子では1電子還元状態のモノアニオンラジカルが比較的安定状態であると考えられ可逆安定な充放電特性の原因と推察される。

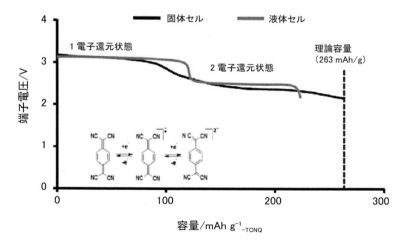

図4　有機分子テトラシアノキノンジメタン（TCNQ）結晶正極の放電プロファイル
　　ジアニオンまでの2電子容量を得ることができる。

3.6 全固体電池デバイス

図5に筆者らが試作した全固体電池の構造を示す。左図は直径1cmの固体電解質（イオン液体をシリカナノ粒子で固体化した準固体電解質）400 μm に界面層としてポリエチレンオキサイド（PEOにLi-TFSA塩を含有させた高分子電解質）20 μm を挟み有機分子テトラシアノキノンジメタン（TCNQ）正極300 μm（TCNQ結晶に導電助材カーボンを混合，重量比88 wt.%）を接合させたもの。この背面にリチウム金属負極300 μm を積層させてバルクサイズの全固体電池を作製した。

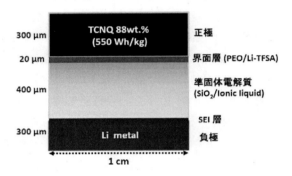

図5　試作した有機全固体電池の写真(左)とデバイス構造(右)

3.7 全固体電池のサイクル特性

図6は有機正極を用いた全固体電池（有機活物質重量比48 wt.%，電池セルの蓄電エネルギー密度は120 Wh/kg$_{-cell}$）の充放電サイクル特性を示すが50℃，0.2Cの条件では170回以上の充放電

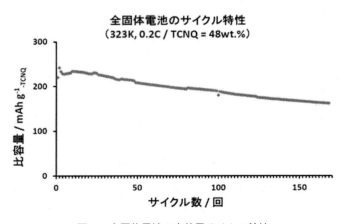

図6　全固体電池の充放電サイクル特性

第 4 章　有機系材料の研究開発

サイクルが可能であった。容量劣化が見られるものの有機分子を活物質として用いた研究例では
トップレベルのサイクル特性を実現した。また有機活物質あたりの蓄電エネルギー密度も無機系
材料に匹敵する実用レベルである。準固体電解質は有機分子の溶出抑制に有効であり，電極材料
の選択肢を様々な有機化合物に広げると共に高い蓄電エネルギー密度のリチウムイオン電池の新
しい設計指針を与えることが期待できる。

3.8　まとめ

　有機分子には大きな電力エネルギーを貯蔵できることから革新的電池への応用が期待できる。
多様性に満ち，安価でレアメタルフリーの有機分子の電極活物質利用法が開拓されれば，巨大な
蓄電エネルギー密度の革新的二次電池の基盤技術確立に貢献する。

文　　献

1) Y. Hanyu *et al.*, *Scientific Reports*, **2**, 453（2012）
2) Y. Hanyu *et al.*, *J. Power Sources*, **221**, 186-190（2013）
3) M. Yao *et al.*, *J. Power Sources*, **195**, 8336-8340（2010）
4) H. Chen *et al.*, *ChemSusChem*, **1**, 348-355（2008）

4 キノン系有機正極

八尾　勝[*]

4.1 レアメタルフリー正極としての有機正極

4.1.1 はじめに

　現在，リチウム二次電池には正極材料としてコバルト酸リチウム（$LiCoO_2$）に代表されるレアメタル酸化物が通常用いられているが，資源的制約の観点からその使用量の低減や材料の代替が必要とされている。現状では，鉄などの安価な元素による置換などでレアメタルの低減を図る方法が試みられているが，正極の完全脱レアメタル化は容易ではない。一方，リチウム二次電池の正極としての電位領域で酸化還元特性を示す材料は無機系酸化物だけではなく，有機材料にも可能性がある[1~3]。レアメタルを本質的に全く含まない有機材料を正極に用いることで，資源的制約からの解放が可能となる。さらには，有機系材料に特有の多電子移動反応が電池に利用できれば，現行の無機系正極を超えるエネルギー容量密度をもつ材料となりうる。本稿では，筆者らのキノン系材料に関する研究例を中心に，酸化還元活性を示す有機系材料の正極特性について紹介する。

4.1.2 有機正極の先行研究

　有機材料を正極に用いる研究は，過去においても多数報告されており，それらは，幾つかのカテゴリーに分類することができる。最も古いカテゴリーの一つが，導電性ポリマー型の正極材料である。中でも代表的なポリアニリンの場合[3]，条件を選べば放電電位は3.7 V *vs.* Li^+/Li程度となり，現行の正極材料であるコバルト酸リチウムの3.8 V *vs.* Li^+/Liに近くなる。しかしながら，放電容量はコバルト酸リチウムの140 mAh/gと比べ小さく，100 mAh/g前後となっている。このカテゴリーに分類されるポリマーの反応機構は，充放電時にリチウムイオンではなく，アニオンが挿入脱離するものであり，この挿入脱離過程には上限がある。そのため，本質的に高容量化が難しいという問題を抱えている。

　次のカテゴリーは有機硫黄ポリマー型の材料である[4,5]。このカテゴリーに属するポリマーは一般にジスルフィド結合（-S-S-）を有しており，還元時（放電時）にこの結合が開裂し，リチウムイオンが挿入する反応機構が提唱されている。理論容量は300〜500 mAh/gと大きいが，放電電位が2 V *vs.* Li^+/Li程度と低く，サイクル寿命が短いのが欠点である。ジスルフィド結合が開裂することによって低分子化した成分が，電解液へ溶出することがサイクル劣化の一因であるといわれている。

　ポリスチレンやポリビニルアルコールのようにポリマーの主鎖に何かしらの官能基が結合したものをペンダント型ポリマーと呼ぶが，このような構造を有する有機正極材料も提案されている。2,2,6,6-テトラメチルピペリジン1-オキシル（2,2,6,6-tetramethylpiperidine 1-oxyl：TEMPO）に代表されるラジカルを結合させた物[6]や鉄の錯体であるフェロセンが結合した物[7]がこのカテゴ

---

[*] 　Masaru Yao　㈱産業技術総合研究所　ユビキタスエネルギー研究部門
　　　　新エネルギー媒体研究グループ　研究員

第4章　有機系材料の研究開発

リーに含まれる。いずれも，上述の導電性ポリマーと同様，充放電時にリチウムイオンではなくアニオンが挿入脱離する反応機構を有しているものがほとんどである。近年は，ラジカルポリマーに関する研究例が多く報告されている。放電容量は100 mAh/g程度と大きくはないが，放電電位は比較的高い3.6 V *vs.* Li$^+$/Li程度であり，出力特性やサイクル特性に優れているという特長を有している[6]。

　他にも，電池材料となりうる酸化還元活性を示す有機材料は幾つかあるが，筆者らが主に取り組んでいる有機化合物は，キノン系化合物である。この化合物は電子アクセプター型の有機分子であり，溶液状態で2電子移動型の酸化還元反応を示すことが古くより知られている。特にベンゾキノン類は生体系にも広く存在し，これら分子の酸化還元反応は，生体中の電子伝達系において重要な役割を担っている[8]。

　最も単純な構造を有するキノン類は1,4-ベンゾキノンであり，この分子の2電子移動型の酸化還元反応が電池材料として利用できれば，約500 mAh/gという正極としては非常に大きい容量を示す材料となることが期待できる（図1(a)）。しかしながら，1,4-ベンゾキノンは昇華性が高く，電解液への溶解性も高いことから，そのままの状態で電極への適用は容易ではない。この活性分子を電極内へ固定化する上で，最も一般的な方法がポリマー化であり，これまでも幾つかの報告例がある。例えば，Foosら[9]は，電気化学的手法と有機化学的手法を組み合わせた方法を用いてベンゾキノンの2位と5位を直接つないだポリマー（図1(b)）を合成し，その電極特性を報告している。ベンゾキノン骨格当たり2電子の移動を仮定した理論容量は506 mAh/gと大きい。しかしながら，実際得られる容量はその4分の1程度であった。他の研究グループとしては，Owenら[10]がジヒドロキシベンゾキノンとホルムアルデヒドを有機化学的手法で重合させたポリマー（図1(c)）の電極特性を報告している。理論容量は，ホルムアルデヒド由来のメチレンやヒドロキシ基の存在もありFoosらのものと比べるとやや小さい353 mAh/gであるが，実際得られる容量はさらに小さい150 mAh/g程度であり，理論値の半分以下にとどまっていた。この2例は，両者と

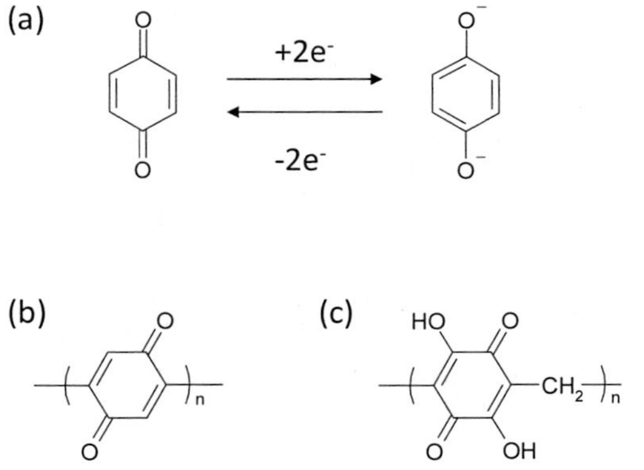

図1　(a)1,4-ベンゾキノンの2電子移動型の酸化還元反応スキームと，
　　　(b)(c)既報のベンゾキノンポリマー[9, 10]

もに共有結合で結ばれたポリマーだが，一方で，Sunら[11]は配位結合を利用したベンゾキノンポリマーについて報告している。このポリマーはジヒドロキシベンゾキノンアニオンがリチウムカチオンと結合した構造を有している。理論容量は350 mAh/g程度であるが，実際に報告されている容量は170 mAh/g程度に留まっている。何れのベンゾキノンポリマーにおいても，得られる容量は理論値の数分の一程度になるものが多い。この原因は必ずしも明らかではないが，筆者らは，ポリマー特有の非晶質部位が電子伝導性やイオン伝導性を阻害している可能性があると推察している。

4.2 結晶性低分子有機正極
4.2.1 ジメトキシベンゾキノン

　上記のように，これまでの有機電極材料は，ポリマーを中心に研究が展開されてきたが，筆者らは置換基を選択することで分子間力を制御すれば，活物質を電極内に固定するに当たって必ずしもポリマーである必要性はないと考え，敢えて結晶性低分子状態で研究を展開した[12～16]。本項では，幾つかの結晶性低分子に対して筆者らが見出した正極材料としての特性について紹介する。

　ここでは最初の例として，ベンゾキノンに2つメトキシ基を導入したジメトキシベンゾキノン（2,5-ジメトキシ-1,4-ベンゾキノン：DMBQ）について述べる[12,13]。DMBQのアセトニトリル溶液のサイクリックボルタンメトリー測定では，-1.5 V $vs.$ Ag$^+$/Ag付近に2組の酸化還元対が見られ，溶液中のDMBQは1,4-ベンゾキノンと同様に段階的な2電子移動型の酸化還元反応を示すことが見出された。ベンゾキノンそのものに比べDMBQの酸化還元対は低電位側にシフトするが，これは，導入したメトキシ基の電子供与性によるものと考えられる。また，この酸化還元反応の電位範囲はリチウム電位基準で3Vに近い領域であり，正極材料としての機能する可能性を示している。

　上述のようにベンゾキノンそのものは昇華性が高いため電極作製は困難だが，DMBQでは電極作製が可能であった。図2(a)に作製したDMBQ電極の初期充放電曲線を示す。この電極は，2.8V

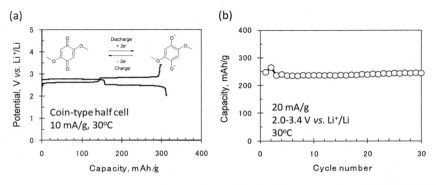

図2　2,5-ジメトキシ-1,4-ベンゾキノン（DMBQ）を活物質に用いた正極の充放電特性[12,13]
(a)初期充放電曲線，(b)サイクル特性

第4章　有機系材料の研究開発

vs. Li$^+$/Liおよび2.5 V *vs.* Li$^+$/Liにプラトー領域を有した2段の初期放電曲線を示し，サイクリックボルタモグラムに概ね対応する結果が得られた。高い電位領域側のプラトーは中性状態のDMBQからモノアニオンラジカルへの還元反応，低い電位領域側のプラトーはさらに還元の進んだジアニオン状態への反応を反映していると考えられる。初期放電容量として312 mAh/gという値が得られ，2電子反応を仮定した理論容量（319 mAh/g）に近い。利用率は98％程度であり，これは上述のポリマー系の材料では見られないような非常に高い値である。他の結晶性低分子については後述するが，同様に高い利用率を示す化合物が多い。したがって，このような高い利用率を示すことは結晶性低分子に特長的な性質であると考えている。さらにDMBQで得られた放電容量は，現行の正極材料であるLiCoO$_2$の2倍以上の値である。放電平均電位は，2.6 V *vs.* Li$^+$/Liとやや低いものの，エネルギー密度として換算すると，LiCoO$_2$の1.6倍程度の値となっている。図2(b)にはサイクル試験の結果を示すが，30サイクル程度であれば容量低下は少なく，低分子活物質としては比較的良好であった。

　一般的に，電極材料では充放電でイオンの挿入脱離が起こるため，充電状態と放電状態では結晶構造は異なる。理想的には充電状態と放電状態の結晶構造変化が可逆で，さらにサイクルに伴う構造変化が小さい活物質が求められる。しかしながら報告されているものの中には，無機−有機を問わず，充放電サイクルを重ねることでそれぞれの状態の結晶構造が変化するものがある。特に初回の充放電時の変化が大きいものが多い。結晶構造の変化に伴い充放電の容量や電圧が変化するため，特に全電池を設計する上ではこのサイクルに伴う結晶構造変化の有無は重要な要素となってくる。

　図3には，DMBQを用いた電極の充放電に伴うX線回折（XRD）パターン変化を示す[12]。DMBQ電極は，初回の放電時に回折パターンがブロード化するが，充電時に初期の回折パターンが回復する。二回目の充放電においても同様の挙動が観察され，充電時には電極作製に用いたDMBQ粉

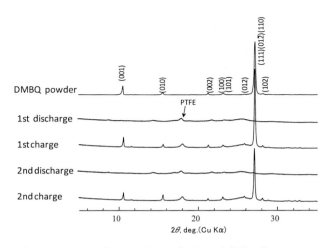

図3　2,5-ジメトキシ-1,4-ベンゾキノン（DMBQ）正極の充放電に伴うXRDパターン比較[12]

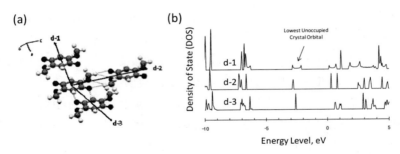

図4 (a)2,5-ジメトキシ-1,4-ベンゾキノン(DMBQ)の結晶構造[12, 21]および
(b)状態密度図（B3LYP/6-31G＊）

末の結晶構造に戻っている。以上のことから，初期の充放電サイクルの結晶構造変化は小さく，さらに充電―放電に伴う結晶構造変化は可逆であることが明らかとなった。サイクリックボルタンメトリーや充放電挙動から，DMBQはラジカル状態を経ている可能性が高いが，このXRD測定の結果から充放電の過程においてこの化学種はバルク構造の中で不均化反応などを伴わずに安定に存在していることを示している。

後述する他の有機活物質は全て同様に結晶構造の可逆性を示し，充電時には初期の結晶構造に戻っていることを確認している。放電によって一旦低下した結晶性が充電によって再び回復する現象の詳細な機構は明らかではないが，このバルク構造の可逆な変化は安定な充放電サイクルを実現するのに重要な要素の一つではないかと考えている。

ところで，有機材料は電子伝導性が低いものが多く，今回試験に用いたDMBQも例外ではない。ところが，電極として評価した際には高い利用率が得られており，これは有機結晶の内部まで電子が流入していることを示している。そこで，結晶の電子状態を調べるために，密度汎関数法を用いた量子化学計算を行った[17~20]。

計算に先立ち，DMBQの結晶構造を図4(a)に示す[12, 21]。結晶中でDMBQは幾つかの方向へ一次元的に配列していることが分かる。特に，図中ではd-1の方向にπ-π相互作用によりスタックしたカラム構造を有している。

図中のそれぞれの方向（d-1, d-2, d-3）について周期境界条件を課して電子状態を計算した結果が，図4(b)である。πスタック方向には，バンド構造が形成されていることが分かる。これは，DMBQのπ軌道がスタックした方向に重なり合っているためである。一方，d-2およびd-3方向に関しては，軌道の重なりが小さく，実際広がりをもったバンド構造は見られない。したがって電子の伝導に最も寄与しているのはスタックした方向に形成されたバンドであると考えられる。実際は，放電状態（還元状態）の電子構造も充放電中の電子伝導パスを考える際には重要であるが，現時点では，放電状態の結晶構造の詳細は明らかとなっておらず，イオン伝導パスの解明と併せ，今後の検討が必要である。

第4章　有機系材料の研究開発

4.2.2　環拡張型キノン

　上述のDMBQ以外のキノン系化合物も併せて評価を行っている。ここでは，ベンゾキノンの環構造を拡張した9,10-アントラキノン(AQ)および5,7,12,14-ペンタセンテトロン(PT)の充放電特性を紹介する[14~16]。これらの化合物は両者とも分子構造が平面的であり，結晶中では，DMBQと同様，一次元にπスタックした構造を有している（図5）[16,22,23]。さらにベンゾキノンに比べこれらの化合物は環構造が発達しているため分子間力は強まり，電解液への溶解度も低下するのでサイクル特性が向上するのではないかと期待される。

　図6(a)にAQおよびPTを用いた電極の初期放電曲線を示す[14,15]。これらの化合物は，DMBQと同様複数のプラトー領域を有する放電曲線を示した。初期放電容量に関しては，AQでは217 mAh/g，PTでは304 mAh/gという値が得られた。これらの値は，それぞれのカルボニル部位が還元すると仮定した理論値（AQ$_{(2e)}$：257 mAh/g，PT$_{(4e)}$：317 mAh/g）に近い。特に，PTで得られた値

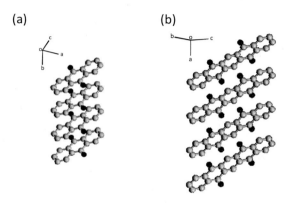

図5　(a)9,10-アントラキノン(AQ)および(b)5,7,12,14-ペンタセンテトロン(PT)の結晶中におけるスタック構造[16,22,23]

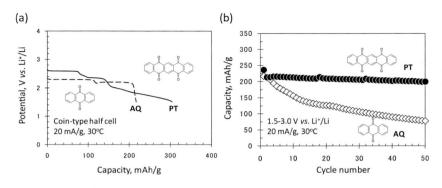

図6　9,10-アントラキノン(AQ)および5,7,12,14-ペンタセンテトロン(PT)を活物質に用いた正極の放電特性
　　(a)初期放電曲線(電解液：GBL/LiTFSI)[14,15]，(b)サイクル特性(電解液：tetraglyme/LiTFSI)[16]

は，現行の正極材料であるLiCoO$_2$の2倍以上の値である。放電電位は，両者とも2V *vs.* Li$^+$/Li程度であった。図6(b)にはそれぞれのサイクル特性を示している[16]。AQに関しては，サイクルを重ねるにつれ放電容量が低下するが，PTに関しては，その容量低下の割合が緩やかであり，比較的安定なサイクル特性を示した。電解液をはじめとする有機溶媒に対する溶解度は，AQよりPTの方が一桁程度低く，この溶媒に対する低い溶解性がサイクル特性の向上に部分的に寄与していると考えられる。

4.2.3 インディゴ

一方，キノン類以外の酸化還元活性分子に関しても電極として評価を行っている。ここでは一例として，藍染やジーンズの染料として用いられるインディゴ類について紹介する。インディゴは，インドール環構造を有する有機色素であり，溶液状態で2電子移動型の還元反応を示すことが古くから知られている（図7）。通常インディゴはケト型と呼ばれる構造を有しており，水に対しては不溶であるが，還元を受けるとロイコ型と呼ばれる構造に変化し，水に対して可溶となるため，染色工程においては重要な反応となっている。

筆者らは，この反応が電位的にリチウム二次電池の正極領域であることに着目し，正極反応としての評価を試みた[24]。周辺に置換基を有さないインディゴ分子そのものを電極材料として評価したところ，平均電圧は2.3V *vs.* Li$^+$/Li，初期放電容量は約200mAh/gの正極活物質として機能することを見出した。得られた放電容量は2電子移動を考慮した理論値（204mAh/g）に近く，溶液状態と同様に2電子移動型の還元反応が電極内においても起こっていると考えられる。しかしながらサイクル特性は十分ではなく，充放電を繰り返すと急激な放電容量の低下が見られた。劣化に従い電解液が青く着色することから，劣化要因の一つはインディゴ分子の電解液への溶出であると考えられる。

一方，サイクル特性に優れたインディゴ類も見出している。一例が，インディゴカルミンと呼ばれるスルホ基を周辺置換基としてもつ化合物である。図8にその初期放電曲線およびサイクル特性を示す。平均電圧は2.2V *vs.* Li$^+$/Li，得られる放電容量は理論値（115mAh/g）に近い110mAh/gであり，インディゴと同様，電極内で2電子移動型の還元反応が起こっていることを示唆している。電極から溶媒を用いて抽出した溶液の紫外―可視吸収スペクトル測定においても，2電子還元を受けたロイコ体の生成が明らかとなっている。

得られた放電容量はインディゴの半分程度と十分とはいえないものの，充放電を繰り返しても放電容量の低下はほとんど見られず，寿命は1000回以上であった。これは2日に1回充電するよ

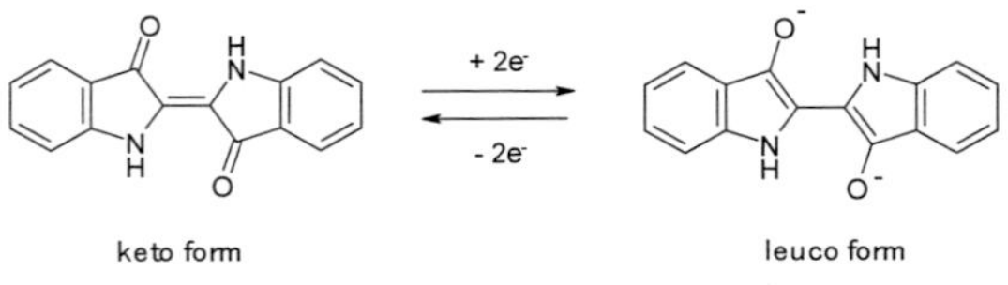

図7 インディゴの2電子移動型の酸化還元反応

第4章　有機系材料の研究開発

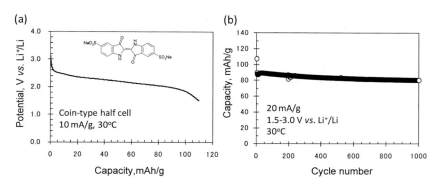

図8　インディゴカルミンを活物質に用いた正極の放電特性[24]
(a)初期放電曲線，(b)サイクル特性

うな実際の用途を考えると10年以上使える計算になる。電解液の分析の結果，サイクル試験中，活物質の溶出はほとんどないことが明らかとなった。インディゴカルミンは1分子当たり2つのスルホ基を有していることから，分子の極性は高く，電解液に用いられる有機溶媒への溶解度が低い。そのため，充放電中においても活物質の溶出が抑えられたと考えている。このように耐久性では劣ると考えられがちな有機物であっても，現行の無機材料に遜色ない水準に到達することが可能である。

4.3　ナトリウム電池やマグネシウム電池への適用

ここまでは，有機活物質のリチウム二次電池への応用について紹介してきた。リチウム二次電池には当然リチウムが必須な元素であるが，この元素を含む資源は産出国が限られていることから，将来的にはより普遍的に存在するナトリウムやマグネシウムといった元素への代替が求められている。しかしながら，これらのイオンが使用できる電極材料は限られており，材料開発が課題となっている。これに対し筆者らは，ポストリチウム二次電池として有望視されるナトリウム

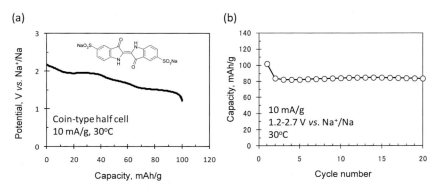

図9　インディゴカルミンを正極活物質に用いたナトリウム二次電池特性[25]
(a)初期放電曲線，(b)サイクル特性

199

二次電池やマグネシウム二次電池に有機活物質を適用することも併せて検討している。

　図9(a)には，リチウム系電解液で優れたサイクル特性を示したインディゴカルミンをナトリウム二次電池に適用した際の初期放電曲線を示す[25]。リチウム系電解液における放電曲線（図8(a)）と比べるとナトリウム電解液での放電曲線はやや複雑な形状を有しているが，得られる放電容量は理論値に近い。また平均放電電圧は1.8Vであり，リチウム系で見られた値より0.4V低い値となっている。これは，ナトリウムとリチウムの酸化還元電位の差0.32Vを概ね反映していると考えられる。したがって，ナトリウム系電解液においてもリチウム系で見られた挙動と類似の反応機構にしたがって充放電が進行していると推察される。図9(b)にはナトリウム電解液におけるインディゴカルミン電極のサイクル特性を示すが，少なくとも20サイクル程度は安定な充放電が可能であった。

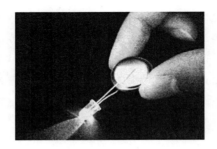

図10　インディゴカルミンを活物質に用いたナトリウム二次電池で光るLEDランプ[26]

　また，高容量有機活物質をナトリウム系へ適用した例を記す。図11(a)は，リチウム系（図2）で300mAh/g程度の容量を示したDMBQ電極のナトリウム系電解液における放電挙動である。ナトリウム系においても，2段のプラトー領域を有する放電曲線が得られ，放電容量も2電子移動

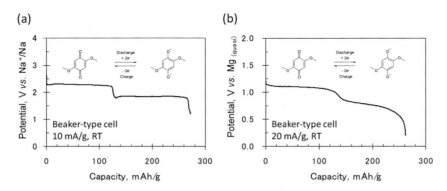

図11　2,5-ジメトキシ-1,4-ベンゾキノン（DMBQ）電極のナトリウム二次電池
　　　およびマグネシウム二次電池への適用
(a)ナトリウム電解液中での放電曲線，(b)マグネシウム電解液中での放電曲線[27]

第4章　有機系材料の研究開発

を想定した理論値に近い270 mAh/gであることから，この電極のナトリウム系における反応機構は，リチウム系のものと類似であると推察される。さらに，DMBQ電極は2価であるマグネシウムイオンを含む電解液においても充放電が可能であった（図11(b))[27, 28]。このようなカチオン種に依存しない高い順応性は，一般的な無機系活物質にはあまり見られない特長であり，有機系電極材料の，ポストリチウム二次電池材料としての有用性を示唆している。しかしながら，ナトリウム系およびマグネシウム系電解液におけるDMBQ電極のサイクル特性に関しては現状では十分ではなく，今後の課題となっている。

　一般的な無機系活物質はイオン結晶であるため，静電引力で結びつく結晶格子は強固であり，そのために挿入できるカチオン種に制限が生じていると考えられる。一方の有機結晶では，構成する分子はファンデルワール力や水素結合，π–π相互作用などの，比較的弱い分子間力で結びついており，結晶格子は比較的フレキシビリティーが高いものとなっている。そのために，このようなカチオン種に対する高い順応性を示していると考えられる。

4.4　課題と今後の展開

　現状では，低分子性有機正極はサイクル特性に問題があるものが多く，改善の余地を残している。その要因の一つが活物質の電解液への溶解であるが，芳香環の拡張や極性基の導入がサイクル特性の改善に有効であることは上述の通りであり，今後は，合成化学的なアプローチにより，容量を保ちつつ長寿命となる有機材料を設計する必要性がある。一方，電池構成の工夫も重要である。例えば，東北大学の本間らは近年，イオン液体とナノシリカ粒子を用いた擬似固体電解質を用いることで劇的にサイクル特性が改善することを報告している[29]。筆者らも，隔膜としてセラミックス固体電解質を用いた二室型のセルを用いることで，サイクル劣化が抑えられることを確認している[30]。両者とも有機活物質が負極側へ移動する現象を物理的に抑えることにより，サイクル特性が向上したものであり，セル構成が大きくサイクル性能に影響を及ぼすことを示している。

　他には，エネルギー密度の向上も課題の一つである。結晶性キノン材料は高容量ではあるものの，放電電位が2～3 V vs. Li^+/Li程度であり，現行の正極材料である$LiCoO_2$の電位3.8V vs. Li^+/Liと比べて十分とはいえない。有機材料は無機材料と比べ比重が小さいものが多いため，エネルギー密度を向上させるには，高容量化だけではなく放電電圧を上昇させることも重要である。そのためには，分子軌道の準位を下げる効果を有する置換基の導入や環構造の調整などの分子設計が必要である。

　以上のように本稿では，リチウム二次電池の正極材料として機能する有機材料を紹介した。さらに，幾つかの有機材料は，リチウムだけでなく，ナトリウムやマグネシウムを利用する将来のポストリチウム二次電池材料としての有望性が示されつつある。これらの有機材料を用いた正極とナトリウムイオンやマグネシウムイオンを組み合わせることで電池全体の大幅なコスト削減が期待できる。これらの有機物は資源的制約からの解放を可能にする上に，電気化学的な性質を分

子設計によって制御できるため，次世代の電池材料として大きな可能性を秘めていると考えている。

文　献

1) M. Armand, J.-M. Tarascon, *Nature*, **451**, 652 (2008)
2) H. Nishide, K. Oyaizu, *Science*, **319**, 737 (2008)
3) P. Novák, K. Müller, K. S. V. Santhanam, O. Hass, *Chem. Rev.*, **97**, 207 (1997)
4) M. Liu, S. J. Visco, L. C. De Jonghe, *J. Electrochem. Soc.*, **138**, 1891 (1991)
5) N. Oyama, T. Tatsuma, T. Sato, T. Sotomura, *Nature*, **373**, 598 (1995)
6) K. Nakahara, S. Iwasa, M. Satoh, Y. Morioka, M. Suguro, E. Hasegawa, *Chem. Phys. Lett.*, **359**, 351 (2002)
7) K. Tamura, N. Akutagawa, M. Satoh, J. Wada, T. Masuda, *Macromol. Rapid Commun.*, **29**, 1944 (2008)
8) J. M. Berg, J. L. Tymoczko, L. Stryer, "Biochemistry, 5th ed.", p.498, W. H. Freeman and Company, New York (2002)
9) J. S. Foos, S. M. Erker, L. M. Rembetsy, *J. Electrochem. Soc.*, **133**, 836 (1986)
10) T. L. Gall, K. H. Reiman, M. Grossel, J. R. Owen, *J. Power Sources*, **119–121**, 316 (2003)
11) J. F. Xiang, C. X. Chang, M. Li, S. M. Wu, L. J. Yuan, J. T. Sun, *Cryst. Growth Des.*, **8**, 280 (2008)
12) M. Yao, H. Senoh, S. Yamazaki, Z. Siroma, T. Sakai, K. Yasuda, *J. Power Sources*, **195**, 8336 (2010)
13) M. Yao, H. Senoh, M. Araki, T. Sakai, K. Yasuda, *ECS Trans.*, **28-8**, 3 (2010)
14) M. Yao, H. Senoh, K. Kuratani, T. Sakai, T. Kiyobayashi, *ITE-IBA Lett.*, **4**, 52 (2011)
15) M. Yao, H. Senoh, T. Sakai, T. Kiyobayashi, *Int. J. Electrochem. Sci.*, **6**, 2905 (2011)
16) M. Yao, S. Yamazaki, H. Senoh, T. Sakai, T. Kiyobayashi, *Mater. Sci. Eng. B*, **177**, 483 (2012)
17) M. J. Frisch *et al.*, "Gaussian 03, Revision E.01", Gaussian, Inc., Wallingford, CT (2004)
18) R. Dennington II, K. Todd, J. Millam, K. Eppinnett, W. L. Hovell, G. Ray, "GaaussView, Version 4.1.2", Semichem, Inc., Shawnee Mission, KS (2003)
19) A. D. Becke, *Phys. Rev. A*, **38**, 3098 (1988)
20) C. Lee, W. Yang, R. G. Parr, *Phys. Rev. B*, **37**, 785 (1988)
21) H. Bock, S. Nick, W. Seitz, C. Nather, J. W. Bats, *Z. Naturforsch. Teil B Chem. Sci.*, **51**, 153 (1996)
22) M. Slouf, *J. Mol. Struct.*, **611**, 139 (2002)
23) D. Kafer, M. E. Helou, C. Gemel, G. Witte, *Cryst. Growth Des.*, **8**, 3053 (2008)
24) M. Yao, M. Araki, H. Senoh, S. Yamazaki, T. Sakai, K. Yasuda, *Chem. Lett.*, **39**, 950 (2010)

第4章　有機系材料の研究開発

25) 八尾勝，倉谷健太郎，佐野光，妹尾博，清林哲，日本化学会第92春季年会，講演予稿集：3F2-43（2012）

26) 八尾勝，産総研のグリーンイノベーション［14］，日刊工業新聞2012年8月2日朝刊23面

27) H. Sano, H. Senoh, M. Yao, H. Sakaebe, T. Kiyobayashi, *Chem. Lett.*, in press

28) 妹尾博，八尾勝，栄部比夏里，佐野光，清林哲，2011年電気化学秋季大会，講演予稿集：3A09（2011）

29) Y. Hanyu, I. Honma, *Sci. Rep.*, **2**, 453（2012）

30) H. Senoh, M. Yao, H. Sakaebe, K. Yasuda, Z. Siroma, *Electrochim. Acta*, **56**, 10145（2011）

5　天然高分子を用いた蓄電デバイス用材料の研究開発

山縣雅紀[*1]，石川正司[*2]

5.1　はじめに

　近年のエネルギーを取り巻く環境の変化が求められる社会状況の中，ハイブリッド車あるいは電気自動車の開発，また自然エネルギーの利用など，新しい取り組みが以前にも増して活性化している。これらに用いられるエネルギー貯蔵デバイスとして期待されている電気化学キャパシタやリチウムイオン二次電池では，有機溶媒系電解液を利用しており，可燃性であるため，過充電や短絡の際に発火を起こし大事故を引き起こす危険性がある。特に，現在電気自動車や電力貯蔵システムといった大型機器への用途拡大も検討されており，安全性の確保や耐久性向上の観点から電解液を難燃化することが急務となっている。具体的には，ポリマー電解質などによる固体化，現状の有機溶媒系に比べて難燃性であるイオン液体や含フッ素溶媒系電解液の利用などが挙げられる。これまでに，種々の電解液を適用したリチウムイオン二次電池や電気化学キャパシタの構築が試みられているが，粘性が高い，イオン伝導性に劣る，あるいは電気化学的安定性が乏しいといった問題を抱えている。これらの結果として，現在までのところ有機系電解質の完全な代替材料として実用化するには至っていない。

　当然ながら，リチウムイオン電池や電気化学キャパシタの高性能化はそれらの構成部材の開発に大きく依存しており，非水系電解液やそれらに適合する電極活物質の新規材料開発が望まれるが，一方で，材料の特性を最大限に引き出すこともデバイス性能を向上させる上で極めて重要となる。ここでは，従来から利用されてきた，あるいは検討されてきた蓄電デバイス用材料のより一層の特性向上に，天然高分子の適用が効果的であることを見出した我々の研究成果について，そのいくつかを紹介し，そこから得られた知見について解説しながら，蓄電デバイス用材料としての天然高分子について今後の展望を述べる。

5.2　天然高分子を用いたゲル電解質の開発

5.2.1　電気化学キャパシタ用ゲル電解質

　電気回路内の負荷平準やノイズキャンセラーとして使用するコンデンサに類似した蓄電メカニズムで，より高容量，小型機器へのパワー用途として考案された電気二重層キャパシタ（Electric Double-Layer Capacitor, EDLC）を出発として，さらに様々な電極材料を適用することでエネルギー密度を高めたレドックスキャパシタなど，いわゆる電気化学キャパシタが注目を集めている。

　最もシンプルなEDLCは高比表面積を有する2枚の活性炭電極と，それらの間に挟み込まれた電解液を充填したセパレータから構成され，電極／電解液界面にイオンが物理的に吸着され，電気二重層を形成することでエネルギーを蓄える。電気二重層の厚みが数nmと極めて薄く，また

＊1　Masaki Yamagata　関西大学　化学生命工学部　助教

＊2　Masashi Ishikawa　関西大学　化学生命工学部　教授

第4章 有機系材料の研究開発

従来のアルミ電解コンデンサに比べて約1,000倍の静電容量を有する上に，高出力・サイクル特性の面で優れているため，負荷平準化のみならず，瞬時電力供給装置として小型電子機器からEVやHEVに至るまで幅広く有望視されているデバイスである。一方で，近年，RuO_2などの金属酸化物や伝導性ポリマーなどを利用したレドックスキャパシタが注目を集めており，EDLCで活躍していた活性炭単体の開発はやや停滞気味と感じる。とはいうものの，カーボンナノチューブやグラフェンなど新規な炭素材料が登場し，それらの複合化もさることながら，炭素系活物質を用いるEDLCの地位は未だ揺らぎないものであり，これらを有効に利用することが，今後のキャパシタの発展に大きく貢献することは間違いない。特にリチウムイオン電池に比べると，レアメタルの使用頻度は極端に低く，「電池」ではないが，レアメタルフリー蓄電デバイスの候補として有力ともいえる。

　このEDLCにおいては，電気自動車あるいはハイブリッド自動車などの開発を背景に，そのエネルギー密度の向上が求められている。EDLCのエネルギー密度向上は作動電圧の拡大が効果的であり，これは電気化学的電位窓の広い有機系電解液を用いることで達成されるが，有機系電解液は主として可燃性であり，揮発による引火など安全性において問題がある。そこで固体電解質，特に高分子電解質を中心に難燃性の付与を達成する試みがなされた[1~3]。加えて，電解液の固体化は漏液防止や加工性といった点においても有効であることはいうまでもない。しかしながら固体化によるイオン伝導度の低下は，出力を重視する電気化学キャパシタの分野において欠点となった。有機溶媒系電解液の代替材料として，他の非水系電解液も提案されている。1-ethyl-3-methylimidazolium tetrafluoroborate（EMImBF$_4$）に代表されるイオン液体は，イオン伝導性，電気化学的安定性に優れており，また低蒸気圧かつ難燃性という特徴から，安全性の高い電気化学キャパシタの実現が期待されている材料である[4~10]。このイオン液体をゲル化することで，漏液や有機溶媒系電解液と比較してより熱安定性の高いデバイスの構築などが達成されると考えられるが，やはりゲル化によるイオン伝導性の低下を排除できず，実用レベルに達しないことが最大の懸念事項であった。

　我々は複数の天然高分子を利用した水系EDLC用のキチン—セルロースをベースとしたゲル電解質の開発[11]に続き，新たにアルギン酸をホストポリマーとし，疎水性イオン液体を含浸させた非水系の新規ゲル電解質（図1）を2009年ごろから開発してきた[12]。電気二重層キャパシタ（EDLC）へ適用したところ，ゲル化によるEDLC性能の低下を防ぎ，さらに活性炭電極との親和性を改善させることで，液相のイオン液体電解質を超える充放電特性を実現した[13, 14]。

　図2に示す通り，本研究で作製したアルギン酸／イオン液体ゲル電解質（Alg/EMImBF$_4$：Alg = alginate）と活性炭繊維布から構成される評価用セルを構築し，その充放電挙動を評価したところ，一般的な電気二重層キャパシタの挙動が得られた。同じセルにて，充放電における電流値を変化させ，その放電容量を求めたところ，ゲル化させていない液体状態のEMImBF$_4$を電解液に用いたセルと同等，特に高電流密度では，これを上回る放電容量が得られた（図3）。前述のように通常のゲル電解質はイオン伝導性が低いため，キャパシタの出力特性が得られないが，アル

205

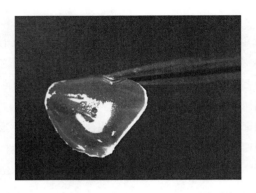

図1　電気化学キャパシタ用アルギン酸―イオン液体非水系ゲル電解質

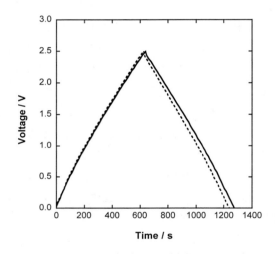

図2　Alg/EMImBF$_4$ゲル電解質（―）および液体状態のEMImBF$_4$（……）を用いたEDLCモデルセルの充放電曲線
充放電電流密度：2.5mA cm^{-2}，作動電圧：2.5V。

ギン酸を用いたゲル系の電解質にもかかわらず，非常に優れた出力特性が確保できることを意味する。

　この高い出力特性については，インピーダンス測定などから，アルギン酸の存在により，活性炭電極と電解質との界面における電気抵抗が軽減されることが明らかとなった。液相イオン液体のイオン伝導度と作製したアルギン酸／イオン液体ゲル電解質のそれは，ほぼ同程度であったことから，アルギン酸は活性炭との親和性が高いために，電極／電解質における電気化学的な活性点が増加し，見かけ上低抵抗となると推測している。

　以上から，アルギン酸はイオン液体のホストポリマーとして非常に有効であることが示された。また種々のイオン液体についてもアルギン酸との複合化が可能であることも明らかとなっている。

第4章　有機系材料の研究開発

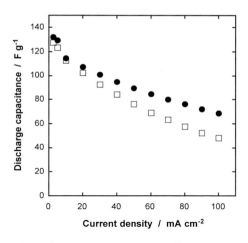

図3　Alg/EMImBF$_4$ゲル電解質（●）および液体状態のEMImBF$_4$（□）を用いたEDLCモデルセルの出力特性
充放電電流密度：2.5～100 mA cm^{-2}，作動電圧：2.5 V。

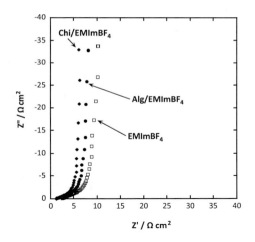

図4　Chi/EMImBF$_4$ゲル電解質（◆），Alg/EMImBF$_4$ゲル電解質（●）および液体状態のEMImBF$_4$（□）を用いたEDLCモデルセルの開回路電圧時における交流インピーダンス応答

　一方で，新たに天然高分子であるキトサン由来のゲル電解質の開発を行い，様々な電気化学測定から詳細に検討したところ，キトサン系ゲル電解質アルギン酸系を超える充放電特性が得られることも判明している[14]。特に，図4にEMImBF$_4$を含むキトサンゲル電解質（Chi/EMImBF$_4$）を用いたセルについて，開回路電圧における交流インピーダンス測定を行った結果を示す。高周波側における直列抵抗成分と電極内におけるイオンの拡散抵抗に相当するワールブルグ成分に着目すると，キトサンゲル電解質を適用した場合，両者とも顕著にインピーダンスが減少している

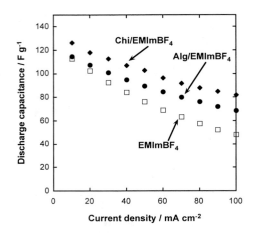

図5 Chi/EMImBF₄ゲル電解質（◆），Alg/EMImBF₄ゲル電解質（●）および液体状態のEMImBF₄（□）を用いたEDLCモデルセルの出力特性
充放電電流密度：2.5〜100 mA cm^{-2}，作動電圧：2.5 V。

ことが明らかである。これはアルギン酸と同様あるいはそれ以上のキトサンの炭素材料に対する高い親和性が原因と考えられる。恐らくアミン基（$-NH_2$）や水酸基（$-OH$）など極性官能基を有することで，炭素材料とのクーロン相互作用が働き，接触性が向上していると予想されるが，詳細については，今後の検討課題である。この炭素材料に対する高い親和性により，アルギン酸ゲル電解質同様，レート特性に優れる（図5）。ただし，キトサンゲル電解質の場合は，発現する比容量がさらに向上していることから，キトサンの持つ炭素材料に対する親和性は極めて高いといえる。

以上から，電気化学キャパシタの出力特性向上のために，ゲル電解質を積極的に利用するという提案をすることができた。この提案は電極／電解液界面での改善を謳っており，蓄電デバイスのほとんどは同様の界面を持つため，電気化学キャパシタ用途に限らず，リチウムイオン電池などへの応用も可能といえる。

5.2.2 リチウムイオン二次電池用ゲル電解質への展開

リチウムイオン二次電池はその重量エネルギー密度の高さから携帯電子機器などの小型用途のみならず，電力貯蔵や電気自動車などの大型用途に対しても使用されつつある。しかしながら，今後の用途拡大に伴い，材料の価格や安定供給の問題に加えて，システムの安全性や信頼性の面でも大きな課題を抱えている。とりわけ可燃性の有機電解液を使用することから発生する潜在的な危険性は大きく，より安全性に優れた電解質材料が求められている。この問題の改善策として，前述の電気化学キャパシタ同様，高分子複合体やイオン液体を用いる検討がなされている[15〜29]。基本的には電気化学キャパシタ同様の設計方針となり，ホストポリマーとしては，poly(vinylidene fluoride-co-hexafluoropropylene)（PVdF-HFP）[21, 22, 30]，poly(acrylonitrile)（PAN）[31, 32]，poly(methylmethacrylate)（PMMA）[33, 34]などが代表的である。しかしながら，ゲル電解質中におい

第4章　有機系材料の研究開発

て電荷キャリアであるイオン移動が阻害されるため，肝心の充放電性能が低下することが常に問題となる。

　ここで，5．2．1項で示した天然高分子とイオン液体の親和性，およびその電極／電解質界面抵抗低減効果について，電気化学キャパシタのみならずリチウムイオン二次電池においても同様の効果を期待し，リチウムイオンを含む天然高分子—イオン液体ゲル電解質の作製を試み，そのリチウムイオン電池充放電特性の評価を行った。本稿では，キトサン（Chi）をホストポリマーとし，これにイオン液体としてEMImFSI（FSI = bis(fluorosulfonyl)imide），リチウムソースとしてLiTFSI（TFSI = bis(trifluoromethylsulfonyl)imide）を含むゲル膜[35]について紹介したい。なおイオン液体であるEMImFSIは，一切の添加剤を用いずにリチウムイオン二次電池の作動が可能な，おそらく唯一のイオン液体であり，これまでに種々のリチウムイオン二次電池用正極・負極の作動が確認され，特に従来の有機溶媒系の電解液よりも優れた特性も得られている[26, 36~44]。

　図6は作製したキトサン—イオン液体ゲル電解質（以下，Chi/Li-EMImFSI）であり，無色透明で，評価用セルの構築に耐えうる強度を有している。なお，厚みはおよそ100 μmであり，後述するが，現在はより薄く作製するように検討を重ねている。

　図7にChi/Li-EMImFSIおよび液体系（Li-EMImFSI）についてそれぞれ定電流充放電試験を行った際の1および2，30サイクル時の充電および放電曲線（図7(a)および(b)）および30サイクルまでの放電容量の推移（図7(c)）を示す。グラファイト負極の電位は充電時に0 V vs. Li/Li$^+$まで下がるため，電解質は非常に強い還元雰囲気にさらされるが，充放電曲線において，キトサンゲル電解質系（図7(a)），液体系（図7(b)）でほぼ同様の挙動を示し，かつ還元分解などの副反応に起因する特異的な挙動が観測されないことから，キトサンはグラファイト負極の作動電位範囲内では化学的あるいは電気化学的に安定に存在できると考えられる。さらに，30サイクルにわたり可逆的に充放電が可能であることから，イオン液体中へのキトサンの溶解なども起こらず耐久性に優れるといえる。溶解反応によりゲル電解質の強度が変化した場合，電極間距離にばらつきが生じ，最終的には局部的な電気的ショートが起こることが予想される。この場合，急激な容量の減少が観測されるが，図7(c)からもその傾向は確認できず，ゲル電解質が機械的かつ化学的

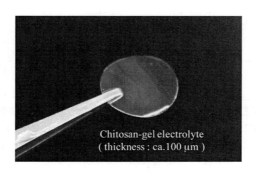

図6　リチウムイオン電池用キトサン—イオン液体非水系ゲル電解質

レアメタルフリー二次電池の最新技術動向

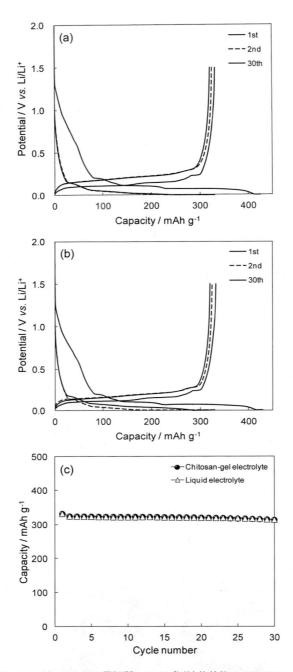

図7 (a)Chi/Li-EMImFSIゲル電解質,および(b)液体状態のLiTFSI/EMImFSIを電解液中における天然グラファイト負極の充放電曲線,(c)それぞれのサイクル特性 充放電電流密度:350 mA g^{-1} (〜1 C),作動電位:0.005〜1.5 V vs. Li/Li$^+$。

第4章　有機系材料の研究開発

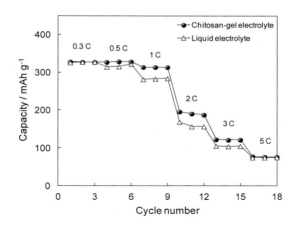

図8　Chi/Li-EMImFSIゲル電解質およびLiTFSI/EMImFSIを電解液中における天然グラファイト負極の放電容量と放電電流密度との関係
作動電位：0.005〜1.5 V *vs.* Li/Li$^+$。

に安定であることが示唆される。

　図8にグラファイト負極が示す放電容量の放電電流密度依存性（放電レート特性）の結果を示す。5Cまでのすべてのレートでキトサンゲル電解質系が液体系と同等，あるいはそれ以上の放電容量を示している。一般的に，PVdF-HFPやPANなど人工高分子ベースのゲル電解質を用いるとレート特性は低下する。これは，ホストポリマーの複雑な高分子ネットワーク構造や高分子鎖あるいは極性官能基とリチウムイオンとの相互作用により，イオン伝導率の低下，あるいはリチウムイオン輸率の低下をもたらすことに由来する。しかしながら，キトサンゲル電解質では液体系と比較してレート特性の低下が見られないことから，ホストポリマーであるキトサンはリチウムイオンの電解質中での移動を阻害せず，またリチウムイオンの挿入，脱離反応も円滑に進行するものと考えられる。特に0.5から3Cレートでは，一部放電レートにおける放電容量保持率が液体系を上回った。交流インピーダンス測定の評価より，キトサンゲル電解質系において全体的なインピーダンスの減少が確認され，これはキトサンが炭素材料に対して高い親和性を有していることから，キトサンゲル電解質と電極の接触性が改善され，電極表面における活性点が向上した結果と考えられる。この効果により，優れたレート特性を発現したと考えられる。前述の通り，機械的な強度の問題やゲル膜作製プロセスの制限から，一般的なセパレータほどの薄膜が得られていない。より一層の薄膜化により，ゲル電解質を用いたリチウムイオン二次電池の充放電特性向上が見込まれる。

5.3　天然高分子を用いた複合電極の開発
5.3.1　電気化学キャパシタ用活性炭複合電極の開発とその高出力特性

　以上は，アルギン酸やキトサンなどの天然高分子をイオン液体が含まれるゲル電解質のホスト

ポリマーとして利用したが，この場合，天然高分子の効果は電極／電解液の界面に限定される。この天然高分子の界面抵抗低減効果を電極内部まで拡張することで，さらなる特性の向上をめざすのは必然ともいえる。我々は天然高分子を合材電極作製で必要不可欠であるバインダーとして適用し，得られた電極を用いて非水系EDLCを構築したところ，有機系電解液およびイオン液体，両者とも従来の出力特性を凌駕することに成功した[45]。この成果も併せて紹介したい。

　まず，一般的な電気二重層型のキャパシタには，活性炭を活物質とし，導電助剤や高分子系のバインダーを含む複合電極が利用されている。この複合電極の構造維持のために，バインダーは必須の材料であり，これまでにpoly（tetrafluoroethylene）（PTFE）やpoly（vinyliden fluoride）（PVdF）が用いられている[4, 46, 47]。これらの含フッ素系バインダーは，膨潤や内部抵抗の増大が懸念され，特に活物質として多孔性の活性炭を用いる系であるゆえに，キャパシタの出力特性に大きく影響を及ぼす。これら非水系バインダーの一方で，carboxymethyl cellulose（CMC，Na塩）を活性炭系複合電極の水系バインダーに用いることで，内部抵抗の低減，高い出力特性が得られる（※CMCは増粘剤として利用されることが多いが，活性炭ベースのEDLCではバインダーとして利用される例が多い）[7, 48~50]。ただし，結着力が弱いため，単独で用いる場合，添加量が必然的に多くなる。その結果，電極の乾燥時に割れなどが生じやすく，SBR（スチレン―ブタジエンゴム）などとの併用が必要となる。ただし，EDLCにおいては，絶縁性の高いSBRの利用による内部抵抗の増加が顕著である。

　本項では，活物質に市販のヤシ殻由来活性炭，導電助剤，バインダーにアルギン酸ナトリウム（Alg）からなる複合電極のEDLC特性について述べる。なお，比較用電極として，バインダーに従来のPVdF，CMCを用いたものを同様の条件で作製している。

(1)　従来の有機溶媒系電解液を用いたEDLCでの充放電挙動

　まず，Algバインダーを用いた場合，従来のバインダーを用いたものと遜色ない活性炭複合電極が得られた。特筆すべきは，SBRなどとの併用ではなく，単独での利用にも関わらず，非常に高強度かつフレキシブルな電極が得られる点である。当然ながら，Algと活性炭との相性がよいため，均一な電極シートが得られやすい。図9は作製した電極を用いたモデルセル（電解液は一般的なTEMABF$_4$/PC）の作動電圧2.5V，放電電流密度1～80A g^{-1}における放電レート特性を示す。非常に高い電流密度においてもAlgを用いた系では高い放電容量を示し，80A g^{-1}における放電容量76.8F g^{-1}は，低出力時（1A g^{-1}）での放電容量（113F g^{-1}）に対して68％の高い保持率であった。これはAlgの活性炭に対する高い親和性によるものであり，電極内部における界面抵抗が大幅に低減されたと考えられる。この効果は交流インピーダンス試験からも確認できた。放電容量特性からエネルギー密度および出力密度を求め，それらの関係（Ragoneプロット）を図10に示した。Algバインダーを用いた系は15Wh kg^{-1}のエネルギー密度において32kW kg^{-1}の非常に高い出力密度を示し，これはPVdF系の80倍，CMC系の4倍に匹敵するものである。また3.6Vの作動電圧が可能な点，10,000回の安定な充放電サイクルについても確認している。

第4章　有機系材料の研究開発

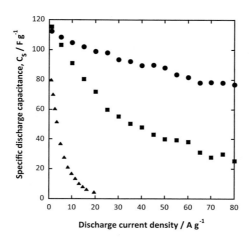

図9　Alg（●）およびCMC（■），PVdF（▲）のそれぞれをバインダーとして含む活性炭複合電極とTEMABF$_4$/PCから構成されるEDLCモデルセルの出力特性の比較（比容量は単極中の活物質重量規格で算出している）
作動電圧：0〜2.5V。

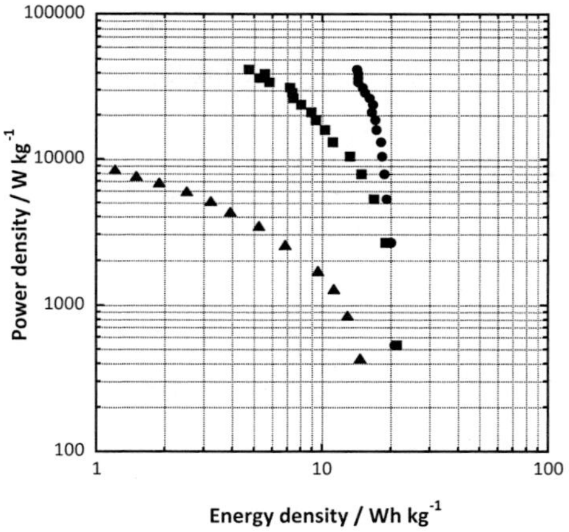

図10　Alg（●）およびCMC（■），PVdF（▲）のそれぞれをバインダーとして含む活性炭複合電極とTEMABF$_4$/PCから構成されるEDLCモデルセルのエネルギー密度と出力密度の関係（エネルギー密度および出力密度は2極中の活物質層総重量で規格している）

(2)　イオン液体系電解液を利用したEDLCの高出力化

Algバインダーの利用による非水系EDLCの高出力化は，一方で，これまで適用が困難とされてきた電解液についても，その利用可能性を広げることができる。5．2．1項で述べた通り，イオン液体は高安全性EDLC構築を実現する強力な候補でありながら，有機溶媒系電解液と比較すると低いイオン伝導性により，十分な出力特性確保することができない。ここでは，Algバイン

213

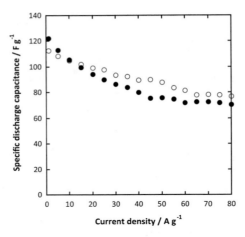

図11 Algをバインダーとして含む活性炭複合電極とEMImBF$_4$（●）あるいは
TEMABF$_4$/PC（○）から構成されるEDLCモデルセルの出力特性の比較
作動電圧：0～2.5V。

ダーを利用した活性炭複合電極とEDLCでは典型的なEMImBF$_4$とを組み合わせたモデルセルについて，その充放電挙動について述べる。

図11はAlgバインダーを含む活性炭複合電極とEMImBF$_4$，比較としてTEMABF$_4$/PCを電解液としたEDLCセルの放電電流密度と対応する放電容量との関係を示したものである。低い放電電流密度，例えば1 A g^{-1}においては，122 F g^{-1}の放電容量を示し，これはTEMABF$_4$/PC系（113 F g^{-1}）よりも高い。この現象については，ほぼ平面構造とみなせるEMIm$^+$がTEMA$^+$に比べて活性炭のサブナノメーターの細孔にアクセス，吸着しやすいことが原因と考えられる[51～53]。一方で，10～80 A g^{-1}の放電電流密度の範囲では，EMImBF$_4$系はTEMABF$_4$/PC系とほとんど遜色ない出力特性が得られた。80 A g^{-1}の放電電流密度においてEMImBF$_4$系は70 F g^{-1}と非常に高い放電容量を示した。この結果は，これまで物性的な観点から積極的な利用がなされなかったイオン液体でも，十分に高出力EDLCを実現できること，EDLCの充放電特性は電解液の電気化学的な物性よりも電極／電解液界面のデザインに強く影響を受け，電荷キャリアとなるイオンの濃度が圧倒的に高いイオン液体であれば，物性面でのデメリットを克服できるといえる。

以上より，AlgのバインダーはEDLCの出力特性の向上に有益な材料であるといえる。

5.3.2　リチウムイオン電池用複合電極に対する天然高分子バインダーの可能性

リチウムイオン電池において，研究レベル，実用レベルでもバインダーに関する数多くの報告がなされており，PVdFなどすでに普及しているものから，駒場らによって見出され，非常に多くの注目を集めているポリアクリル酸塩[54～58]など様々である。その詳細については他書をご参照いただきたい。天然高分子あるいはそれ由来の複合電極構成材料としては，CMCが代表的である。ただし，活物質を集電体に塗布する際における活物質スラリーの増粘剤として利用され，主として併用するSBRが電極構成材料どうしの結着を担うとされる。一方でSi系活物質に対しては，

第4章　有機系材料の研究開発

CMC利用の効果は大きく，Winterらの報告によると，Si活物質表面の官能基とエステル結合を形成し，Si系負極のサイクル安定性をもたらすようである[59]。さらに，CMC以外の天然高分子系バインダーとして，アルギン酸（Na塩）が挙げられる。これはKovalenkoらジョージア工科大学のグループにより報告され，Si系負極のサイクル特性に対して非常に有効であることが示されている[60]。この報告以降，アルギン酸Na塩の利用が数多く検討されている[61〜66]。

前述のEDLCにおいて得られたアルギン酸バインダーの成果，特に界面抵抗低減効果と出力向上，炭素材料およびイオン液体との高い親和性を踏まえて，リチウムイオン二次電池へのアルギン酸バインダーの適用とその効果を検証する。ここでは，負極活物質として天然黒鉛および含Si複合物（Si-C/Ni）についてこれまでに得られた成果[67]の一部について紹介したい。

評価用電極は，天然黒鉛あるいはSi-C/Ni混合粉末を導電助剤およびバインダーを用いて銅箔上に塗布し，乾燥させたものであり，バインダーにはアルギン酸ナトリウム（Alg），比較としてPVdFあるいはCMCを用いた。作製した電極を用いて対極にリチウム箔，電解液に1 mol dm^{-3} LiPF$_6$/EC＋DMCあるいはイオン液体系電解液0.45 mol dm^{-3} LiTFSI/EMImFSIを用いて二極式セルを構築し，充放電試験，インピーダンス試験などの電気化学的評価を行った。

図12に負極活物質に天然黒鉛を用いた際の放電レート特性を示した。3Cレートまではほぼ同等の放電容量を示したが，5C以上ではAlgバインダーを用いた電極がより高い容量保持率を示し，Algバインダーの利用による界面抵抗の低減効果と考えられる。つまり，Algバインダーの利用はリチウムイオン電池のサイクル安定性をもたらすだけではなく，出力特性の向上に寄与するといえる。

一方，図13はSi-C/Ni複合電極について，AlgおよびPVdFバインダーを利用した電極，さらに

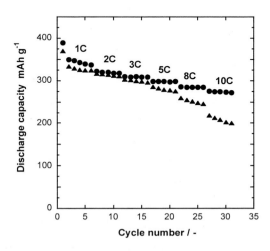

図12　従来の有機溶媒系電解液LiPF$_6$/EC＋DMC中におけるAlg（●）あるいはPVdF（▲）をバインダーとして含む天然グラファイト負極放電容量と放電電流密度との関係
作動電位：0.005〜1.5 V vs. Li/Li$^+$。

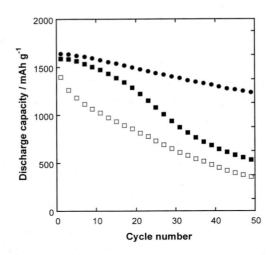

図13　従来の有機溶媒系電解液LiPF$_6$/EC＋DMC（■，□）あるいはLiTFSI/EMImFSI（●）中におけるAlg（●，■）あるいはPVdF（□）をバインダーとして含む天然グラファイト負極の充放電サイクル特性の比較

Algバインダーを用いた電極については有機電解液系とイオン液体系について，それらの充放電サイクル特性を比較したものである。まず有機電解液系について，Algの利用によりサイクル特性の向上が見られ，AlgバインダーがSi系負極に対して有効であることを示している。これはKovalenkoらの報告通りである。そこで我々は，電解液をLiTFSI/EMImFSI系に置き換えた際の充放電特性を評価したところ，図13に示す通り放電容量の発現，サイクル特性がさらに向上した。つまり，Algバインダーとイオン液体系電解液の併用は，高性能リチウムイオン二次電池の構築に対してより効果的であるといえる。

5.4　おわりに

　リチウムイオン二次電池や電気化学キャパシタ，あるいは新たな電池系などは，当然ながらそれらを構成する材料自身の特性に大きく依存するものの，電気化学反応が「界面」で起こる限り，材料のマッチングや最適な界面構築は同等に重要な課題である。ただし，電極活物質や電解液そのものの特性の解明とは対称的に，界面での現象についてはその評価や議論が難しい。本稿で紹介した通り，天然高分子材料の利用は，電極／電解液界面の視点から，デバイスの特性向上の一翼を担え得ることを明らかにしたが，まだまだ謎の部分が多いため，広く探索する一方で，その効果を詳細に検討していく必要がある。特に複合電極における天然高分子のバインダーとしての利用は，偶然あるいはノウハウの部分も多く，電気化学的な挙動を議論することは非常に複雑である。本稿で紹介した天然高分子材料は一例であり，他の多糖類系，その他様々な材料においても，界面最適化の可能性が十分存在すると考えられるが，適当な材料を利用して最適な界面をデザインすることにより，新たな材料だけではなく，活性炭や天然グラファイトのようなクラシッ

第4章　有機系材料の研究開発

クな材料についてもより一層有効に活用することが可能であり，今後の理想的なデバイスの開発に向けて，ここで報告した知見を一部でも生かすことができれば幸いである。

謝辞

　天然高分子を用いたゲル電解質の作製においては，関西大学化学生命工学部教授 田村裕先生，同准教授 古池哲也先生のご助言を賜った。厚く御礼を申し上げる。本研究の一部は，文部科学省私立大学戦略的基盤研究形成支援事業（H21〜25）および科学研究費補助金（基盤B，21350106），同補助金（萌芽，23655182），関西大学学術研究助成基金（奨励研究）によって行われた。

文　　献

1)　Y. Matsuda, M. Morita, M. Ishikawa, M. Ihara, *J. Electrochem. Soc.*, **140**, L109（1993）

2)　Y. Matsuda, K. Inoue, H. Takeuchi, Y. Okuhama, *Solid State Ionics*, **113-115**, 103（1998）

3)　M. Ishikawa, M. Ihara, M. Morita, Y. Matsuda, *Electrochim. Acta*, **40**, 2217（1995）

4)　A. Balducci, *Electrochem. Commun.*, **6**, 566（2004）

5)　A. Krause, A. Balducci, *Electrochem. Commun.*, **13**, 814（2011）

6)　R.-S. Kühnel, N. Böckenfeld, S. Passerini, M. Winter, A. Balducci, *Electrochim. Acta*, **56**, 4092（2011）

7)　A. Brandt, P. Isken, A. Lex-Balducci, A. Balducci, *J. Power Sources*, **204**, 213（2012）

8)　A. Lewandowski, M. Galiński, *J. Phys. Chem. Solids*, **65**, 281（2004）

9)　K. Yuyama, G. Masuda, H. Yoshida, T. Sato, *J. Power Sources*, **162**, 1401（2006）

10)　N. Handa, T. Sugimoto, M. Yamagata, M. Kikuta, M. Kono, M. Ishikawa, *J. Power Sources*, **185**, 1585（2008）

11)　S. Yamazaki, A. Takegawa, Y. Kaneko, J. Kadokawa, M. Yamagata, M. Ishikawa, *Electrochem. Commun.*, **11**, 68（2009）; *J. Electrochem. Soc.*, **157**, A203（2010）; *J. Power Sources*, **195**, 6245（2010）

12)　M. Yamagata, K. Soeda, S. Yamazaki, M. Ishikawa, Abs. 4th International Conference on Polymer Batteries and Fuel Cells（PBFC2009），No.1P-89, p.154（2009）

13)　M. Yamagata, K. Soeda, S. Yamazaki, M. Ishikawa, *Electrochem. Solid-State Lett.*, **14**, A165（2011）

14)　M. Yamagata, K. Soeda, S. Yamazaki, M. Ishikawa, *Electrochim. Acta*, doi, 10.1016/j.electacta.2012.05.073

15)　G. Feuillade, Ph. Perche, *J. Appl. Electrochem.*, **5**, 63-69（1975）

16)　M. Watanabe, K. Sanui, N. Ogata, T. Kobayashi, Z. Ohtaki, *J. Appl. Phys.*, **57**, 123-128（1985）

17)　G. B. Appetecchi, G. Dautzenberg, B. Scrosati, *J. Electrochem. Soc.*, **143**, 6-12（1996）

18)　K. Murata, S. Izuchi, Y. Yoshihisa, *Electrochim. Acta*, **45**, 1501-1508（2000）

19)　M. Kono, E. Hayashi, M. Nishiura, M. Watanabe, *J. Electrochem. Soc.*, **147**, 2517-2524

(2000)

20) S. S. Zhang, M. H. Ervin, K. Xu, T. R. Jow, *Solid State Ionics*, **176**, 41-46 (2005)

21) Boor Singh Lalia, T. Fujita, N. Yoshimoto, M. Egashira, M. Morita, *J. Power Sources*, **186**, 211-215 (2009)

22) Y. Saito, C. Capiglia, H. Yamamoto, P. Mustarelli, *J. Electrochem. Soc.*, **147**, 1645-1650 (2000)

23) H. Zheng, K. Jiang, T. Abe, Z. Ogumi, *Carbon*, **44**, 203 (2006)

24) H. Nakagawa, S. Izuchi, K. Kuwana, T. Nukuda, Y. Aihara, *J. Electrochem. Soc.*, **150**, A695 (2003)

25) V. Baranchugov, E. Markevich, G. Salitra, D. Aurbach, Guenter Semrau, Michael A. Schmidt, *J. Electrochem. Soc.*, **155**, A217 (2008)

26) M. Ishikawa, T. Sugimoto, M. Kikuta, E. Ishiko, M. Kono, *J. Power Sources*, **162**, 658 (2006)

27) J. Mun, S. Kim, T. Yim, J. H. Ryu, Y. G. Kim, S. M. Oh, *J. Electrochem. Soc.*, **157**, A136 (2010)

28) R. Nozu, M. Nakamura, K. Banno, T. Maruo, T. Sato, Takaya Sato, *J. Electrochem. Soc.*, **153**, A1031 (2006)

29) H. Akashi, K. Sekai, K. Tanaka, *Electrochim. Acta*, **43**, 1193 (1998)

30) P. Reale, S. Panero, B. Scrosatia, J. Garche, M. Wohlfahrt-Mehrens, M. Wachtler, *J. Electrochem. Soc.*, **151**, A2138-A2142 (2004)

31) G. B. Appetecchi, P. Romagnoli, B. Scrosati, *Electrochem. Commun.*, **3**, 281-284 (2001)

32) H. Akashi, M. Shibuya, K. Orui, G. Shibamoto, K. Sekai, *J. Power Sources*, **112**, 557-582 (2002)

33) H.-S. Kim, J.-H. Shin, S.-I. Moona, S.-P. Kim, *Electrochim. Acta*, **48**, 1573-1578 (2003)

34) S. Kuwabata, M. Tomiyori, *J. Electrochem. Soc.*, **149**, A988-A994 (2002)

35) K. Takeno, M. Yamagata, S. Yamazaki, M. Ishikawa, *Chitin & Chitosan Research*, **18**(1), 47 (2012)

36) H. Matsumoto, H. Sakaebe, K. Tatsumi, M. Kikuta, E. Ishiko, M. Kono, *J. Power Sources*, **160**, 1308 (2006)

37) H. Sakaebe, H. Matsumoto, K. Tatsumi, *Electrochim. Acta*, **53**, 1048 (2007)

38) S. Seki, Y. Ohno, Y. Kobayashi, H. Miyashiro, A. Usami, Y. Mita, H. Tokuda, M. Watanabe, K. Hayamizu, S. Tsuzuki, M. Hattori, N. Terada, *J. Electrochem. Soc.*, **154**, A173 (2007)

39) T. Sugimoto, M. Kikuta, E. Ishiko, M. Kono, M. Ishikawa, *J. Power Sources*, **183**, 436 (2008)

40) A. Guerfi, S. Duchesne, Y. Kobayashi, A. Vijh, K. Zaghib, *J. Power Sources*, **175**, 866 (2008)

41) T. Sugimoto, Y. Atsumi, M. Kikuta, E. Ishiko, M. Kono, M. Ishikawa, *J. Power Sources*, **189**, 802 (2009)

42) T. Sugimoto, Y. Atsumi, M. Kono, M. Kikuta, E. Ishiko, M. Yamagata, M. Ishikawa, *J. Power Sources*, **195**, 6153 (2010)

43) Y. Matsui, S. Kawaguchi, T. Sugimoto, M. Kikuta, T. Higashizaki, M. Kono, M. Yamagata, M. Ishikawa, *Electrochemistry*, **80**, 808 (2012)

第4章　有機系材料の研究開発

44) M. Yamagata, Y. Matsui, T. Sugimoto, M. Kikuta, T. Higashizaki, M. Kono, M. Ishikawa, *J. Power Sources*, **227**, 60（2013）

45) M. Yamagata, S. Ikebe, K. Soeda, M. Ishikawa, *RSC Adv.*, **3**, 1037（2012）

46) E. Frackowiak, F. Beguin, *Carbon*, **39**, 937（2001）

47) J. Gamby, P. Taberna, P. Simon, J. Fauvarque, M. Chesneau, *J. Power Sources*, **101**, 109 （2001）

48) L. Bonnefoi, P. Simon, J. F. Fauvarque, C. Sarrazin, J. Sarrau, A. Dugast, *J. Power Sources*, **80**, 149（1999）; *J. Power Sources*, **79**, 37（1999）

49) A. Krause, A. Balducci, *Electrochem. Commun.*, **13**, 814（2011）

50) R.-S. Kühnel, N. Böckenfeld, S. Passerini, M. Winter, A. Balducci, *Electrochim. Acta*, **56**, 4092（2011）

51) P. Simon, Y. Gogotsi, *Nat. Mater.*, **7**, 845（2008）

52) C. Largeot, C. Portet, J. Chmiola, P.-L. Taberna, Y. Gogotsi, P. Simon, *J. Am. Chem. Soc.*, **130**, 2730（2008）

53) R. Lin, P. Huang, J. Ségalini, C. Largeot, P. L. Taberna, J. Chmiola, Y. Gogotsi, P. Simon, *Electrochim. Acta*, **54**, 7025（2009）

54) S. Komaba, K. Okushi, T. Ozeki, H. Yui, Y. Katayama, T. Miura, T. Saito, H. Groult, *Electrochem. Solid-State Lett.*, **12**, A107（2009）

55) S. Komaba, N. Yabuuchi, T. Ozeki, K. Okushi, H. Yui, K. Konno, Y. Katayama, T. Miura, *J. Power Sources*, **195**, 6069（2010）

56) S. Komaba, K. Shimomura, N. Yabuuchi, T. Ozeki, H. Yui, K. Konno, *J. Phys. Chem. C*, **115**, 13487（2011）

57) N. Yabuuchi, K. Shimomura, Y. Shinbe, T. Ozeki, J.-Y. Son, H. Oji, Y. Katayama, T. Miura, S. Komaba, *Adv. Energy Mater.*, **1**, 13487（2011）

58) S. Komaba, N. Yabuuchi, T. Ozeki, Z. Han, K. Shimomura, H. Yui, Y. Katayama, T. Miura, *J. Phys. Chem. C*, **116**, 1380（2012）

59) N. S. Hochgatterer, M. R. Schweiger, S. Koller, P. R. Raimann, T. Wöhrle, C. Wurm, M. Winter, *Electrochem. Solid-State Lett.*, **11**, A76（2008）

60) I. Kovalenko, B. Zdyrko, A. Magasinski, B. Hertzberg, Z. Milicev, R. Burtovyy, I. Luzinov, G. Yushin, *Science*, **334**, 75（2011）

61) M. Ge, J. Rong, X. Fang, C. Zhou, *Nano Lett.*, **12**, 2318（2012）

62) J. Li, Y. Zhao, N. Wang, Y. Ding, L. Guan, *J. Mater. Chem.*, **22**, 13002（2012）

63) J. Xu, S.-L. Chou, Q. Gu, H.-K. Liu, S.-X. Dou, *J. Power Sources*, **225**, 172（2013）

64) A. M. Chockla, T. D. Bogart, C. M. Hessel, K. C. Klavetter, C. B. Mullins, B. A. Korgel, *J. Phys. Chem. C*, **116**, 18079（2012）

65) A. M. Chockla, K. C. Klavetter, C. B. Mullins, B. A. Korgel, *Chem. Mater.*, **24**, 3738（2012）

66) A. Abouimrane, W. Weng, H. Eltayeb, Y. Cui, J. Niklas, O. Poluektov, K. Amine, *Energy Environ. Sci.*, **5**, 9632（2012）

67) 古賀景子，松井由紀子，山縣雅紀，石川正司，電気化学会第79回大会講演要旨集，No.1C08, p.67（2012）

第5章　ガラス結晶化法によるリン酸鉄正極材料の開発

永金知浩[*]

1　はじめに

　リチウムイオン電池の正極材料としては従来，$LiCoO_2$および三元系を中心とし，一部$LiNiO_2$，$LiMn_2O_4$が用いられてきたが，これらの正極材料をハイブリッド自動車(HEV)，プラグインハイブリッド自動車(PHEV)，電気自動車(EV)，UPS(Uninterruptible Power Supply)などに使用される電池に適用するにはいくつかの問題がある。一つはレアメタルに関する資源およびコストの問題である。従来の正極材料にはレアメタルのコバルト，マンガン，ニッケルが使用されているため長期的な資源の安定確保に問題がある。もう一つは安全性の問題である。従来材料は高温時に酸素を放出するため，発火や爆発の危険が伴い，度々そのリスクが指摘されてきた。

　近年，安全性が高く，低コスト化を期待できる材料として，リン酸鉄リチウム$LiFePO_4$(LFP)が注目されている[1]。LFPは，資源的に豊富かつ安価な金属である鉄を用いており，またリンと酸素の共有結合性から，高温時にも酸素を放出しない安定な正極材料である。LFPには電子伝導性やLiイオン拡散速度が小さいという問題があったが，ナノオーダーまでの微粉化と表面カーボン被覆によって電極材料としての実用化が可能になった[2]。現在実用化されているLFPの製法としては，「固相反応法」と「水熱合成法」がある。固相反応法は，所定の粉末原料を混合した後，熱処理を行うことによりLFPを合成する方法であり，表面カーボン被覆は，熱処理前にカーボン源を混合したり，熱処理時に有機系のガスを噴霧したりすることで行われる。これらの製造プロセスは，製品組成の不均一性が起こりやすく，充分な混合や長時間の熱処理を施す必要がある。一方，水熱合成法は，原料となる水溶液をオートクレーブなどの高温高圧条件下で処理することで水溶液の成分が反応してLFPが合成される方法である。この製法は，いったん水溶液化するため組成の均質性に優れること，微粉化を行いやすいことなど，大きな利点を有している。しかしながら，リチウムが水溶液中に残りやすく，過剰なリチウム原料を必要とする問題がある。

　一方，LFP粒子表面にゾルーゲル法でアモルファス層を形成することで，電池の充放電速度が大幅に向上することが報告されている[3]。一般にアモルファス材料はオープンな三次元構造を有するため結晶材料よりもイオン伝導性に優れる。このことから上記の現象は，LFP結晶粒子をアモルファス層でコーティングすることにより，結晶のLiイオン伝導サイトに効率的にLiイオンを供給できるものと解釈されている。ガラスはアモルファス構造を有する代表的な材料であるが熱力学的には準安定であり，適切な組成と熱処理を与えることにより多結晶体へ相転移（結晶化）

---

　[*]　Tomohiro Nagakane　日本電気硝子㈱　開発部　主管研究員

第5章　ガラス結晶化法によるリン酸鉄正極材料の開発

させることができる。我々は，ガラス粒子を結晶化させる際に粒子表面に自発的にアモルファス構造を形成させることにより，従来のLFPセラミックよりも優れた高速充放電特性を有するLFP結晶化ガラスを開発した。

2　LFP結晶化ガラスの製造プロセス

　LFP結晶化ガラス粉末は，ガラス粒子と有機成分のコンポジットを熱処理することによって製造される。図1にLFP結晶化ガラス粉末の製造プロセス（ガラス結晶化法）の概要を示す。上記のガラス粒子は，次の手順によって作製された。石英ルツボを使用して，$LiPO_3$，Fe_2O_3などの原料を1200～1300℃で1時間，大気雰囲気で溶融した。融液はツインローラーによってフィルム状に成形し，ボールミルで所定の粒度に粉砕する。得られたガラス粉末のXRDパターンを図2に示す。結晶化の熱処理を行っていないにもかかわらず，LFPの化学量論組成で作製したガラスでは，NASICON型$Li_3Fe_2(PO_4)_3$結晶が確認された。この結晶中には鉄がFe^{3+}として存在しており，LFPより電極電位が低い。対照的に，Nb_2O_5をガラス成分として含むガラスは，$Li_3Fe_2(PO_4)_3$の析出がなく非晶質構造に対応するブロードな回折パターンを示した。すなわち，ガラスの成分としてNb_2O_5を添加することで，ガラスの非晶質構造を安定化し，溶融急冷法により均質なガラスを得

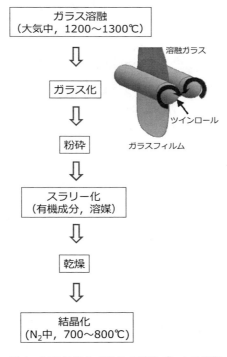

図1　LFP結晶化ガラスの製造プロセス概要

ることが可能になる。ガラス結晶化法は大気中での連続溶融が可能であるため，低コスト連続生産が可能という利点を有している。

　得られたガラス粉末は，カーボン源となる有機成分および溶媒を添加してスラリー化された後，乾燥されてガラス／有機コンポジットとなる。コンポジットは窒素雰囲気中，約700〜800℃の熱処理によって結晶化される。この熱処理の際には，①有機成分のカーボン化による導電性付与，②ガラス粒子中に存在するFe^{3+}イオンのFe^{2+}イオンへの還元，③LFP結晶の析出の三つの反応が起こる。なお，結晶化処理前はガラス中の鉄イオンのうち約75％がFe^{3+}であるが，結晶化処理に

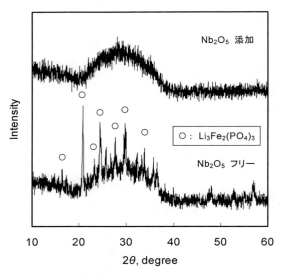

図2　溶融ガラス粉末のXRDパターン

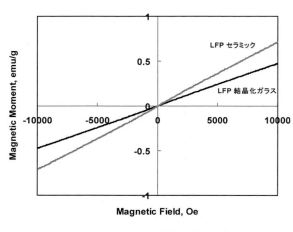

図3　LFPの磁化曲線

よってほぼ全量がFe²⁺となる。

固相反応法でのLFPの製造において，原料の混合状態に不均一があると，鉄などの元素の局在化によってFe₂Pなどの磁性不純物を生成しやすい[4]。一方，ガラス融液を経るプロセスでは，融液中で原料の各元素が均一に分散されるため，磁性不純物が発生しにくい。図3にLFP結晶化ガラスの磁化率を市販のLFPセラミックと比較して示す。図から，LFP結晶化ガラスに含まれる磁性不純物量は非常に少ないことが示唆される。

3 LFP結晶化ガラスの構造

図4に結晶化熱処理後のガラスのXRDパターンを示す。全ての回折ピークは斜方晶オリビン型の結晶構造（空間群Pnma）に帰属され，結晶性黒鉛やFe₂Pなどのリン化物，その他の結晶性回折ピークは確認されなかった。また，格子定数は，a = 1.0324 nm, b = 0.6003 nm, c = 0.4692 nmであり，既報のLFPの格子定数とよい一致を示した[1,4,5]。また，ガラス中のほぼ全ての鉄イオンがFe²⁺であることが，ICP-AES分析により確認された。これらの結果は，ガラス粉末を混合したカーボン源が結晶化過程でFe³⁺からFe²⁺に還元し，LFPとして結晶化したことを示している。

図5，6に結晶化前後のガラス粉末の粒度分布と粒子の形状を示す。一般に，ガラス粒子を熱処理した際には，粒子同士の融着により粒径が増大する。しかし，図5，6で示すように粒度分布と粒子形状は結晶化の前後でほとんど変化しない。これはガラス粉末と混合したカーボン源の分解によって形成される炭素化合物がガラス粒子の融着を防止するためと考えられる。図7に結晶化した粒子の表面近傍の断面TEM写真を示す。図の下部には結晶構造に由来する回折線が見られるが，この部分より上部には回折線は見られず，表層はアモルファス構造であることが分かる。これは，ガラス粒子を熱処理したときに，ガラス粒子の内部からLFP結晶が析出して成長した[6]ことによると考えられる。また，このアモルファス層は，ガラス構成成分であるリン，鉄，酸

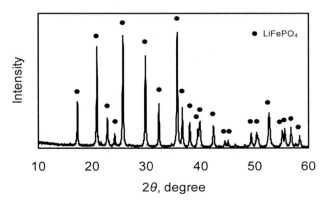

図4　結晶化後のガラス粉末のXRDパターン

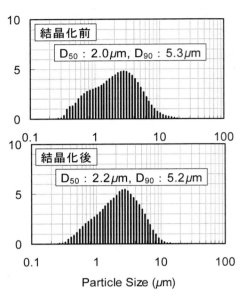

図5 結晶化前後のガラス粉末の粒度分布

図6 結晶化前後の粒子のSEM写真

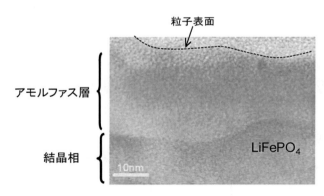

図7 LFP粒子表面付近の断面TEM写真
上部の点線は粒子表面を示すガイド。

素の他に炭素を含有し,炭素含有量は原子比で約30%に達する。結晶化後の粉末の比表面積は結晶化前の約10倍の約20 m²/gである。すなわち,ガラス粒子と有機成分のコンポジットを還元雰囲気下で熱処理することにより,表面に含炭素多孔質アモルファス層を有するLFP結晶化ガラス粉末が得られる。

第5章　ガラス結晶化法によるリン酸鉄正極材料の開発

4　LFP結晶化ガラスの電池特性

　LFP結晶化ガラス粉末をアルミニウム箔に塗布して電極を作製し，液体電解質（1 M LiPF$_6$，EC/DEC溶液），ポリプロピレンセパレータ，Li金属対極を用いてCR2032コインセルを形成した。図8に平均粒径2 μmと0.4 μmのLFP結晶化ガラス粉末を用いて作製したセルの充放電カーブを示す。両者ともに，LFPの標準電極電位である約3.4 Vのところでプラトーが観察された。0.1 Cレートでの放電容量は，それぞれ130 mAh/gと155 mAh/gであった。図9にLFP結晶化ガラス粉末を用いたセルのサイクル特性を示す。両者とも100回の充放電サイクル後でも容量低下は見られなかった。図10に平均粒径0.4 μmの試料のハイレート特性を示す。比較として市販のLFPセラミック（平均粒径0.4 μm）のデータも併せて示した。LFP結晶化ガラスはセラミックよりもハイレート特性に優れ20 Cにおいても充放電が可能であった。この結果はLFP結晶化ガラスで作製した電極の方が既存の電極よりも低抵抗であることを示している。LFP結晶化ガラス粒子表面のアモルファス層は，鉄を含有するリン酸リチウム系組成を有すると考えられる。アモルファス構造の

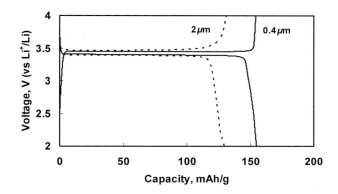

図8　LFP結晶化ガラスで作製された電池の充放電カーブ
充放電レートは0.1 C。

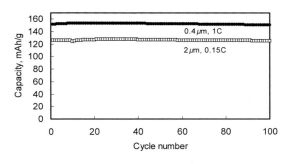

図9　LFP結晶化ガラスで作製された電池のサイクル特性

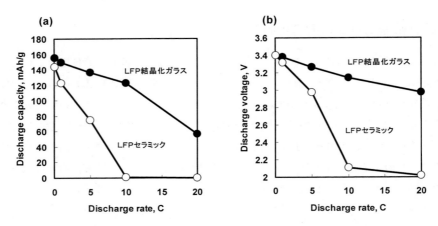

図10 LFP結晶化ガラスおよびLFPセラミックにおける，(a)放電容量と(b)放電電圧の充放電レート依存性

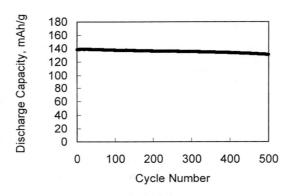

図11 LFP結晶化ガラスの高温（60℃）サイクル特性
充放電レートは10 C。

リン酸リチウムは良好なリチウムイオン伝導体として知られており[7]，Kangらは，アモルファスリン酸リチウム層で覆われたLFP粒子を用いることでハイレート特性が向上することを報告している[3]。これは，表面アモルファス層の存在により，結晶表面の異方性がキャンセルされ，電解質からリチウムイオンが効果的に吸着されるため，LFP表面上の伝導面へのリチウムイオンの移動が促進されるためと考察されている。LFP結晶化ガラスにおいても同様の機構が作用していると推定されるが，詳細機構については，アモルファス層の特性や粒子表面と電解質との相互作用に関するさらなる調査が必要である。

図11にLFP結晶化ガラス正極とスズリン酸系ガラス負極[8,9]を用いて作製した電池の60℃，10 Cレートにおけるサイクル特性を示す。500サイクル後においても130 mAh/gと高い放電容量を示

第5章　ガラス結晶化法によるリン酸鉄正極材料の開発

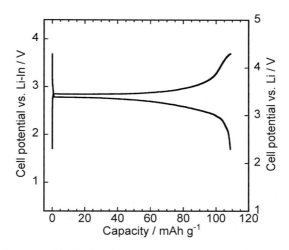

図12　LFP結晶化ガラス粉末を用いた全固体電池の充放電曲線
50℃，0.013 mAcm²。

すことが確認された。LFPに含まれる磁性不純物が多いと高温での充放電サイクルで容量が低下することが報告されている[10]が，LFP結晶化ガラスの場合は，磁性不純物量が少ないために，60℃という高温での充放電サイクルにおいても良好な電池特性を維持すると考えられる。

　LFP結晶化ガラス粉末の全固体電池への適用性を評価するため，平均粒径0.4 µmのLFP結晶化ガラス粉末とLi$_2$S-P$_2$S$_5$系固体電解質を組み合わせ，In金属を対極として全固体電池を作製した[11]。図12に得られた全固体電池の50℃における充放電曲線を示す。図に示すように，100 mAh/gを超える充放電容量が得られた。従来のLFPセラミックでは全固体電池での機能発現は難しく，本例で100 mAh/gを超える容量が得られたことは注目に値するであろう。機能改善の機構は明らかではないが，LFP結晶化ガラスの表面に存在する含炭素アモルファス層が，電極粒子と固体電解質の界面反応に影響を与えていると考えられる。

　以上述べたように，LFP結晶化ガラスは粒子表面に炭素を含有するアモルファス層を有する。このことは液体電解質を用いた従来型のリチウムイオン電池においては高速充放電特性の向上に寄与し，全固体電池においては電極／電解質界面の設計の自由度を高めるものと期待される。

5　まとめ

　ガラス結晶化法によって作製された，LFP結晶化ガラスの構造や電池特性について述べた。LFP結晶化ガラスは，ハイレート充放電の点で市販のLFPセラミックよりも優れた性能を示し，これは，LFP結晶化ガラス粒子表面のアモルファス層の寄与と考えられる。また，大気雰囲気下での低コスト原料の連続溶融と結晶化は，LFPの大量生産に有利であると考えられる。ガラス結晶化

法による電極活物質の製造法が，電池材料のさらなる性能向上や新規材料の開発に貢献すること
を願う。

文　　献

1) A. K. Padhi *et al.*, *J. Electrochem. Soc.*, **144**, 1188（1997）
2) M. Armand *et al.*, US Patent 7285260
3) B. Kang *et al.*, *Nature*, **458**, 190（2009）
4) P. Subramanya Herle *et al.*, *Nature Mater.*, **3**, 147（2004）
5) 山田淳夫ほか，日本結晶学会誌，**51**, 175（2009）
6) K. Nagamine *et al.*, *J. Ceram. Soc. Jpn.*, **120**, 193（2012）
7) B. Wang *et al.*, *J. Non-Cryst. Solids*, **183**, 297（1995）
8) 山内英郎ほか，第50回電池討論会予稿集，197（2009）
9) 朴金載ほか，第51回電池討論会予稿集，231（2010）
10) K. Amine *et al.*, *Electrochem. Commun.*, **7**, 669（2005）
11) A. Sakuda *et al.*, *Chem. Lett.*, **41**, 260（2012）

第6章 マグネシウム二次電池材料の研究開発 ～現状と課題

森田昌行[*1]，吉本信子[*2]

1 はじめに

電気自動車や電力貯蔵用などの大型用途に向けて，安全で長寿命，かつ高エネルギー密度を有する二次電池が要求されるようになった。現在，これらの電源としては，いわゆるリチウムイオン電池が広く使用されているが，長寿命で高いエネルギー密度を持ち，かつ信頼性の高い蓄電デバイスに対する要求はますます増大し，それに応えるために，現行のリチウムイオン電池の高性能化技術と並行して，次世代技術として「ポスト・リチウムイオン電池」の開発が進められている。その中の一つとしてマグネシウムイオンを可動種とする二次電池系の可能性が検討されてきた。資源的に豊富で取扱い易い金属である利点に加えて，現状のリチウムイオン電池より高いエネルギー密度が得られる可能性があることが高い関心が持たれている理由である。マグネシウム二次電池開発に係る要素技術のうち，電極と電解質の材料設計に関する課題は表1のようにまとめられる。

本稿では，マグネシウム二次電池開発に向けた最近の電解質設計について，負極材料との最適化を目指した電解質設計を中心に紹介する。

表1　マグネシウム二次電池開発のための要素技術と開発課題の一例

要素技術	候補材料	開発課題の例
負極	金属マグネシウム（Mg） Mg-基合金 Mgインサーション材料	析出／溶解過程の可逆性の確保 合金・金属間化合物の探索 インサーション材料の探索
電解質	有機溶媒電解液 イオン液体 固体電解質	Mg塩含有電解液の探索，負極適合性 Mg塩の溶解度とイオン伝導特性，負極適合性 Mg^{2+}を可動種とする固体電解質の開発
正極	Mgインサーション材料 （遷移金属酸化物，硫化物） その他材料（有機化合物）	遷移金属酸化物，複合酸化物の探索 インサーション過程の確保，電極内での移動速度の確保 Mg種が関与する酸化／還元過程の調査

＊1　Masayuki Morita　山口大学　大学院理工学研究科　教授

＊2　Nobuko Yoshimoto　山口大学　大学院理工学研究科　准教授

2 負極材料のための電解質設計

2.1 マグネシウムイオン電池用負極材料の電解質設計

リチウムイオンの代わりに2価のカチオンであり，比較的低い標準電極電位を持つマグネシウムを用いることにより，高い作動電圧と高い容量を持つマグネシウムイオン電池の構築が期待できる。

負極材料に黒鉛，正極材料にマグネシウム含有金属酸化物を用いた場合，以下のような充放電反応となる。

負極 : $nC + xMg^{2+} + 2xe^- = C_nMg_x$

正極 : $MgM_yO_z = Mg_{1-x}M_yO_z + xMg^{2+} + 2xe^-$

マグネシウムイオンはリチウムイオンとほぼ同じイオン半径であるので，マグネシウムイオンがリチウムイオンと同様に黒鉛負極にMgC_6まで挿入した場合，2電子反応であるので，容量は744 mAh g^{-1}となり，体積膨張率も低い。マグネシウムイオンの黒鉛電極への電気化学的挿入／脱離反応については，ジメチルスルホキシド（DMSO）に$MgCl_2$を溶解させた電解液中で研究されている[1]。DMSOはドナー数が非常に高いことから電子供与性（ルイス塩基性）が高いので，強いルイス酸であるマグネシウムイオンと強い相互作用を示す。そのため，この系ではDMSOに溶媒和されたマグネシウムイオンの挿入／脱離反応が進行し，マグネシウムイオンのみの黒鉛電極への挿入反応は確認できていない。最近では，黒鉛電極あるいは難黒鉛化性炭素電極を用い，マグネシウムイオン電池の負極反応を調査した報告がある[2]。DMSOのような高いドナー数を持つ有機溶媒では脱溶媒和反応が困難であることがわかっているので，電解質には，マグネシウム塩を溶解させた炭酸エチレン（EC）系電解液を使用している。しかしながら，この電解液系を用いても，ECに溶媒和されたマグネシウムイオンが黒鉛に挿入することが確認された。リチウムイオン電池用電極にリチウムイオンが挿入／脱離するときには，脱溶媒和反応に伴う大きな活性化障壁が存在することがわかっている[3]ことから，マグネシウムイオンの脱溶媒和反応は非常に大きな活性化障壁があることは容易に推測できる。

マグネシウムイオンのみを炭素電極に挿入させるためには，脱溶媒和反応を促進するような電解質系をいかにして構築するかが鍵となる。

最近になって，過塩素酸マグネシウム（$Mg(ClO_4)_2$）やマグネシウムビス（トリフルオロメチルスルフォニル）イミド（$Mg[(CF_3SO_2)_2N]_2$）などのマグネシウム塩を有機溶媒に溶解したイオン性の電解液中で，マグネシウムの挿入／脱離が可能な負極材料として，マグネシウムとビスマスの金属間化合物であるα-Mg_3Bi_2 Zintle相が提案され，負極特性の検討が行われた[4]。図1に，1.0 M (mold m^{-3}) の$Mg[(CF_3SO_2)_2N]_2$塩を溶解したアセトニトリル（AN）中でのα-Mg_3Bi_2電極のサイクリックボルタモグラム（CV）を示す。マグネシウムの挿入／脱離反応に対応する還元／酸化ピークが観測された。得られる電流密度と挿入／脱離の可逆性は低いものの，イオン性の電解質

第6章　マグネシウム二次電池材料の研究開発〜現状と課題

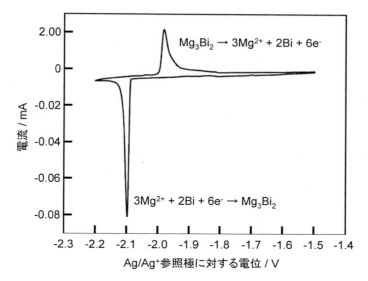

図1　Mg[(CF$_3$SO$_2$)$_2$N]$_2$/アセトニトリル中でのビスマス電極（負極）のサイクリックボルタモグラム[4]
走査速度：10 μV s^{-1}

中でも作動する負極活物質が確認されたことは，今後のマグネシウム二次電池開発の重要な設計指針となるものと思われる。

2.2　マグネシウム金属負極の電解質設計

　電池のエネルギー密度の観点から，マグネシウム金属はマグネシウム二次電池の負極活物質として理想的な材料である。マグネシウムの原子量はリチウムと比較すると3倍以上であるため，マグネシウム金属負極の重量当たりの比電気容量（2200 Ah dm^{-3}）はリチウム（3860 Ah dm^{-3}）には劣るものの，1イオン当たり2電子反応する点や，金属そのものの密度が高いことから，体積当たりの比電気容量は3830 Ah dm^{-3}となり，リチウムの2060 Ah dm^{-3}の約1.9倍程度となり，高容量負極活物質として非常に有望である。また，クラーク数もリチウムの300倍以上で資源的に豊富であるばかりでなく取り扱い易い金属であるので，古くからマグネシウムを用いた高エネルギー密度電池の開発が進められてきた。

　これまで，マグネシウム金属の析出／溶解が可能な電解質の探索が行われ，金属マグネシウムを負極として選択する場合に限っては，有機マグネシウム化合物であるグリニャール試薬やマグネシウム-ホウ素錯体，マグネシウム-アルミニウム錯体などのアルキルマグネシウム錯体を含むエーテル系溶液が最も有望であると考えられている[5〜7]。これらの電解質中では，マグネシウム金属表面に不動態皮膜を形成しないためにマグネシウムの析出／溶解反応が常温で進行するといわれているが，電解質によっては電位窓が1.5 V程度と低いので，二次電池用電解質として適用

するためには，酸化電位を上げる必要がある。その中で，2000年にはすでに，各種有機マグネシウム化合物（R_2Mg，Rはアルキル基）とアルミネート系ルイス酸（$AlCl_2R$あるいは$AlCl_3$）との組み合わせの最適化により，析出時の電流密度やクーロン効率，耐酸化性が向上したことが報告されている[5]。さらに，EQCMやSEMなど種々の測定法を用いて，これらの有機ハロアルミネート系電解質からのマグネシウムの析出形態や析出機構の解析が行われた[8~12]。

さらに最近，耐酸化性に優れた電解質塩として，塩化ヘキサメチルジシラジドマグネシウム（HMDSMgCl）のTHF溶液に塩化アルミニウム（$AlCl_3$）を加えて得られた電解液を再結晶し，図2に示されるような二量体カチオンを持つ，$[Mg_2(\mu\text{-}Cl)_3\text{-}6THF][HMDSAlCl_3]$塩が提案された[13]。この二量体カチオンは，以下の反応を通じて得られる。

$$HMDSMgCl + AlCl_3 \rightarrow MgCl^+ + HMDSAlCl_3 \tag{1}$$
$$HMDSMgCl \rightleftarrows HMDS_2Mg + MgCl_2 \tag{2}$$
$$MgCl^+ + MgCl_2 \rightleftarrows Mg_2Cl_3{}^+ \tag{3}$$

この塩をTHFに再溶解することで得られた電解質中でのマグネシウムの析出／溶解のクーロン効率がほぼ100％となるだけでなく，図3に示すように，酸化電位がマグネシウム参照極に対して3.2Vと，これまでに報告されている電解質と比較して高い値を示した。これは，(2)式のSchlenk平衡で生成する$HMDS_2Mg$が再結晶後に完全に除去されるからであると考えられている。また，これまで提案されていた他の有機ハロアルミネート系電解液を再結晶して得られた電解質からも，全く同じ二量体をカチオンに持つ結晶が得られており，この二量体カチオンが電気化学的に活性な化学種であると考えられる。この二量体カチオンは，有機ハロアルミネート系電解質で提案されたマグネシウム錯体と同じカチオン構造を有している[12]。

このように，いわゆるグリニャール試薬より耐酸化性に優れた電解質が提案されたが，これらの電解質は，いずれも溶媒として蒸気圧の高いTHFを用いているため，実用電池を視野に入れると，系の蒸気圧を低減する工夫など，より安全性の高い電解質の開発が必要である。

系の蒸気圧を低減する目的で，アルキルマグネシウム錯体のテトラヒドロフラン溶液（グリニ

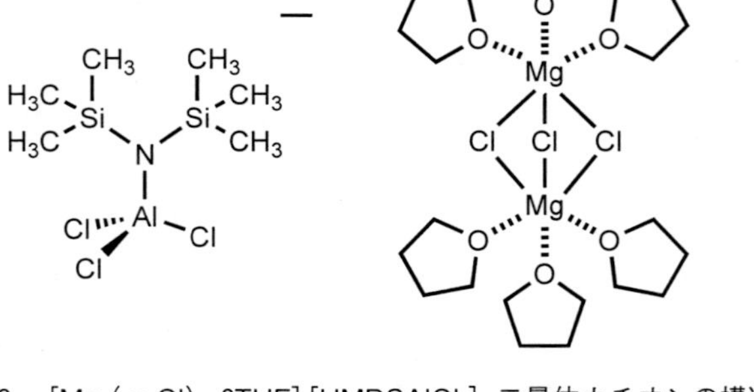

図2　$[Mg_2(\mu\text{-}Cl)_3\text{-}6THF][HMDSAlCl_3]$　二量体カチオンの構造

第6章 マグネシウム二次電池材料の研究開発～現状と課題

ャール試薬）と，難燃性，難揮発性，化学的安定性，高イオン伝導性などの優れた特性を有するイオン液体との混合系が提案された．例えば，代表的なアルキルマグネシウム錯体の一つである臭化エチルマグネシウム／テトラヒドロフラン溶液（グリニャール試薬）と還元安定性に優れた4級アンモニウム塩系の N,N-ジエチル-N-メチル-N-（2-メトキシエチル）ビス（トリフルオロエチルスルフォニル）イミド（N,N-Diethyl-N-methyl-N-(2-methoxyethyl)ammonium bis (trifluoroethane sulfonyl)imide, DEMETFSI）との混合系において，室温で金属マグネシウムの可逆的なカソード析出／アノード溶解が可能であることが報告された[14]．図4に，1.0 M（mol dm^{-3}）のC_2H_5MgBr（EtMgBr）/THFとDEMETFSIをモル比1：1で混合した電解質中での金電極のサイクリックボルタモグラム（図4(a)）をイオン液体を含まないグリニャール試薬（EtMgBr/THF）中で測定した結果（図4(b)）と比較して示す．すでに報告されている[4]とおり，グリニャール試薬（EtMgBr/THF）中ではマグネシウムの可逆的な析出／溶解挙動が観察される．一方，EtMgBr/THFとDEMETFSIの混合電解質中では，約-1.0 V付近から金基板上へのマグネシウムの析出に対応するカソード電流の増加が観測され，また約-0.7 V付近からマグネシウムの溶解に対応するアノード電流の増加が認められる．図4(b)と比較すると，析出／溶解の電流値が著しく大きい．これは，電解液のイオン伝導性の違いに起因するものであると考えられる．また，サイクルを繰り返しても電流値はほとんど低下しないことがわかった．この系において定電位電解（カソード分極）を行い，基板上に析出したものをX線回折により同定したところ，六方晶の金属マグネシウムを確認している．

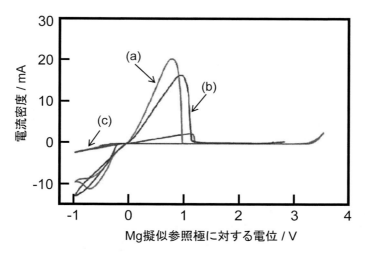

図3 各種マグネシウム電解質の電気化学挙動（サイクリックボルタモグラム）[13]
(a) HMDSMgCl/THF電解液
(b) HMDSMgCl/THF溶液にAlCl$_3$を加えた電解液（HMDSMgCl：AlCl$_3$ ＝ 3：1）
(c) (b)の電解液を再結晶して得られた二量体カチオンのTHF溶液電解質
走査速度：25 mV s^{-1}

233

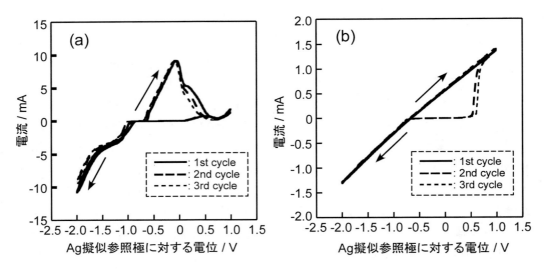

図4 1.0 M EtMgBr/THFとDEMETFSIの混合電解質(a), および1.0 M EtMgBr/THF(b)中での金電極のサイクリックボルタモグラム
走査速度：$10\,mV\,s^{-1}$, 電極面積：$0.259\,cm^2$

次いで，定電流充放電試験により，この系のマグネシウム二次電池の負極としての可能性を調査した結果を図5に示す。$5\,mA\,cm^{-2}$の電流密度で2分間充電（カソード分極）し，同じ電流密度で700 mVまで放電（アノード分極）した時の充放電（電位—時間）曲線の結果から，サイクルを繰り返しても電位の変化が少なく，可逆な析出／溶解を繰り返すことが確認できる。

さらに，この混合電解質の最適化を図るために，DEMETFSIに異なるアルキル基を持つマグネシウム錯体を溶解した系（RMgBr/THF/DEMETFSI）についても，そのマグネシウムの析出／溶解挙動が比較検討された[15]。図6には，RMgBr/THF/DEMETFSI中でのニッケル試験極上へのマグネシウムの析出／溶解に対応するボルタンメトリーを示す。いずれの系でも類似した析出／溶解挙動を示しているが，その可逆性はアルキル基の種類に依存している。すなわち，アルキル鎖長が長くなるほど，析出電流値は小さくなり，それに対応してアノード溶解電気量も低くなる傾向にある。さらに，マグネシウムの析出／溶解の過電圧も大きくなる傾向になることがわかる。アルキル基が長くなると溶液の粘性が高くなり，それに対応して，系のイオン電導度が低くなるためであると考えられている。

上述したように，DEMEカチオンからなるイオン液体は還元安定性に優れているが，粘度が高いためにイオン伝導度が低いという問題がある。この問題を解決する方策の一つとして，熱安定性，電気化学的安定性に優れるTFSIアニオンと低粘性でイオン電導度の高いフルオロスルフォニルイミド（FSI）アニオンを有するDEMEカチオンからなる二種類のイオン液体を混合したイオン液体を用いた報告がある[16]。すなわち，DEMETFSIとDEMEFSIを種々のモル比で混合したもの（$[DEME^+][TFSI^-]_n[FSI^-]_{1-n}$ ($n=0\sim1$)）に，CH_3MgBr（MeMgBr）/THFをモル比1：

第6章 マグネシウム二次電池材料の研究開発〜現状と課題

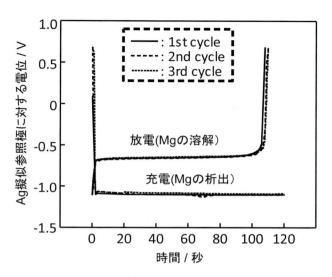

図5 EtMgBr/THFとDEMETFSI（体積比3：1）の混合電解液中での金基板における
Mgの充放電曲線
電流密度：5 mA cm^{-2}，充電：120 s，放電：Ag擬似参照極に対して0.7 Vまで

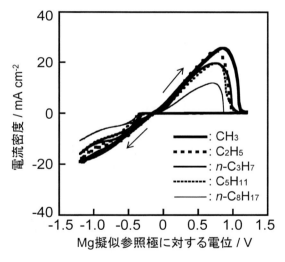

図6 RMgBr/THFとDEMETFSI混合電解液（モル比1：1）中での
ニッケル試験極のサイクリックボルタモグラム
R = CH$_3$, C$_2$H$_5$, n-C$_3$H$_7$, C$_5$H$_{11}$, n-C$_8$H$_{17}$, 走査速度：10 mV s^{-1}

1で混合した電解質を使用して，マグネシウムの析出／溶解挙動に及ぼす混合比の影響を調査した。図7(a)には，$n=0.5$の混合電解質中でのニッケル試験極のサイクリックボルタモグラムを示す。すべての混合比においても同様に，可逆な還元（析出）／酸化（溶解）挙動が観測された。サ

イクリックボルタモグラムのアノード溶解電気量と組成比との関係を調査したところ，図7(b)に示すように，$n=0.5$の混合電解質の系で最大値を示すことが確認された。また，ボルタモグラムの析出電気量と溶解電気量から求めたクーロン効率も，$n=0.5$の混合電解質の系で99%と最大の値を示すことがわかった。

イオン液体の中でも1-エチル-3-メチルイミダゾリウム（1-ethyl-3-methylimidazolium, EMI）カチオンからなるイオン液体は粘度が低く，イオン伝導度が高いという特長を有している。リチウムイオン二次電池に使用するには還元安定性に問題があるが，マグネシウム金属を負極とする二次電池においては，リチウムより貴な電位領域を利用するため，EMI系イオン液体でも利用できる可能性がある。そこで，EMIカチオンからなるイオン液体において，カチオンを化学修飾することで還元安定性の改善が図られた。すなわち，様々な構造を有するイミダゾリウム系イオン液体を合成し，イオン液体／R-MgBr電解液の基礎物性および電気化学特性を評価し，マグネシウム二次電池用電解液として有効な構造が検討された[17]。図8(a)に示すようなイミダゾール環の2位に保護基としてメチル基を修飾することで，イオン液体自身のグリニャール試薬に対する反応性を抑えることができ，1位にアリール基を導入することでイオン伝導度や系の運動性が向上する結果が得られている。さらに，3位にエーテル構造を導入することで電気化学安定性，特にイオン液体の還元安定性が向上することもわかった。このイオン液体とMeMgBr/THFをモル比1：1で混合した電解質中にて，ニッケル電極を用いてCV測定を行った結果，図8(b)に示すようにイミダゾリウム系イオン液体を使用してもマグネシウムの可逆的な還元（析出）／酸化（溶解）が起こることが確認できた。

安全性の高い電解質の開発という観点から，いわゆるグリニャール試薬を使用しない電解質系

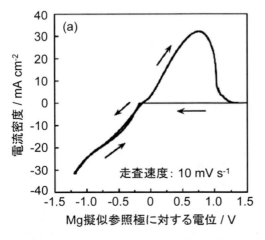
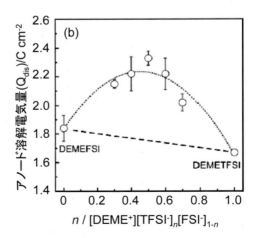

図7　MeMgBr/THF[DEME$^+$][TFSI$^-$]$_{0.5}$[FSI$^-$]$_{0.5}$混合電解液中でのニッケル試験極のサイクリックボルタモグラム(a)，およびマグネシウムのアノード溶解電気量と，n/[DEME$^+$][TFSI$^-$]$_n$[FSI$^-$]$_{1-n}$中の組成比（n）の関係(b)

第6章　マグネシウム二次電池材料の研究開発〜現状と課題

の検討も行われ始めた[18,19]。図9には，2-メチルテトラヒドロフラン（2-MeTHF）に臭化マグネシウム（$MgBr_2$）を溶解させた電解液にマグネシウムエトキシド（$Mg(OC_2H_5)_2$）を添加剤とし

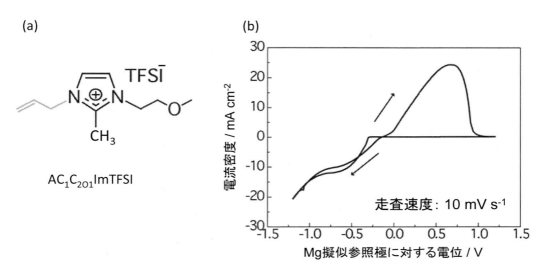

図8　マグネシウム二次電池用電解液として構造最適化したイミダゾリウム塩系イオン液体の構造(a)と$AC_1C_{2O1}ImTFSI$/MeMgBr/THFからなる混合電解液中でのニッケル試験極のサイクリックボルタモグラム(b)

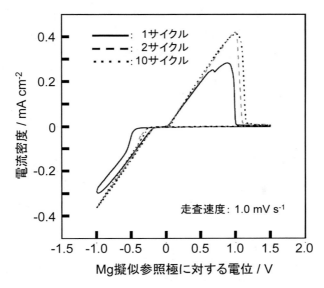

図9　0.5 mol dm^{-3} $MgBr_2$ + 0.1 mol dm^{-3} $Mg(OC_2H_5)_2$/2-MeTHF中での白金電極のサイクリックボルタモグラム[18]

237

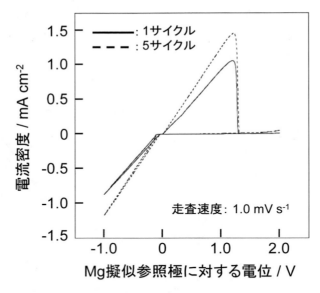

図10 0.5 mol dm^{-3} MgBr$_2$/n-BME中での白金電極のサイクリックボルタモグラム[19]

て加えた電解質中での白金試験極のサイクリックボルタモグラムを示す。可逆的な還元／酸化電流が観測され，90％程度の電流効率が得られている[18]。さらに，溶媒としてn-ブチルメチルエーテル（n-BME）を用いた場合，図10に示すように，電流効率が98％程度まで増加したばかりでなく，電流も2-MeTHFの系よりも3倍以上流れることを報告している[19]。

グリニャール試薬を用いることなく，90％以上の効率でマグネシウムの可逆的な析出／溶解挙動が得られた電解質系はこれまでに報告されておらず，マグネシウム二次電池開発の重要な設計指針となるものと思われる。その一方で，この電解質系の課題としては，電位窓の狭さがあげられる。マグネシウム基準で3V以下の電位窓であるので，電池の作動電圧を上げることは難しい。今後，広い電位窓を有する電解質の探索が必要である。

2.3 電解質の固体化

上述したように，マグネシウム金属の可逆な析出／溶解が可能な電解質は，THFのような蒸気圧の高いエーテル溶媒を成分として含むために，これをそのまま実用電池に適用するのは難しい。電池の安全性や信頼性を確保するための手段の一つとして電解質を固体ゲル化することが考えられる。

たとえば，前項でイオン溶媒として優れた性質を示したAC$_1$C$_{201}$ImTFSI（図8(a)）と類似構造のAC$_1$AcC$_6$ImTFSI（図11）はUV光照射下でラジカル重合し，柔軟性のある重合膜を形成する。これ自身イオン伝導性を発現する興味深い材料であるが，重合時にアルキルマグネシウム錯体を共存させたり，重合後にアルキルマグネシウム錯体を含む溶液に浸漬することでマグネシウム活

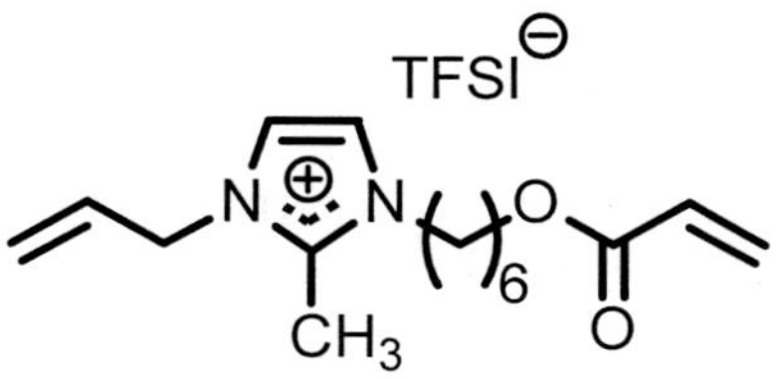

第6章　マグネシウム二次電池材料の研究開発〜現状と課題

$$AC_1AcC_6ImTFSI$$

図11　ラジカル重合可能なイミダゾリウム系イオン液体の化学構造

性なゲル電解質が調製できる[20, 21]。現状では，ゲル自体のイオン伝導度やマグネシウムの析出・溶解の速度など，電解質としての物性は実用レベルに達しているとはいえないが，ポリマーマトリックスとなるイオン液体の構造最適化やマグネシウム源を付与する方法など，技術上の選択肢は多岐にわたっているので，今後の進展が期待される系といえる。

　また，有機電解液をポリマーマトリックスで固体化した，いわゆるポリマーゲル電解質のマグネシウム二次電池の電解質への適用性についての研究も行われてきた。

　著者らはこれまでに，分子内にエチレンオキシド（EO）の繰り返し単位を持つポリメタクリル酸エステル（PEO-PMA）をポリマーマトリックスとするマグネシウム塩含有ゲル電解質のイオン伝導挙動と，全固体マグネシウム二次電池への適用性について報告してきた。電解質塩にMg[(CF$_3$SO$_2$)$_2$N]$_2$，可塑剤にポリ（エチレングリコール）ジメチルエーテル（PEGDE）を用いたゲル電解質を調製し，直流分極法によりMg^{2+}が可動種であることを確認した。負極に金属マグネシウム，正極にV$_2$O$_5$を用いたセルでは，約1.6Vの開回路電圧は得られたものの，放電の際には負極における過電圧が大きく，充電もほとんどできない。そこで，予めMg^{2+}をドープしたMg$_x$V$_2$O$_5$を負極に用い，これをV$_2$O$_5$正極と組み合わせた，"マグネシウムイオン電池"を構成し，その充放電挙動を検討した[22]。また，体積比1：1のエチレンカーボネート（EC）とジメチルカーボネート（DMC）を可塑剤とするポリマーゲルを使用した場合には，初回には約130 mAh g(V$_2$O$_5$)$^{-1}$の放電容量が得られ，その可逆性も比較的高いことがわかった。MnO$_2$を正極とする電池についても同様の検討を行い，これらMg挿入型の酸化物とポリマー電解質を組み合わせた新しい電池の構成が可能であることを明らかにした[23]。

　最近では，マグネシウム二次電池の電解質としてポリマー電解質を用いた報告は少ないが，P（VdF-HFP）（フッ化ビニリデンとヘキサフロロプロピレンの共重合体）をポリマーマトリックスとし，可塑剤にイミダゾリウム系のイオン液体，電解質塩にMg(CF$_3$SO$_3$)$_2$を用いたゲル電解質[24]や，P(VdF-HFP)と可塑剤に体積比1：1のECとPC，電解質塩にMg(ClO$_4$)$_2$を用い，ナノサイズのMgOを分散させたゲル電解質[25]が調製され，そのイオン伝導度などの基礎物性や電気化学特性の評価結果が報告されている。

3 正極材料のための電解質設計

マグネシウム二次電池の正極材料については，Novákらによる先駆的研究[26]により，いくつかの遷移金属酸化物においては有機溶媒電解液中でマグネシウムイオン（Mg^{2+}）が可逆的に挿入・脱離できることがわかっている。しかしながら，層状構造やトンネル構造を持つ化合物であっても，図12に示すように，Mg^{2+}を可逆的に挿入・脱離することはLi^+ほど容易ではなく，正極材料の選択肢は限定されている。その中で，バナジウム酸化物（V_2O_5, MV_3O_8）やマンガン酸化物がMg^{2+}を含む有機電解液中（$Mg(ClO_4)_2$/CH_3CN（AN））で可逆的な酸化・還元を示すことが明らかにされたが，サイクル性に乏しく，また電解液に1 mol dm^{-3}という多量の水を含む必要があり，組み合わせる負極の選択肢がないのが問題である[26]。その後，前節で述べた有機ハロアルミネート系電解質と，可逆的にMg^{2+}を挿入・脱離できる$Mg_xMo_3S_4$正極から構成される系が実用化の見込みのある系として提案された[6]。現在，マグネシウム二次電池の正極活物質として十分機能することが確認されているものは，このMo_3S_4 Chevrel相のみであるといえる。しかしながら，このMo_3S_4正極の容量は100 mAh g^{-1}程度で，電圧も約1.2 Vであり，リチウムイオン電池を超えるような高いエネルギー密度を得るためには，ある程度の電圧と高容量を持った新規活物質の探索が必要である。

最近の正極材料に関する研究では，カーボンフェルト電極マイクロ波放電を利用して硫黄をドープしたV_2O_5（S-V_2O_5）[27]が調製され，過塩素酸マグネシウム（$Mg(ClO_4)_2$）を溶解したPC電解質中で，マグネシウム二次電池の正極材料としての特性が評価されている。

さらに，マグネシウム二次電池の正極材料としてマンガン酸化物を用いた報告が多く見られる

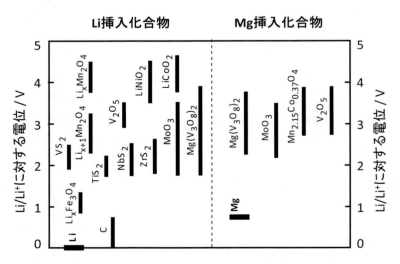

図12　Li^+イオンとMg^{2+}イオンが挿入可能な正極材料と電位
P. Novák *et al.*, *Electrochim. Acta*, **45**, 351（1999）より

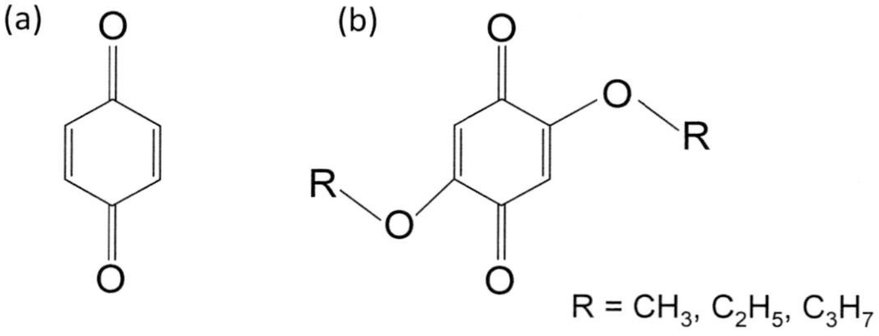

第6章　マグネシウム二次電池材料の研究開発～現状と課題

図13　マグネシウム二次電池用正極材料として提案された1,4-ベンゾキノン(a)と
2,5-ジアルコキシベンゾキノンの化学構造

ようになった。例えば，Hollandite相を有するMnO_2（α-MnO_2）へのマグネシウムイオンの挿入／脱離反応について検討が行われ，Hollandite相（α-MnO_2）やマンガン酸化物ナノシートが，$Mg(ClO)_2$/AN電解液中で高い充放電容量を示すことが報告されている[28～30]。しかしながら，マグネシウムは2価のイオンであり，強いルイス酸性を有していることから，V_2O_5やMnO_2などの酸化物中ではマグネシウムイオンと酸素間で強い静電相互作用が働くため，マグネシウムイオンの固相内での拡散は遅いものと推定される。

　結晶場の束縛が無機物より小さいと考えられる有機活物質をマグネシウム二次電池の正極材料として用いる提案もある[31]。たとえば，1,4-ベンゾキノンおよびその誘導体（図13）の$Mg(ClO_4)_2$/γ-ブチロラクトン電解液中での充放電挙動が調査され，正極材料として作動する可能性が見出された。

4　おわりに

　ポストリチウム二次電池の一つとして，金属マグネシウムを負極活物質とする二次電池に対する関心は極めて高い。それは，現状の二次電池を超える電池性能が期待されるばかりでなく，材料の資源性や経済性の面，さらには電池システム全体の安全性や信頼性の観点からも大きな可能性を持つからである。しかしながら，技術の現状はいまだ「可能性を検証する」段階に過ぎない。負極の析出・溶解の可逆性のみならず正極過程の確立，固相内でのMg^{2+}イオンの拡散速度の向上など，課題が山積しているが，これらを解決する鍵は正極・負極ともに適用可能な電解質系を新たに開発することにあるといっても過言ではない。すなわち，これまでのところ，マグネシウム金属負極が作動する電解質系で可逆的な正極反応が進行するような例は極めて限定されている。ほとんどの場合，負極が作動したとしてもそれに見合う正極系の性能が不十分であったり，逆に，高い電位でマグネシウムの挿入・脱離が進行するような正極に適した電解液では可逆的な負極反応が起こらないことが多い。様々な電解質系でのマグネシウム種の挙動を詳細に理解することが，実用に耐える電池系の開発につながるものと考える。

文　　献

1) Y. Maeda and P. Touzain, *Electrochim. Acta*, **33**, 1493 (1988)
2) 宮竹一希，安部武志，入山恭寿，小久見善八，電気化学会創立70周年記念大会講演要旨集，1Q12 (2003)
3) T. Abe, H. Fukuda, Y. Iriyama, and Z. Ogumi, *J. Electrochem. Soc.*, **151**, A1120 (2004)
4) T. S. Artur, N. Singh and M. Matsui, *Electrochem. Commun.*, **16**, 103 (2012)
5) C. Liebenow, *J. Appl. Electrochem.*, **27**, 221 (1997)
6) D. Aurbach, Z. Lu, A. Schechter, Y. Gofer, H. Gizbar, R. Turgeman, Y. Cohen, M. Moshkovich and E. Levi, *Nature*, **407**, 724 (2000)
7) D. Aurbach, A. Schechter, M. Moshkovich, and Y. Cohen, *J. Electrochem. Soc.*, **148**, A1004 (2001)
8) D. Aurbach, M. Moshkovich, A. Schechter and R. Turgeman, *Electrochem. Solid-State Lett.*, **3**, 31 (2000)
9) D. Aurbach, Y. Cohen and M. Moshkovich, *Electrochem. Solid-State Lett.*, **4**, A113 (2001)
10) D. Aurbach, Y. Gofer, Z. Lu, A. Schechter, O. Chusid, H. Gizhar, Y. Cohen, V. Ashkenazi, M. Moshkovich, R. Turgeman and E. Levi, *J. Power Sources*, **97-98**, 28 (2001)
11) D. Aurbach, Y. Gofer, A. Schechter, O. Chusid, H. Gizhar, Y. Cohen, M. Moshkovich and R. Turgeman, *J. Power Sources*, **97-98**, 269 (2001)
12) D. Aurbach, H. Gizhar, A. Schechter, O. Chusid, H. E. Gottlieb, Y. Gofer and I. Goldberg, *J. Electrochem. Soc.*, **149**, A115 (2002)
13) H. S. Kim, T. S. Arthur, G. D. Allred, J. Zajicek, J. G. Newman, A. E. Rodnyansky, A. G. Oliver, W. C. Boggeness and J. Muldoon, *Nature Commun.*, **2**, 427 (2011)
14) N. Yoshimoto, M. Matsumoto, M. Egashira and M. Morita, *J. Power Soures*, **195**, 2096 (2010)
15) N. Yoshimoto, K. Hotta, M. Egashira and M. Morita, *Electrochemistry*, **80**, 774 (2012)
16) T. Kakibe, J. Hishii, N. Yoshimoto, M. Egashira and M. Morita, *J. Power Sources*, **203**, 195 (2012)
17) T. Kakibe, N. Yoshimoto, M. Egashira and M. Morita, *Electrochem. Commun.*, **12**, 1630 (2010)
18) M. Shiraga, F. Sagane, K. Miyazaki, T. Fukutsuka, T. Abe, K. Nishio and Y. Uchimoto, 218 th Electrochemical Society Meeting, Abstract No. 52 (2010)
19) K. Asaka, F. Sagane, K. Miyazaki, T. Fukutsuka, T. Abe, K. Nishio and Y. Uchimoto, 220 th Electrochemical Society Meeting, Abstract No. 25 (2011)
20) 柿部剛史，吉本信子，江頭港，森田昌行，第51回電池討論会，3G10 (2010)
21) 柿部剛史，吉本信子，森田昌行，電気化学会第78回大会，1B07 (2011)
22) M. Morita, N. Yoshimoto, S. Yakushiji and M. Ishikawa, *Electrochem. Solid-State Lett.*, **4**, A177 (2001)
23) N. Yoshimoto, S. Yakushiji, M. Ishikawa and M. Morita, *Electrochim. Acta*, **48**, 2313 (2003)

第6章　マグネシウム二次電池材料の研究開発～現状と課題

24) G. P. Pandey and S. A. Hashimi, *J. Power Sources*, **187**, 627（2009）

25) G. P. Pandey, R. C. Agrawal and S. A. Hashimi, *J. Power Sources*, **190**, 563（2009）

26) P. Novák, R. Imhof and O. Haas, *Electrochim. Acta*, **45**, 351（1999）

27) 稲本将史，栗原英紀，矢嶋龍彦，表面技術，**62**, 516（2011）

28) R. Zhang, W. Song, A. Knapp, C. Ling and M. Matsui, 221 st Electrochemical Society Meeting, Abstract No. 545（2012）

29) S. Rasul, S. Suzuki, S. Yamaguchi and M. Miyayama, *Electrochim. Acta*, **82**, 243（2012）

30) T. Okado, T. Kamijo, K. Kai, Y. Orikasa, T. Fukutsuka, H. Kageyama, T. Abe and Y. Uchiyama, 220 th Electrochemical Society Meeting, Abstract No. 376（2011）

31) 妹尾浩志，八尾勝，佐野光，栄部夏比里，清林哲，第52回電池討論会講演要旨集，3C14，P.231（2011）

第7章　ニッケル水素化物電池のレアメタルフリー化

高﨑智昭[*1]，西村和也[*2]，境　哲男[*3]

1　諸言

　近代工業化による大量生産・大量消費，IT技術の発達による情報化社会への移行によって，電気エネルギーの消費量は加速度的に増大している。これに伴い，化石燃料の枯渇，大気汚染や地球温暖化といった環境問題も浮上している。

　グリーンニューディール政策の世界展開をきっかけとして，わが国でも化石燃料の代替エネルギーや省エネルギーなどの新しい技術に大きな関心が集まっている[1]。今後は，太陽光や風力など，再生可能エネルギーの発電に占める割合が増大すると考えられる。また，自動車のみならず[2]，電車などの公共交通機関においても，蓄電デバイスを用いた省エネルギー化が盛んに進められている。石油代替エネルギーの普及や省エネルギー化を進めるためのキーテクノロジーの一つが電池などの蓄電デバイスであると考えられる。

　ニッケル水素化物（Ni-MH）電池は1990年に日本で発売され[3]，ニッケルカドミウム（Ni-Cd）電池の代替として小型電子機器やハイブリッド自動車用に広く普及している。この電池はNi-Cd電池と同等の1.2Vの放電電圧を示すが，体積エネルギー密度が2倍と大きく，高出力，長寿命で環境負荷も少ない。しかしながら，コバルトや希土類など高価なレアメタルを使用するため，原料の安定供給とコスト低減が課題である。最近では，発電，インフラ，大型機器などの産業用に，高出力な大型Ni-MH電池も開発されているが[4~7]，これを広く社会に普及させるためには，上記課題の解決が不可欠と考えられる。

　他の電池としては，1991年にリチウムイオン電池が発売され，民生用小型機器の分野においては年々シェアを拡大している。産業用大型電池セルの開発も進められているが[8]，現在の主流は小型民生用電池を多数直列並列してスケールアップする方法である。一般に，リチウムイオン電

---

* 1　Tomoaki Takasaki　川崎重工業㈱　車両カンパニー　ギガセル電池センター
　　　　電池技術課　主事
* 2　Kazuya Nishimura　川崎重工業㈱　車両カンパニー　ギガセル電池センター
　　　　電池技術課　課長
* 3　Tetsuo Sakai　㈳産業技術総合研究所　ユビキタスエネルギー研究部門　上席研究員㈱
　　　　電池システム研究グループ　グループ長㈱エネルギー材料標準化グループ
　　　　グループ長；神戸大学大学院　併任教授；㈳日本粉体工業技術協会
　　　　電池製造技術分科会　コーディネーター

第7章　ニッケル水素化物電池のレアメタルフリー化

池は発火性の有機物質を電解液として用いるため，安全性確保が大型化の重要な課題の一つである。多くの研究開発によって安全性は格段に向上しつつあるものの[9,10]，産業用蓄電池の分野において，発火しないアルカリ水溶液を電解液とする大型Ni-MH電池の開発を進めていく意義は大きいと考える。

　Ni-MH電池は，遷移金属や希土類などのレアメタルを多く含むため非常に高価である。なかでもコバルトは，正極活物質である水酸化ニッケルの導電助剤として[11,12]，負極材料である水素吸蔵合金のサイクル特性向上のため[13]，それぞれ必須元素として添加されてきた。しかしながら，コバルトは埋蔵地域が偏在しており，地域情勢などの影響を受けて価格高騰しやすく，材料コストにも大きな影響を及ぼしてきた。電極中のコバルト添加量は10重量％程度であるものの，合金原料価格の半分を占めるほど高騰した時期もあり[1]，さらに，2008年3月には価格が大暴騰し，史上最高値を記録した。2010年以降は，供給過剰によって価格が安定しているが，将来の安定供給に不安が残る。

　産業用大型Ni-MH電池を普及させるためには，電池性能向上に加えて原料コストの低減が不可欠であり，コバルトフリー化は大きな課題の一つと考えられる。本稿では，産業用大型Ni-MH電池に用いる負極および正極のコバルトフリー化の取り組みについて述べる。

2　産業用大型Ni-MH電池

　発電や公共交通機関などの負荷変動を吸収するためには，大容量蓄電池が不可欠である。電気自動車やハイブリッド自動車などでは，電池容量は数十kWh程度であるが[2]，路面電車では，電池駆動だけで駅間走行させるためには100 kWh程度の容量が必要と考えられる。鉄道路線における回生失効対策用として，変電所に併設する蓄電設備は1ユニットあたり200〜400 kWhになる[3〜6]。今後，発電に占める再生可能エネルギーの割合が増大し，スマートグリッドが普及すると，大規模インフラにおける負荷変動抑制のため，さらに大型で高出力な蓄電設備への需要が出てくるものと考えられる。

　一般に蓄電池では，機器動作に必要な高電圧を得るため，複数の単電池を直列接続して用いる。各単電池内では複数枚の正極と負極がセパレータを介して並列的に接続されている。各電極に集電端子（リード板）を溶接で取り付け，複数の集電端子を一括して，正極，負極の端子とする。ところが大型電池では電極も相対的に大型化するため，集電端子部分から遠くなるほど導通性確保が困難になり，急速充放電時に活物質の利用率や電位低下が生じやすくなる。それを防ぐためには，集電端子の数や溶接個所を増す必要がある。

　図1は川崎重工が開発した大型Ni-MH電池"ギガセル®"の構造を示す。高電圧化のため，複数の単電池（Ni-MHセル）を積層する点は従来の電池モジュールと同じであるが，セル構造に特徴がある。つまり，多数の電極を大面積の金属板で集電する方式で，電極とこの金属板間は溶接によらず，接触のみで導通を保持する。このため，工程が複雑な溶接を省略しつつ，高出力を発揮

245

レアメタルフリー二次電池の最新技術動向

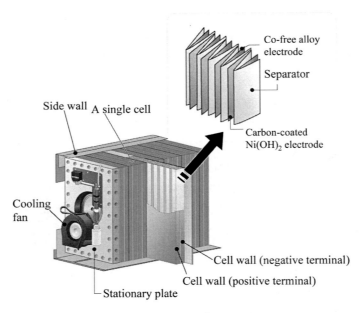

図1　ギガセル®構造

できる構造になっている。このセルを積層すれば，大面積の金属板が接続端子になるので，セル間接続のエネルギーロスを抑えることもできる。さらに，セル間にヒートシンクを挟みつつ，ファンで送風すれば温度上昇を防止できる。このセル構造では，電極の長さと枚数を増やすことによって，高出力性能を低下せずに容易に大容量電池を作製できる。

　モジュール化によって生じる問題の一つがセル間における充電状態（SOC）の差である。初期の充放電過程ではセル間のSOCは揃っているものの，サイクルを経ると，セル間でSOCの差が生じることがある。この原因の一つとして自己放電がある。幾つかのセルにおいて自己放電が大きくなると，セル間のSOCに差異が生じる。SOC低下したセルは放電末期に過放電されやすい。過放電時には，正極の導電助剤であるオキシ水酸化コバルト（CoOOH）が還元され，正極が劣化してセルの性能が低下する。このとき，劣化したセルのみならず，電池モジュール全体の性能にも影響が生じる。

　Ni-MH電池の自己放電を増大する要因として，正極活物質に残留する硝酸イオンやセパレータ繊維素材などに含まれる窒素が原因になる場合と[14]，合金負極中に含まれるコバルト（Co）やマンガン（Mn）が影響する場合[15,16]が知られている。窒素に関しては，一般的に，水酸化ニッケルの製造に用いるニッケル塩を硝酸塩から硫酸塩に，セパレータ素材をポリアミドからポリプロピレンに，それぞれ変更することによって，材料から除去されている。一方，後者に関しては，負極として一般的に用いられるAB$_5$型合金から溶出したCoやMnが微小短絡経路の形成やシャトル効果によって正極の自己放電を加速すると考えられている。

第7章　ニッケル水素化物電池のレアメタルフリー化

このように，電池モジュール性能の面からみても，Ni-MH電極材料のコバルトフリー化が好ましい。つまり，自己放電を増大するCoやMnを含まず，従来と同等以上の電池性能を維持できる合金を開発する必要がある。同時に，CoOOHに代わる耐過放電性に優れた正極導電助剤を開発する必要がある。

3　合金負極のコバルトフリー化

現在，一般的に使用されている負極用AB$_5$系合金は，Aとしてミッシュメタル（Mm；希土類の混合物）を用い，BとしてNi，Co，MnやAlなどを含む多元系合金である。1970年代にはベースとなるMmNi$_5$やMmNi$_{5-x}$M$_x$などの材料が既に開発されており[17, 18]，1980年代に電池用合金としての検討が進められ[19, 20]，1990年頃からNi-MH電池用合金として実用化されている[1, 21]。Coはサイクル寿命向上のため，MnやAlは解離圧調整のため，それぞれ添加される[13]。

一方，1997年にREMg$_2$T$_9$（AB$_3$；RE＝希土類，T＝遷移金属）が発見され[22~26]，370 mAh/gの高い放電容量を示すこともわかった[27, 28]。この材料の登場を契機として，AB$_5$格子とAB$_2$格子が交互に積層した結晶構造を持つ新しい電池合金材料の開発が進められた。この合金は，AB$_5$格子の積層数によって，PuNi$_3$型，Ce$_2$Ni$_7$型，Pr$_5$Co$_{19}$型など複数の結晶が存在する。これまでに，産総研や日本の電池メーカーが中心となって，多くのRE-Mg-Ni系合金（RE：希土類）が開発されている[29~32]。

産業用電池の課題である高出力性能の向上には，大電流放電時の電圧低下を抑制する必要があり，迅速に水素吸蔵・放出できる負極用合金が望ましい。一方で，自己放電を加速するCoやMn

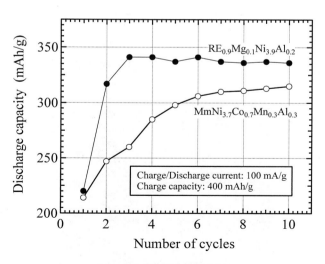

図2　合金負極の放電容量
（●：RE$_{0.9}$Mg$_{0.1}$Ni$_{3.9}$Al$_{0.2}$，○：MmNi$_{3.7}$Co$_{0.7}$Mn$_{0.3}$Al$_{0.3}$）

を含まないことが望ましい。これらの条件を満たす材料としてAB$_{4.1}$合金（RE$_{0.9}$Mg$_{0.1}$Ni$_{3.9}$Al$_{0.2}$）を開発した。従来のRE-Mg-Ni系合金であるAB$_{3.0}$〜AB$_{3.7}$と比べて，Bの割合およびここを占めるNi量を多くしたことによって，合金の水素解離触媒機能が向上し，水素吸蔵放出スピードが向上して高出力化にも対応できると考えた。

図2に示すように，電解液中における放電容量とサイクルの関係を調べたところ，コバルトフリー合金は従来合金と比べて活性化が容易であり，放電容量も大きいことがわかった。

一方，高輝度放射光（SPring-8）を用いたX線回折測定（XRD）から，コバルトフリー合金にはCaCu$_5$型，Ce$_2$Ni$_7$型，Pr$_5$Co$_{19}$型，Ce$_5$Co$_{19}$型の4種類の結晶相が含まれることがわかった。図3はXRDパターンと結晶構造解析[33]の結果を示す。この解析から，コバルトフリー合金はPr$_5$Co$_{19}$型やCe$_5$Co$_{19}$型などの積層相が70 wt％を占めることがわかった。また，図4はコバルトフリー合金の透過電子顕微鏡像を示す。白いスポットが原子位置に対応し，AB$_5$格子とAB$_2$格子が規則的に積層する様子を確認することができる。

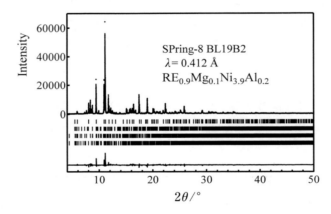

図3 コバルトフリー合金（RE$_{0.9}$Mg$_{0.1}$Ni$_{3.9}$Al$_{0.2}$）の放射光X線回折と結晶構造解析

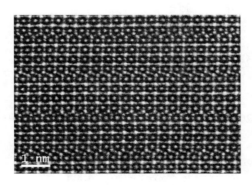

図4 コバルトフリー合金（RE$_{0.9}$Mg$_{0.1}$Ni$_{3.9}$Al$_{0.2}$）の透過電子顕微鏡像

第7章　ニッケル水素化物電池のレアメタルフリー化

　コバルトフリー合金中の各相の水素吸蔵前後の体積変化について表1にまとめた。これから，$CaCu_5$相の水素吸蔵時の体積膨張率（14.8％）は従来の同構造合金であるMm(Ni, Co, Mn, Al)$_5$の体積膨張率（11.7％）[34]と比べて大きく，水素吸蔵量も多いと考えられる。一方で，微粉化を防止してサイクル寿命を向上する役割を持つCoを添加していないため，充放電サイクル時の容量劣化の原因になると考えられる。実際，$CaCu_5$相の割合が大きい$AB_{4.3}$や$AB_{4.5}$では，$AB_{4.1}$と比べて容量劣化が大きく，サイクル寿命が短くなった。ところで，積層相は$CaCu_5$相と比べて体積膨張が大きいにもかかわらず，これの割合が多い合金はサイクルを経ても高い容量維持率を示す傾向がある。これから，AB_5とAB_2格子が相互積層した構造には微粉化を防止してサイクル寿命を向上する作用があると考えられる。すなわち，AB_2格子単体では水素吸蔵時の膨張が大きく微粉化しやすいが，AB_5格子と交互に積層すると，AB_2格子の膨張が抑制されて微粉化しにくくなると考えられる。一方で，格子体積の大きいAB_2格子のサポートによってAB_5格子はある程度大きく膨張できるようになり，水素吸蔵量が増大したものと考えられる。このことから，RE-Mg-Ni系

表1　コバルトフリー合金の水素化前後の格子体積

相	水素化前 $V(Å^3)$	水素化後 $V(Å^3)$	体積増加 $ΔV(\%)$
$CaCu_5$	86.4	99.2	14.8
Ce_2Ni_7	528.0	631.5	19.6
Ce_5Co_{19}	1054.1	1275.3	21.0
Pr_5Co_{19}	703.2	839.0	19.3

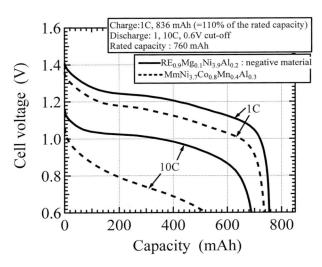

図5　円筒型密閉電池による急速放電特性
実線：負極合金として$RE_{0.9}Mg_{0.1}Ni_{3.9}Al_{0.2}$　破線：$MmNi_{3.7}Co_{0.8}Mn_{0.4}Al_{0.3}$

249

レアメタルフリー二次電池の最新技術動向

合金では，Coが無くともその結晶構造の特徴によって微粉化が防止され，高容量化しやすい。サイクル寿命を向上するためには，なるべく積層相を多く含む合金が好ましいと考えられる。

次に，円筒型密閉電池を作製して電池特性を調べた。この電池では，負極容量（N）が正極容量（P）の4倍となるようにしてある（N/P = 4）。図5は，コバルトフリー合金と従来合金の一つである$MmNi_{3.7}Co_{0.8}Mn_{0.4}Al_{0.3}$をそれぞれ負極とした電池の急速放電特性である。負極合金の違いによって，急速放電時の電圧低下と容量に差が生じた。コバルトフリー合金負極の方は10 C放電において1.0 Vの放電電圧と90%近い放電容量を維持しており，高出力特性の向上に効果があるものと考えられる。

次に，円筒型密閉電池の負極合金と自己放電の関係を調べた。電池仕様は図5に用いたものと同等である。負極としてコバルトフリー合金および従来合金の一つ（$MmNi_{4.0}Co_{0.6}Mn_{0.3}Al_{0.3}$）をそれぞれ用いた密閉電池において，25℃における充放電サイクルを100回繰り返すごとに，以下の自己放電試験を実行した。すなわち，充電した電池を開回路状態にして，45℃雰囲気中に1週間保管して自己放電を加速させた後，25℃に戻して放電容量を観測した。図6は45℃保管後の放電容量をプロットした結果である。150サイクルまでは，ほぼ同等の容量が維持されているが，それ以降では，従来合金を負極とした電池ではサイクルを経るごとに保管後の放電容量が低下している。一方，コバルトフリー合金では初期の容量が維持されていた。

従来合金をアルカリ電解液に浸漬しただけでも，時間経過によってCo, Mn, Alの溶出量が増大するが，コバルトフリー合金の場合には，Alのみの溶出が確認された。合金が電池内にあって充放電を繰り返す場合，体積膨張・収縮によって合金が割れて新しい界面が露出するため，サイクルを経るごとに合金成分の溶出量が増大すると考えられる。充放電後のセパレータを観察する

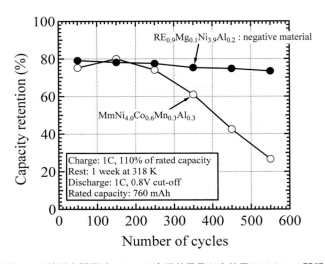

図6　円筒型密閉電池における自己放電量と充放電サイクルの関係
●：負極合金として$RE_{0.9}Mg_{0.1}Ni_{3.9}Al_{0.2}$　　○：$MmNi_{4.0}Co_{0.6}Mn_{0.3}Al_{0.3}$

第7章　ニッケル水素化物電池のレアメタルフリー化

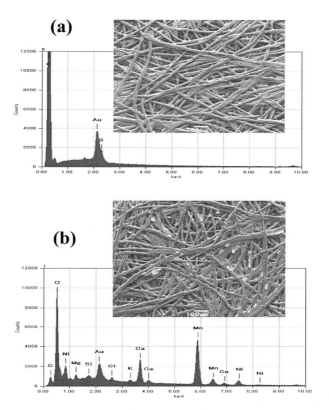

図7　充放電試験後の電池から取り出したセパレータの走査電子顕微鏡像（SEM）とエネルギー分散X線スペクトル（EDS）
(a)負極合金としてRE$_{0.9}$Mg$_{0.1}$Ni$_{3.9}$Al$_{0.2}$　(b)MmNi$_{3.7}$Co$_{0.7}$Mn$_{0.3}$Al$_{0.3}$

と，図7に示すようにAB$_5$合金を負極に用いた場合には，CoもしくはMnを含む析出物が観測された。一方，コバルトフリー合金の場合には析出物らしきものは観測されなかった。この結果は，CoやMnの自己放電増大への寄与を示唆する。Coは金属のみならずCoOOHのような酸化物であっても高い電気伝導性を示すため，正極と負極の間に微小短絡経路を形成して，自己放電の増大に寄与すると考えられる。また，MnやCoがレドックスシャトル効果によってNi正極の自己放電を増大することも考えられる[35]。

4　ニッケル正極のコバルトフリー化

　水酸化ニッケルは電気伝導性が乏しく，電池活物質として有効に機能させるためには，導電性付与が不可欠である。現在，最も一般的な方法として，水酸化ニッケル粒子の表面をCo(OH)$_2$などでコーティングする方法が採用されている[11,12]。充電によってCo(OH)$_2$は導電性のCoOOHに

251

酸化され，水酸化ニッケル粒子の間に導電ネットワークを形成する。一般に，CoOOHは過放電しない限りは充放電反応を繰り返しても比較的安定であるうえ，高い活物質利用率が得られる。最近，CeO_2などの酸化物添加によってCoOOHの過放電耐性を向上する研究開発が進められている[36]。一方で，材料コスト低減や供給安定性も考慮すると，$Co(OH)_2$の代替となる導電助剤を開発する意義は大きいと考える。

代替材料の候補としては炭素が考えられるが，酸化劣化を防ぐため，グラファイトのような耐酸化性の良好な材料を選定する必要がある。1909年にW. JungerとA. T. K. Estelleによって実用化されたポケット式ニッケル－カドミウム電池には，正極の導電助剤としてグラファイトが用いられている[37]。その後に開発された焼結式ニッケル極[38,39]やペースト式ニッケル極[11,12]では，導電助剤としてコバルト化合物が使用されるようになっていった。

一方，2000年頃から川崎重工などが進めている産業用Ni-MH電池の開発において，コスト低減や原料の安定供給のため，ニッケル正極のコバルトフリー化が試みられてきた。開発初期には，カーボンブラック（CB）とエチレンビニルアセテート（EVA）を水酸化ニッケルと共に造粒し，これを発泡状基材に挟み込んで電極化する方法が考案された。導電性のCBと結着性の優れたEVAの組み合わせによってバインダに導電性を付与し，水酸化ニッケル粒子同士をこれで結着することによって，活物質利用率および基材への保持性向上を試みてきた。CBは2000℃以上の熱処理によって耐酸化性が向上し，繰り返しの充放電にも耐えられるようになる[40]。

2010年頃には，流動層コーティング装置[41]を用いて図8に示すようなCBコート水酸化ニッケルが開発された[42]。この方法では，空気流によって流動させた水酸化ニッケル粉末に，CBとEVAを混練したCB分散液を噴霧する。流動層中へのCB分散液の塗着と乾燥を繰り返し，粒子表面に均一な厚さの導電性バインダ被覆層を形成する。なお，重量比で5％のCBをコーティングすると，CoOOHコート水酸化ニッケルに匹敵する電気伝導度が得られた。

図9はCBコート水酸化ニッケル正極を用いた円筒型密閉電池のサイクル特性である。N/P = 4であり，電池容量は600 mAhである。負極には前節で取り上げたコバルトフリー合金

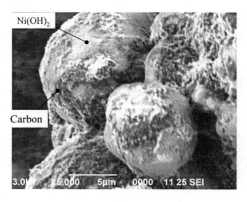

図8　カーボンコート水酸化ニッケルのSEM像

第7章　ニッケル水素化物電池のレアメタルフリー化

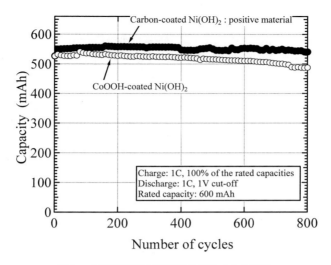

図9　円筒型密閉電池の充放電サイクル特性
●：正極活物質としてカーボンコート水酸化ニッケル
○：CoOOHコート水酸化ニッケル

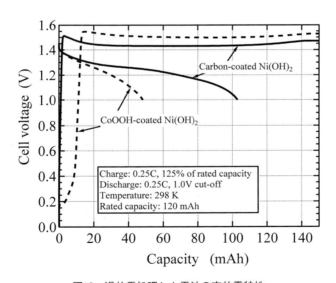

図10　過放電処理した電池の充放電特性
実線：正極活物質としてカーボンコート水酸化ニッケル
破線：CoOOHコート水酸化ニッケル

（$RE_{0.9}Mg_{0.1}Ni_{3.9}Al_{0.2}$）を用いている。比較として，CoOOHを正極導電助剤に用いた電池の結果も掲載する。理論容量の100％まで充電し，1.0Vまで放電する条件では，両方の電池とも90％程度の放電容量を示した。同様の充放電を800サイクル繰り返したところ，両方の電池においても顕

著な容量劣化はなかった。これから，CBとEVAからなる導電性バインダは導電助剤として機能し，試験電池において，CBコート水酸化ニッケルは従来のCoOOHコート水酸化ニッケルと同程度のサイクル寿命を示すことがわかった。また，理論容量の150%まで充電する条件でも，200サイクル以上を経ても顕著な容量劣化はなく，過充電耐性も保持していると考えられる。

図10は，電池容量の−100%まで過放電処理した電池の充放電曲線を示す。同図中の実線と破線は，正極の導電助剤としてそれぞれ，CBとCoOOHを用いているが，過放電処理後では前者の放電容量が大きかった。これは，過放電時の転極において，正極と負極が逆充電される際，破線ではCoOOHがCo(OH)$_2$に還元されて電解液中に溶出し，正極の導電ネットワークが劣化したためと考えられる。一方，実線のCB＋EVAからなる導電材は破線と比べて還元されにくく，優れた

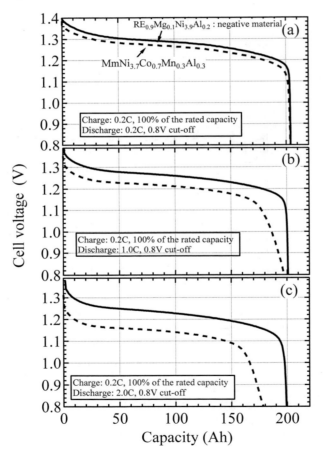

図11　205Ah級コバルトフリーNi-MH電池の放電特性
　　　実線：負極合金としてRE$_{0.9}$Mg$_{0.1}$Ni$_{3.9}$Al$_{0.2}$
　　　破線：MmNi$_{3.7}$Co$_{0.7}$Mn$_{0.3}$Al$_{0.3}$

第7章　ニッケル水素化物電池のレアメタルフリー化

耐過放電性を示すと考えられる。

次に，CBコート水酸化ニッケルとRE$_{0.9}$Mg$_{0.1}$Ni$_{3.9}$Al$_{0.2}$を用い，図1のギガセル構造からなる205 Ahコバルトフリー Ni–MH電池を作製した。図11はこの大型電池の急速放電特性である。比較用として，負極にAB$_5$型合金を用いた結果（図中の破線）も示す。放電レートを0.2 C（＝41 A）から2 C（＝410 A）まで増大したところ，前者の方が後者と比べて電圧と容量を保持していることがわかった。これから，コバルトフリー化とギガセル型構造の組み合わせによって，大容量化と高出力化を両立できることがわかった。

5　電極のファイバー化によるコバルトフリー化

ここでは，最近報告したファイバー状水酸化ニッケル電極[43]を例として，電極のファイバー化によるコバルトフリー化について説明する。ニッケルメッキを施したカーボンファイバーを硝酸ニッケル浴中で電解析出することによって，図12に示すように，表面に水酸化ニッケル層を形成したファイバー状水酸化ニッケルを作製することができる。約3000本のファイバー状水酸化ニッケルを束ね，端部に端子を取り付けてファイバー状ニッケル正極とした。この電極の体積当たりのエネルギー密度は300 mAh/cc程度であり，ペースト式電極の約半分であるが，軽量なカーボンファイバーを基材に用いるため，電極重量当たりのエネルギー密度はおよそ200 mAh/gに達し，ペースト式正極と同程度か少し大きくなる。

図13は，ファイバー状ニッケル正極を組み込んだNi–MH試験セルの急速放電特性（図中の実線）を示す。比較として，CoOOHを表面コーティングしたファイバー正極の実験結果（破線）も示す。理論容量（＝289 mAh/g）の110％まで充電したあと，各レートの放電を行った。実線の方は1 C放電時に1.3 Vの放電電圧と300 mAh/g程度の放電容量を示しており，30 C放電時でもほとんど放電電圧の低下は見られない。さらに，150 C放電でも約1.1 Vの放電電圧と140 mAh/gの放電容量を保持することがわかった。この電池の内部抵抗値は3 mΩ·Ahであり，ペースト式電極を用いたギガセルのおよそ1/10である。一方，CoOOHコーティングしたものは内部抵抗が7 mΩ·Ah

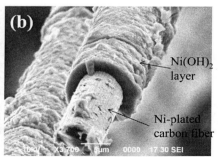

図12　ファイバー状水酸化ニッケル正極のSEM像

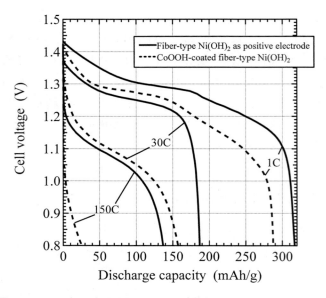

図13 ファイバー正極を用いたNi-MH試験セルのハイレート放電特性
実線：正極として純粋ファイバー状水酸化ニッケル
破線：CoOOHコートしたファイバー状水酸化ニッケル

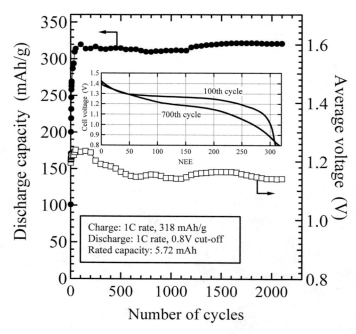

図14 ファイバー状水酸化ニッケルを正極としたNi-MH電池のサイクル特性
●：放電容量，□：平均放電電圧。インセット：100，700サイクルの放電曲線。

第7章　ニッケル水素化物電池のレアメタルフリー化

まで増大し，CoOOHコーティングしないものと比べて急速放電特性が低下した。これは，水酸化ニッケルの表面にCoOOH層があることによって，水酸化ニッケルと電解液が接触する面積が減少し，電気化学反応に影響を及ぼした結果と考えられる。ファイバー状正極は導電助剤をコーティングしなくとも高い活物質利用率を示すため，出力特性を犠牲にしてまでCoOOHを表面コーティングする必要はないと考えられる。

　図14はファイバー状水酸化ニッケル正極のサイクル特性を示す。放電容量（図中の●）は2000サイクルを経ても減少せず，ほぼ一定の値を保持することがわかった。放電電圧（図中の□）はサイクルと共に徐々に減少するものの，700サイクル以降から2000サイクルまで約1.15Vを保持している。この原因としては，充放電の繰り返しによって活物質層が膨張収縮を繰り返し，徐々にカーボンファイバーから剥離するためと考えられる。この電圧低下は水酸化ニッケルにAlを添加することによって，改善されることもわかってきた。Al添加の場合，充電時にα-Ni(OH)$_2$からなる活物質層はγ-NiOOHに変化して体積が収縮し，放電時には元の大きさに戻る。活物質が元の大きさよりも膨潤しないために，活物質層とカーボンファイバーの密着性が保持されて電圧低下防止につながったと考えられる。ファイバー状水酸化ニッケルによって，正極のコバルトフリー化のみならず，高出力化や長寿命化なども同時に達成することができた。

　ところで，産業用Ni-MH電池を社会インフラへ普及させるうえで問題になるのが電池コストである。既存の系統電力単価は10～30円／kWhであるが，電池単価はそのおよそ1万倍にも達する。これを解決するためには，コバルトフリー化のような材料コスト低減の努力に加えて，用途によっては電池の高出力化を推し進めることが効果的と考えられる。言い換えれば，電池を従来のkWhではなくkWの観点から考えればよい。例えば30万円／kWhの電池を1C充放電すれば30万円／kWであるが，容量を1/20にして20Cで急速充放電すれば1.5万円／kWで済む。このように高出力な電池とすることで劇的に電池のコスト低減が図れる。このことは，電気自動車（EV）とハイブリッド自動車（HEV）の関係を見ればわかりやすい。すなわち，EVは走行距離を確保するために大容量（kWh）が必要であるが，一方，HEVでは，走行距離は不要だが電池を小型化して安価にする代わりに出力（kW）が必要となる。

　ここでファイバー電極を鉄道用地上蓄電設備（BPS）[44]に適用する場合を考える。従来のBPSでは，急速充放電に対応できるように薄型化したペースト式正極を採用しており，200kWh級の電池システムを構成している。鉄道路線の路肩に設置されたBPSは架線電圧の変動に合わせて10秒程度の短い時間間隔に1～10C程度の充放電を繰り返す。つまり，最大で2000kWを充放電すると考えられる。ここで，電池用正極を50C充放電可能なファイバー状電極に置き換えた場合，最大で2000kWを得るためには，電池容量を40kWhとすればよく，電池部材の使用量を1/5に低減できる。さらに，ファイバー電極の体積エネルギー密度の低下を考慮しても電池体積を従来の40％まで低減可能と考えられる。

　このように，コバルトフリー化と出力特性の大幅向上を同時に達成した電極も登場しつつある。要求性能を保持しつつ部材消費量を抑えることができるため，コスト競争力が向上して，産業用

257

途への普及が期待できる。

6　おわりに

　Ni-MH電池を発電や公共交通機関などのインフラへ適用するためには，高出力で大容量な電池が必要である。特に，複数の単電池を積層した電池モジュールでは，単電池の内部構造や単電池間接続の工夫によって内部抵抗を低減することが不可欠であるが，さらに自己放電抑制や過放電耐久性向上のため，材料コスト低減のためにコバルトフリー化を実現することも大きな課題である。

　負極としてRE-Mg-Ni系合金を採用することによって，高出力特性を向上しつつ，Ni-MH電池で発生する自己放電抑制の効果を得ることができた。さらにCBとEVAを用いたCBコート水酸化ニッケルの開発によって，CoOOHを導電助剤に用いた場合と同程度のサイクル寿命を維持しつつ，過放電耐久性を向上させることができた。これらの組み合わせによって，Ni-MH電池を完全コバルトフリー化しつつ，電池の大容量化と高出力化の両立も可能である。

　さらに，電極をファイバー化することによって，コバルトフリー化を達成すると共に，出力特性やサイクル寿命も大幅に向上することができた。今後もレアメタルフリー化や高出力化について開発を継続し，新しい産業用電池を提案していきたいと考える。

謝辞

　X線回折測定に関しては，(財)高輝度放射光科学研究センターの佐藤眞直様および松本拓也様に心より御礼申し上げます。透過電子顕微鏡測定に関しては，広島工業大学の北野保行教授に心より御礼申し上げます。

文　　献

1)　T. Sakai, *J. Jpn. Inst. Energy (Review)*, **89**, 420-426（2010）
2)　境哲男，佐藤登，自動車用大容量二次電池の開発，シーエムシー出版（2003）
3)　T. Sakai, I. Uehara and H. Ishikawa, *J. Alloys. Compd.*, **293-295**, 762（1999）
4)　西村和也，堤香津雄，粉体と工業，**39**, 1-6（2007）
5)　K. Tsutsumi, T. Matsumura, *Science & Technology in Japan*, **26**, 21-24（2009）
6)　大容量ニッケル水素電池［ギガセル®］，川崎重工業㈱（2012）
7)　電気化学会エネルギー会議 電力貯蔵技術研究会編，大規模電力貯蔵用蓄電池，第4章（石川勝也著），p.113，日刊工業新聞社（2011）
8)　電気化学会エネルギー会議 電力貯蔵技術研究会編，大規模電力貯蔵用蓄電池，第5章（橋本勉著），p.155，日刊工業新聞社（2011）
9)　小久見善八，西尾晃治監修，革新型蓄電池のすべて，オーム社（2011）

第7章　ニッケル水素化物電池のレアメタルフリー化

10) T. Miyuki, Y. Okuyama, T. Sakamoto, Y. Eda, T. Kojima, T. Sakai, *Electrochemistry*, **80** (6), 401 (2012)

11) I. Matsumoto, M. Ikeyama, T. Iwaki and H. Ogawa, *Denki Kagaku oyobi Kogyo Buturi Kagaku*, **54**, 159 (1986)

12) M. Oshitani, H. Yufu, K. Takashima, S. Tsuji and Y. Matsumaru, *J. Electrochem. Soc.*, **136**, 1590 (1989)

13) 大角泰章，新版 水素吸蔵合金―その物性と応用―，第4章9節，p.493，アグネ技術センター（1999）

14) M. Ikoma, Y. Hoshina, I. Matsumoto, C. Iwakura, *J. Electrochem. Soc.*, **143**, 1904 (1996)

15) K. Shinyama, Y. Magari, H. Akita, K. Kumagae, H. Nakamura, S. Matsuta, T. Nohma, M. Takee, K. Ishiwa, *J. Power Sources*, **143**, 265 (2005)

16) M. Kanemoto, T. Ozaki, T. Kakeya, D. Okuda, M. Kodama, R. Okuyama, *GS-Yuasa Technical Report*, **8**, 22 (2011)

17) Y. Osumi, H. Suzuki, A. Kato, M. Nakane, Y. Miyake, *Nippon Kagaku Kaishi*, **11**, 1472 (1978)

18) Y. Osumi, A. Kato, H. Suzuki, M. Nakane, Y. Miyake, *J. Less-Common Met.*, **66**, 67 (1979)

19) 神田基，二次電池の開発と材料，第2章2.1節，p.11，シーエムシー出版（1994）

20) T. Sakai, H. Miyamura, N. Kuriyama, A. Kato, K. Oguro, H. Ishikawa, *J. Electrochem. Soc.*, **137**(3), 795 (1990)

21) T. Sakai, H. Yoshinaga, H. Miyamura, N. Kuriyama, H. Ishikawa, *J. Alloys. Compd.*, **180**, 37 (1992)

22) K. Kadir, T. Sakai, I. Uehara, *J. Alloys. Compd.*, **257**, 115 (1997)

23) K. Kadir, N. Kuriyama, T. Sakai, I. Uehara, *J. Alloys. Compd.*, **284**, 145 (1999)

24) K. Kadir, T. Sakai, I. Uehara, *J. Alloys. Compd.*, **287**, 264 (1999)

25) K. Kadir, H. Tanaka, T. Sakai, I. Uehara, *J. Alloys. Compd.*, **289**, 66 (1999)

26) K. Kadir, T. Sakai, I. Uehara, *J. Alloys. Compd.*, **302**, 112 (2000)

27) T. Sakai, K. Kadir, M. Nagatani, H. Takeshita, H. Tanaka, N. Kuriyama, I. Uehara, Abstract of the 40th Battery Symposium, Kyoto, Japan, 1999, p.133

28) J. Chen, N. Kuriyama, H. Takeshita, H. Tanaka, T. Sakai, M. Haruta, *Electrochem. Solid State Lett.*, **3**(6), 304 (2000)

29) T. Kohno, H. Yoshida, F. Kawashima, T. Inaba, I. Sakai, M. Yamamoto, M. Kanda, *J. Alloys. Compd.*, **311**, L5 (2000)

30) S. Yasuoka, Y. Magari, T. Murata, T. Tanaka, J. Ishida, H. Nakamura, T. Nohma, M. Kihara, Y. Baba, H. Teraoka, *J. Power Sources*, **156**, 662 (2006)

31) T. Ozaki, M. Kanemoto, T. Kakeya, Y. Kitano, M. Kuzuhara, M. Watada, S. Tanase, T. Sakai, *J. Alloys. Compd.*, **446-447**, 620 (2007)

32) T. Ozaki, M. Kanemoto, T. Kakeya, Y. Kitano, M. Kuzuhara, M. Watada, S. Tanase, T. Sakai, *ITE-letters on Batteries, New Technologies & Medicine*, **8**(4), 394 (2007)

33) F. Izumi, T. Ikeda, *Mater. Sci. Forum*, **321-324**, 198 (2000)

34) H. B. Yang, T. Sakai, T. Iwaki, S. Tanase, H. Fukunaga, *J. Electrochem. Soc.*, **150**(12), A1684 (2003)

35) P. Kritzer, *J. Power Sources*, **137**, 317 (2004)

36) M. Morishita, T. Kakeya, M. Kanemoto, M. Kodama, T. Sakai, *J. Electrochem. Soc.*, **159** (12), A2069 (2012)

37) 電池便覧編集委員会編，松田好晴，竹原善一郎編集代表，電池便覧，第3章3・4・3a節 (押谷政彦著)，p.238，丸善 (1990)

38) S. U. Falk, A. J. Salkind, Alkaline Storage Batteries, p.30, John Wiley & Sons, Inc, New York (1969)

39) A. Fleischer, *J. Electrochem. Soc.*, **94**, 289 (1948)

40) 日本国特許4641329

41) 長門琢也，加納良幸，久澄公二，木下直俊，粉体技術と次世代電池開発，境哲男監修，第3章第2節，p.75，シーエムシー出版 (2011)

42) 斉藤誠，向井孝志，境哲男，高﨑智昭，西村和也，堤香津雄，木下直俊，加納良幸，長門琢也，第51回電池討論会講演要旨集，p.275 (2010)

43) T. Takasaki, K. Nishimura, T. Mukai, T. Iwaki, K. Tsutsumi, T. Sakai, *J. Electrochem. Soc.*, **159**(11), A1891 (2012)

44) 小倉弘毅，松村隆廣，冨田千代春，西村和也，片岡幹彦，川崎重工技報，24-27 (2010)

レアメタルフリー二次電池の最新技術動向《普及版》(B1305)

2013 年 3 月 19 日　初　版　第 1 刷発行
2019 年 12 月 10 日　普及版　第 1 刷発行

監　修　　境　哲男　　　　　　　　　　Printed in Japan
発行者　　辻　賢司
発行所　　株式会社シーエムシー出版
　　　　　東京都千代田区神田錦町 1-17-1
　　　　　電話 03(3293)7066
　　　　　大阪市中央区内平野町 1-3-12
　　　　　電話 06(4794)8234
　　　　　https://www.cmcbooks.co.jp/

〔印刷　あさひ高速印刷株式会社〕　　　　　　　ⓒ T. Sakai, 2019

落丁・乱丁本はお取替えいたします。

本書の内容の一部あるいは全部を無断で複写(コピー)することは，法律
で認められた場合を除き，著作者および出版社の権利の侵害になります。

ISBN978-4-7813-1388-7　C3054　¥6200E